■ 高等院校装备制造大类专业系列教材

单片机原理及应用项目教程

——基于STC15系列单片机C语言程序开发

陈 麒 陈晓斌 陈超然 林伊婷 阮艺冰 编著

清華大學出版社
北京

内 容 简 介

本书基于 Keil μVision5 程序开发平台和国信蓝桥教育科技股份有限公司设计的物联网单片机应用与开发“1+X”证书训练考核套件(中级)硬件平台,精心编写了 7 个以 STC15 系列单片机为控制核心的单片机项目案例(项目 7 以电子版的形式给出)。项目案例的程序代码使用 C 语言编写。为了让读者在学习 8 位单片机开发的同时,提前适应 STM32 等 32 位单片机的开发模式,本书在编写过程中尽量避免使用传统的寄存器开发方式,转而使用库函数开发方式。

全书共包括 7 个案例,涵盖了基本 I/O 口、定时器/计数器、外部中断、A/D 转换、CCP/PCA、UART 通信等 STC 单片机片上资源程序设计,也涵盖了 DS1820 温度传感器、DHT11 温湿度传感器、蜂鸣器、DS1302 实时时钟等常用的 STC 单片机外设程序设计。案例同时覆盖了国信蓝桥教育科技股份有限公司的物联网单片机应用与开发“1+X”证书考核标准实操部分的大多数知识点。书中多数案例被分解为 4 个任务,大部分任务分为任务描述、知识要点、电路设计、软件模块、程序设计和课后练习 6 部分。

本书可作为本、专科院校学生学习和实践 STC15 系列单片机 C 语言程序设计技术的教材或参考书,也可作为学生参加物联网单片机应用与开发“1+X”证书考试的培训教材或参考书,还可作为工程技术人员或单片机技术爱好者的学习参考书或工具书。

图书在版编目(CIP)数据

单片机原理及应用项目教程:基于 STC15 系列单片机 C 语言程序开发/陈麒等编著.—北京:清华大学出版社,2023.9
高等院校装备制造大类专业系列教材
ISBN 978-7-302-64143-8

Ⅰ.①单… Ⅱ.①陈… Ⅲ.①单片微型计算机-C 语言-程序设计-高等学校-教材
Ⅳ.①TP368.1 ②TP312.8

中国国家版本馆 CIP 数据核字(2023)第 131899 号

责任编辑:王剑乔
封面设计:刘 键
责任校对:刘 静
责任印制:宋 林

出版发行:清华大学出版社
网 址:http://www.tup.com.cn,http://www.wqbook.com
地 址:北京清华大学学研大厦 A 座 **邮 编**:100084
社 总 机:010-83470000 **邮 购**:010-62786544
投稿与读者服务:010-62776969,c-service@tup.tsinghua.edu.cn
质量反馈:010-62772015,zhiliang@tup.tsinghua.edu.cn
课件下载:http://www.tup.com.cn,010-83470410
印 装 者:三河市龙大印装有限公司
经 销:全国新华书店
开 本:185mm×260mm **印 张**:16.5 **字 数**:401 千字
版 次:2023 年 9 月第 1 版 **印 次**:2023 年 9 月第1 次印刷
定 价:59.00 元

产品编号:096284-01

FOREWORD 前言

党的二十大报告指出：教育、科技、人才是全面建设社会主义现代化国家的基础性、战略性支撑。必须坚持科技是第一生产力、人才是第一资源、创新是第一动力，深入实施科教兴国战略、人才强国战略、创新驱动发展战略，这三大战略共同服务于创新型国家的建设。职业教育与经济社会发展紧密相连，对促进就业创业、助力经济社会发展、增进人民福祉具有重要意义。本书以先进理论为指导，以问题为导向，以基础知识够用为度，注重实操与创新应用。同时在技能操作中适时融入课程思政内容，引导大学生树立正能量的价值观。加强爱国主义教育，增强大学生对我国芯片行业的自信心，深化对工匠精神的认识。

编写本书的目的和成书过程

STC单片机是宏晶公司出品的基于51内核的系列单片机。笔者在2005年开始接触STC单片机的第1代产品，当时的型号为STC89C51。随着技术的不断发展，宏晶公司不断推陈出新，在2014年推出了STC15系列增强型51单片机，并流行至今。传统51单片机的寄存器少而简单，大多数教材内容都基于寄存器方式编写程序代码。与传统的51单片机相比，STC15系列增强型单片机的内部资源更加丰富，涉及的寄存器也比传统的51单片机更多，使用基于寄存器方式编写代码的难度变大，非常不适合初学者。此外，大多数学习者在学完8位单片机的编程开发后，都会继续学习32位单片机的编程开发。以现在流行的STM32单片机为例，它的编程方式从一开始的基于标准库开发发展到现在流行的基于HAL/LL库开发，已不再使用基于寄存器的编程方式。因此，如果继续在增强型8位单片机的编程开发中使用寄存器编程方式，对初学者来说难度很大且不利于后续学习。

基于寄存器编程方式的STC15系列单片机教材数不胜数，但是基于库函数编程方式的教材则很少，因此笔者萌生了写一本基于库函数编程方式的STC15系列单片机教材的念头。在浏览宏晶公司的官方网站时，笔者发现宏晶公司在2015年曾经推出了一个针对STC15系列的C函数库，这个函数库提供了涵盖所有STC15系列单片机内部资源的初始化函数。用户不需要深入了解STC15系列单片机底层寄存器，就可以使用这个函数库里的函数对单片机片内资源进行初始化，大大降低了学习门槛；而且这个函数库的代码风格与STM32的标准库函数代码风格类似，对学习者未来继续学习STM32编程开发非常有利。随后，笔者在“单片机原理及应用”课程中引入了这个函数库，并基于这个函数库编写了部分讲义供学生使用，这部分讲义成为本书的部分初稿。

2021年，我校与国信蓝桥教育科技股份有限公司共建物联网单片机应用与开发“1+X”等级证书考点，考试中所使用的硬件开发平台以STC15系列中的IAP15L2K61S2单片机为核心。因此，写一本围绕“1+X”证书考核，以库函数方式进行程序开发的单片机教材成了水到渠成的事情。

于是，在2022年，笔者组织同事和国信蓝桥教育科技股份有限公司的工程技术人员合作，开始着手编写此书，历时1年，完成了包括案例代码在内的本书初稿，代码使用C语言编写。最终成书时，案例代码锁定的IDE版本是Keil μVision5。书中所有案例代码都已在国信蓝桥教育科技股份有限公司的物联网单片机应用与开发"1＋X"训练考核套件（中级）上一一验证通过。"1＋X"训练考核套件（中级）的单片机型号为IAP15L2K61S2。

本书内容、特点和预备知识

本书共包括7个项目案例（项目7以电子版形式给出），除了第1个项目案例是单片机入门知识介绍外，其余6个项目案例都是单片机实践案例，每个案例被分为4个任务，每个任务包括以下6部分。

(1) 任务描述：对任务需要完成的内容进行描述。

(2) 知识要点：任务涉及的主要知识点。

(3) 电路设计：任务涉及的电路原理。

(4) 软件模块：任务中需要编写代码的部分按照功能划分为几个模块。

(5) 程序设计：为各个模块编写具体的程序代码。

(6) 课后练习：完成任务后的自我提升，读者可通过课后练习自我检查知识的掌握情况。

读者只要按照进度学完每个案例中的4个任务，自然而然就能完成项目案例。而相关的知识点已经被融入项目案例里，读者完成案例后，自然也就掌握了这些知识点。

本书内容侧重应用软件编程，对单片机内部硬件和寄存器一般只解释其工作原理，没有全面、深入地对硬件进行内部分析。在为本书案例编写代码的过程中，尽量使用STC官方提供的函数库对单片机的内部资源进行初始化，同时将应用功能和硬件有关功能分层处理，让应用功能部分的代码更易于移植。

阅读本书的读者需要学习过"数字电路"和"C程序设计"，最好也学习过"模拟电路"，没有这些储备知识，学习本书内容会比较困难。本书简化了案例的电路原理图，提供了"1＋X"训练考核套件（中级）的电路图供读者参考（扫描目录后面的二维码可下载）。本书所有案例的代码和资源都可以在清华大学出版社网站下载。

致谢

本书由校企合作完成，其中项目2、项目3和项目4由陈麒编写，项目5和项目7由陈晓斌编写，项目1由陈超然编写，项目6由林伊婷和阮艺冰编写，全书由陈麒统稿。国信蓝桥教育科技股份有限公司的郑未、李艳萍和单宝军主审。长沙四梯科技有限公司的彭大海、朱青建和乔婷在成书过程中提出了很多宝贵意见。

在本书撰写过程中，笔者参阅了不少资料，这里对所有参考资料的作者表示感谢。编写过程中难免需要在互联网上查阅并引用资料，这里向这些无法知晓姓名的作者表示真挚的谢意。本书完成初稿后，林伊婷老师付出大量时间和精力，不但校对了全书的文字部分，还测试了全书的案例代码；本书配套视频由熊瑶瑶、谢瑶录制、配音和剪辑，在此对他们表示诚挚的感谢。

本书的编写得到家人的理解和帮助，同时得到清华大学出版社的关心和支持，在这里向他们一并致谢。

由于编著者水平有限及时间仓促，书中难免有疏漏和不足之处，请广大读者批评、指正。

编著者

2023年7月

CONTENTS

目录

项目 7

本书配套教学资源

"1+X"训练考核套件(中级)电路图

项目1

单片机基础知识

任务1.1　单片机简介

【任务描述】

(1) 初步了解什么是单片机、什么是单片机应用系统，两者之间有什么联系和区别。

(2) 了解单片机的发展历史。

【知识要点】

1. 什么是单片机

单片机是单片微型计算机的简称，它的定义是集成在一块芯片上的微型计算机。常见单片机的外观如图1-1-1所示。生活中常见的个人计算机(俗称电脑)也属于微型计算机。在大多数初学者的错误印象中，计算机一般包含主机、显示器以及鼠标、键盘等。其实，更准确地讲，计算机仅仅指的是主机，而键盘、鼠标属于输入设备，显示器属于输出设备。其中，主机里面是主板，主板上有中央处理器(CPU)、存储器(内存)、显卡、声卡以及输入/输出接口电路(如USB口等)等。工作时，键盘、鼠标通过输入接口电路将数据信息发送给计算机，计算机处理后输出给显示器显示出图像。

图1-1-1　常见单片机的外观图

为了便于理解，可以把单片机认为是简化的计算机，它的内部结构与计算机相似，如图1-1-2所示。实际上就是把CPU、存储器和输入/输出接口电路集成在一块芯片(集成电路)上。从性能上看，单片机与计算机相差甚远，例如，运算速度慢，存储容量小。然而，单片机也有计算机永远无法比拟的优势——体积极小，价格非常便宜。

2. 单片机应用系统

一个完整的微型计算机系统包括硬件系统和软件系统两大部分。就像计算机没有安装操作系统，它是无法工作的。同理，单纯的单片机也是不能独立工作的，只有单片机应用系统（以单片机为核心，配以输入、输出、显示等外围设备和控制程序）才能工作。

单片机应用系统也是由硬件（单片机、外围设备）和软件（控制程序）两部分组成的，如图 1-1-3 所示。二者相互配合，缺一不可。因此，必须从硬件结构和控制程序设计两个角度来深入学习单片机，将二者有效地结合起来，才能开发出具有特定功能的单片机应用系统。

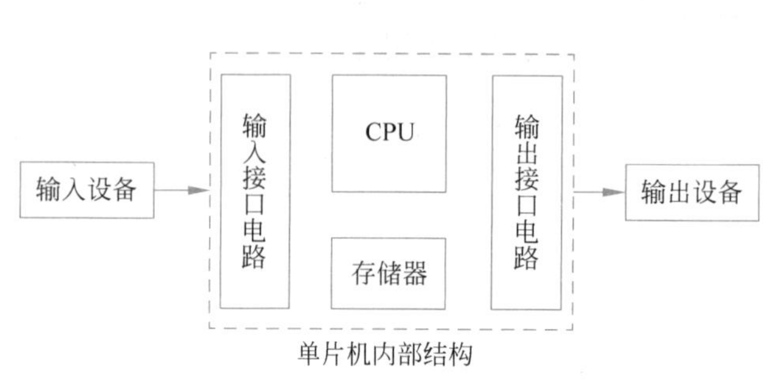

图 1-1-2　单片机外观图

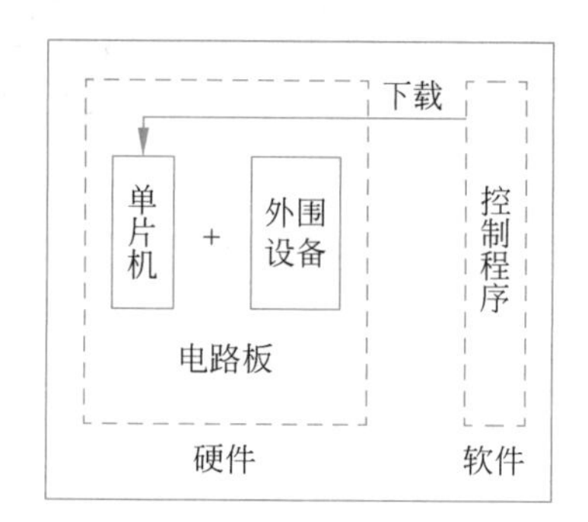

图 1-1-3　单片机应用系统的组成

3. 单片机发展历史

单片机种类繁多，比较流行的有 51 单片机、AVR 单片机、STM32 等。最早的单片机是 1971 年 Intel 公司研制的 4 位单片机。1976—1980 年，Intel 公司先后推出了不同系列单片机，包括 MCS-48、MCS-51、MCS-96 等，而 MCS-51 系列是最典型、应用最广泛的系列之一，包括 8031、8051、8751 等型号单片机，属于 8 位单片机。其中，8051 单片机则是 MCS-51 系列中最早期、最典型、应用最广泛的产品。这就好比华为手机有 Mate 系列、P 系列等，而 P 系列里有 P30、P40 等型号手机。

后来，Intel 公司集中精力研制高端的微机 CPU，便将 8051 的核心技术授权给其他公司，例如，Philips、Atmel、Siemens、STC 等公司。这些公司在 8051 的基础上进行改进，推出增强型 51 单片机，例如，AT89C51、STC89C52 等。由于衍生出来的型号繁多，后来人们把所有以 8051 为核心的单片机统称为 8051 单片机，简称 51 单片机。

本书将以 STC 公司推出的 15 系列的 IAP15L2K61S 型号单片机（属于增强型 51 单片机）为例，开启单片机原理与应用的学习之旅①。

任务 1.2　实验平台与开发软件工具

【任务描述】

了解本书相关的实验平台和开发软件工具，包括实验平台“1＋X”训练考核套件（中级）、编程软件 Keil μVision 和程序下载软件 STC-ISP。

---

① STC 公司 15 系列单片机有若干种型号。其中少数型号命名以 IAP 开头，这些型号具有仿真器功能，本书不涉及仿真器功能介绍。为避免混淆，除了具体的 IAP15L2K61S 型号，本书将 STC 公司 15 系列单片机描述为 STC15 系列单片机，望读者周知。

【知识要点】

1. 实验平台——“1+X”训练考核套件(中级)

“1+X”训练考核套件(中级),如图1-2-1所示,是一款专为“物联网单片机应用与开发”职业技能等级证书考核(中级)设计的套件。该套件以STC公司的IAP15L2K61S2单片机作为主控芯片,拥有丰富的外设资源,包括LED灯、数码管、按键、蜂鸣器、液晶、LCD等显示接口以及蓝牙、红外等无线接口,还配备了实验指导书、源程序、学习视频等学习资源,为用户提供了多样的实验环境。

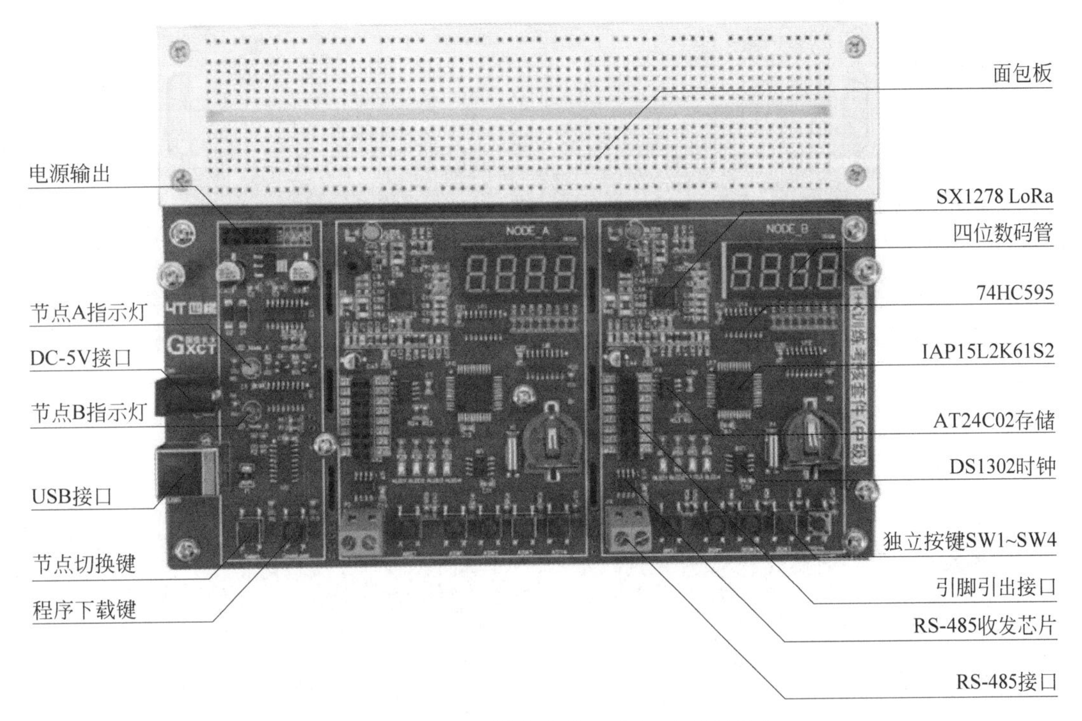

图1-2-1　“1+X”训练考核套件(中级)资源图

2. 编程软件——Keil软件

Keil μVision(Keil软件)是一个集成开发环境(IDE),是一款将C编译器、宏汇编、链接器、库管理和仿真调试器等功能组合起来、用于程序开发的应用程序。Keil软件同时支持汇编语言和C语言的程序设计,其中Keil C51就是Keil软件里一个专门为8051单片机设计的C语言程序编译器。因此,如果使用C语言为51单片机开发编程,那么Keil软件几乎就是不二之选。

3. 程序下载软件——STC-ISP软件

STC-ISP是STC公司官方提供的一款专为STC系列单片机设计的程序下载软件。随着STC-ISP软件不断更新升级,STC-ISP软件甚至集成了串口助手、HID助手、波特率计算器、定时计算器等辅助功能。

用户在Keil软件上将程序代码编写完整后,通过编译可以得到一个hex文件(烧录文件),然后使用STC-ISP软件把hex文件下载到单片机芯片上运行,去实现特定的功能,从而做出理想的电路及产品。初学者如何使用 Keil 软件和 STC-ISP 软件，任务 1.4 将作详细介绍。

任务 1.3　如何学好单片机开发

【任务描述】

了解如何循序渐进地学习和掌握单片机的开发步骤，成为开发单片机的高手。

【知识要点】

1. 基础概念

1）二进制、十六进制及转换

（1）二进制数：计算机技术中广泛采用的一种数制。在日常生活中最常用的是十进制数，即由 0～9 十个数组成，其特点是“逢十进一”。而二进制数只有 0 和 1 两个数组成，其特点是“逢二进一”。

（2）十六进制数：由 0、1、2、3、4、5、6、7、8、9、A、B、C、D、E、F 一共 16 个数组成，分别对应十进制数的 0～15。由于二进制数在表示一个大数的时候很长，不方便书写和记忆。因此，在编程时，通常采用十六进制数作为二进制数的简短表示形式。比如，P0＝10011010，一般写成 P0＝0x9A，其中 0x 表示该数为十六进制数，该数的值为 9A。

（3）二进制与十六进制之间的转换见表 1-3-1。

表 1-3-1　各常用进制数的转换表

十进制数	二进制数	十六进制数	十进制数	二进制数	十六进制数
0	0	0	8	1000	8
1	1	1	9	1001	9
2	10	2	10	1010	A
3	11	3	11	1011	B
4	100	4	12	1100	C
5	101	5	13	1101	D
6	110	6	14	1110	E
7	111	7	15	1111	F

2）位、字节

位(bit)：位，又称为比特，是计算机最小储存单位，习惯上用小写的 b 表示。一般用于表示二进制数，即一个二进制位只能是 0 或 1。

字节(Byte)：计算机中数据处理的基本单位，习惯上用大写的 B 表示。规定 1 字节由 8 个二进制位构成，即 1Byte＝8bit。

3）电平特性

在数字电路中只有两种电平：高电平和低电平，通常高电平用 1 表示，低电平用 0 表示。单片机是一种数字集成芯片，这决定了单片机的接口是 TTL 电平特性，即只有高电平＋5V 和低电平 0V，且分别对应二进制“1”和“0”。

2. 做好文件管理

对于初学者,往往将文件随意地存储在计算机的各个位置。对于学习单片机非常忌讳这一点。因为开发一个单片机项目/工程通常会产生许多不同类型的文件,且随着学习的不断深入,单片机项目越多,产生的文件也越多。如果不做好文件管理,则会浪费大量时间和精力在找文件上。因此,做好文件管理对于学好单片机至关重要。

在进入下一个任务前,应先做好本书的文件管理:

(1) 在计算机某个固定位置(如 E 盘,不建议桌面)新建一个文件夹,并命名为“单片机原理及应用”;

(2) 在“单片机原理及应用”文件夹里再新建两个文件夹,分别命名为“项目 1”和“STC 相关资料”,如图 1-3-1 所示。其中,“项目 1”文件夹用于存放与项目 1 相关的工程文件;“STC 相关资料”文件夹用于存放 STC 官方提供的函数库、用户手册等相关学习资料。

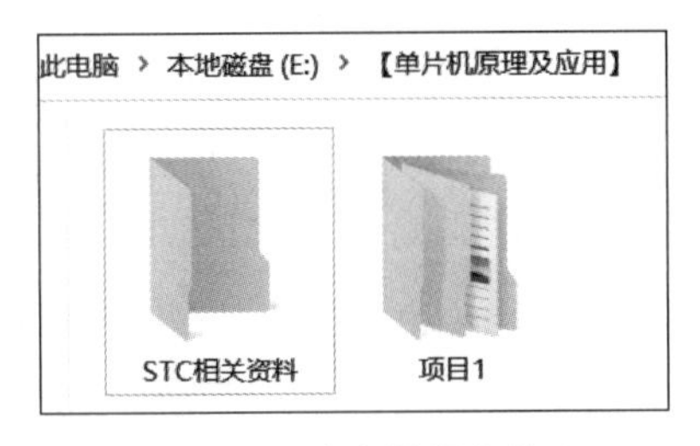

图 1-3-1　建立课程文件夹

任务 1.4　建立 Keil C51 工程模板

【任务描述】

在 Keil 软件中,每个单片机项目通常对应一个工程 Project。为节省重复新建工程的时间和保持单片机项目的规范性,用户在进行单片机项目开发时,通常会使用一个形式相对固定的工程结构为基础进行开发,这样的工程称为工程模板。

【边做边学】

1. 添加 STC 单片机芯片信息

由于 Keil 软件预置的单片机没有 STC 公司的单片机型号,在建立工程模板前必须把 STC 单片机的芯片信息添加进 Keil 软件。

(1) 打开 STC-ISP 软件,单击右侧的“Keil 仿真设置”标签,再单击“添加型号和头文件到 Keil 中　添加 STC 仿真器驱动到 Keil 中”选项,如图 1-4-1 所示。

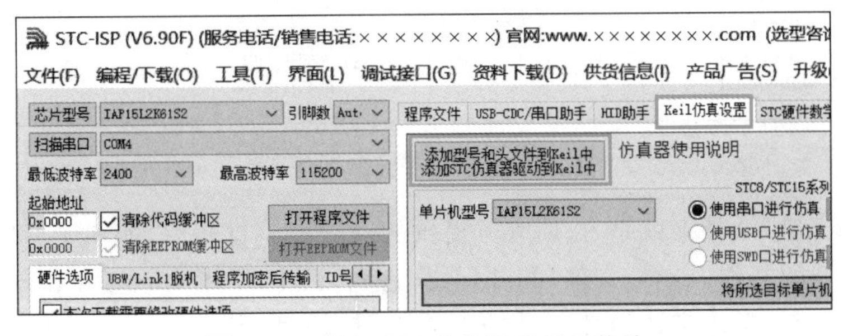

图 1-4-1　添加 STC 单片机到 Keil 软件

(2) 此时会出现如图 1-4-2 所示的对话框,该对话框用于选择芯片信息要添加的位置。选择 Keil 软件安装位置(文件夹)里的 UV4 文件夹,单击“确定”按钮即可完成添加。

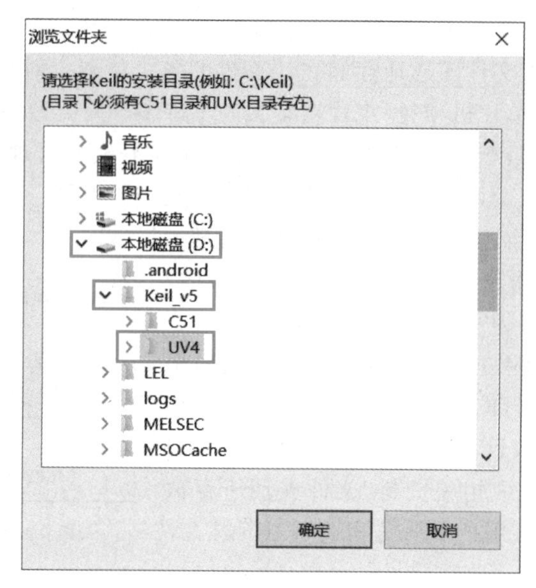

图 1-4-2　选择添加的路径

2. 做好文件夹管理

STC 官方为 STC15 系列单片机提供了一个基础的函数库——STC15-SOFTWARE-LIB-V1.0 压缩包(可在 STC 官网下载)。虽然该函数库暂时不是非常全面,无法覆盖 STC15 系列单片机的所有功能,却为初学者提供了一个良好的规范和开始。本书将以此函数库为基础,随着学习的深入对其进行完善和扩展。

(1) 将 STC15-SOFTWARE-LIB-V1.0 压缩包解压,可以得到"STC15 系列库函数与例程测试版 V2.0"文件夹。将其放在"STC 相关资料"文件夹中,以作备份和学习使用,如图 1-4-3 所示。

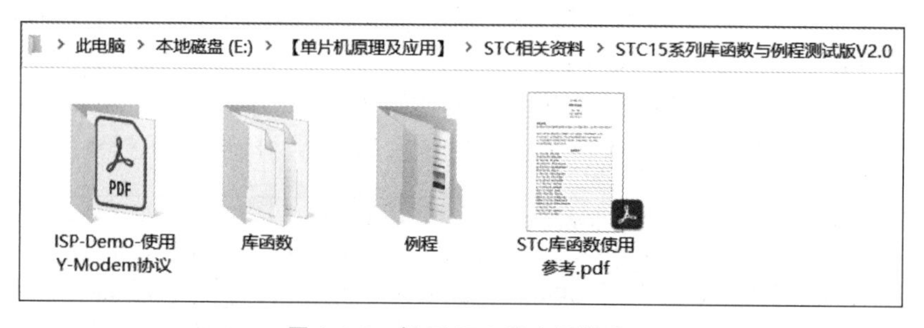

图 1-4-3　解压 STC 官方压缩包

其中,"库函数"文件夹就是 STC 官方提供的函数库。打开后,如图 1-4-4 所示,文件夹中只有两种类型的文件:.c(C 文件)和.h(头文件)。其中,除了 config.h 和 STC15Fxxxx.H 为单独的头文件外,其余文件均是.c 文件和.h 文件成对出现。

(2) 在"项目 1"文件夹里新建一个文件夹,并命名为"工程模板"。然后在"工程模板"文件夹里再新建 4 个文件夹,分别命名为 board、fwlib、hardware 和 user,如图 1-4-5 所示。图中文件名说明如下。

① board 文件夹用于存放"1+X"训练考核套件上的资源的驱动文件。

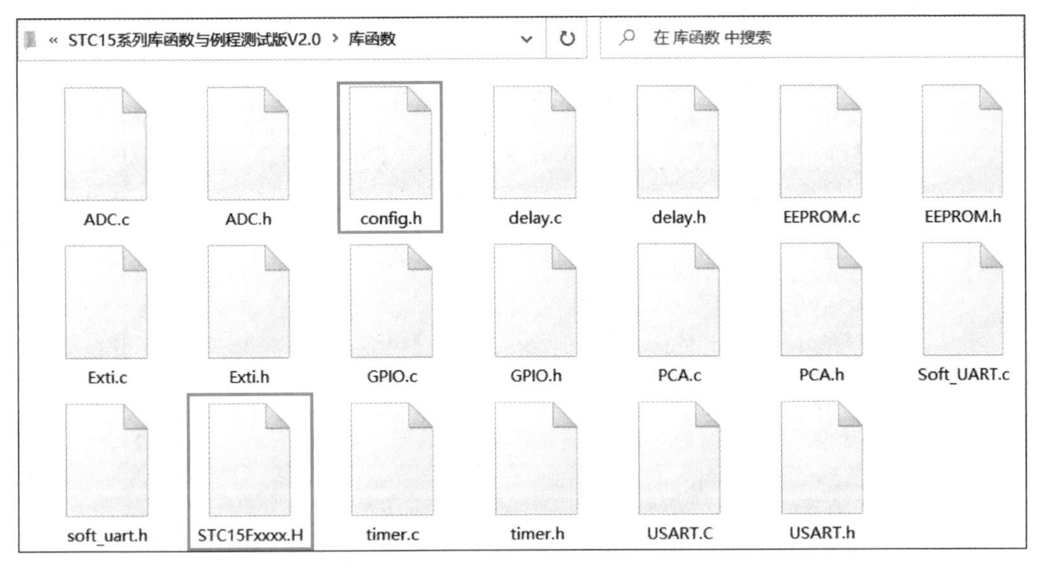

图 1-4-4　初始函数库里的库函数

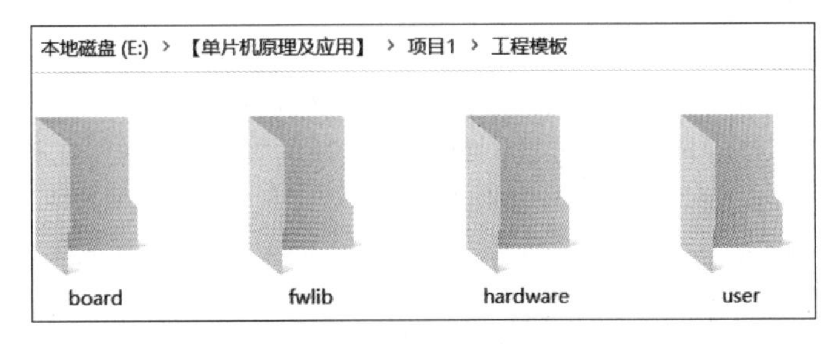

图 1-4-5　建立工程模板文件夹

② fwlib 文件夹用于存放函数库文件，将“库函数”文件夹里的全部文件(图 1-4-4)复制到该文件夹里。

③ hardware 文件夹用于存放“1＋X”训练考核套件外接设备的驱动文件，暂时留空即可。

④ user 文件夹用于存放 main. c 文件和 keil 工程文件。

3. 建立工程模板

(1) 打开 Keil 软件，单击 Project 菜单中的 New μVision Project 选项(新建工程)，如图 1-4-6 所示。

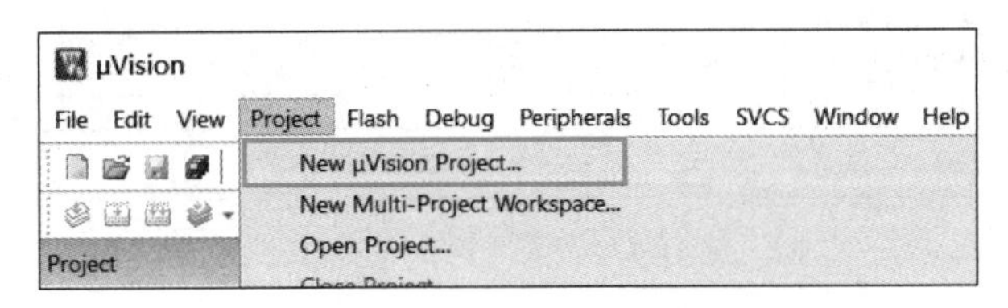

图 1-4-6　新建 Keil 工程

(2) 在弹出的界面里选择新建工程的保存路径，这里选择上个步骤新建的 user 文件夹，并将工程名命名为 DEMO，然后单击“保存”按钮，如图 1-4-7 所示。

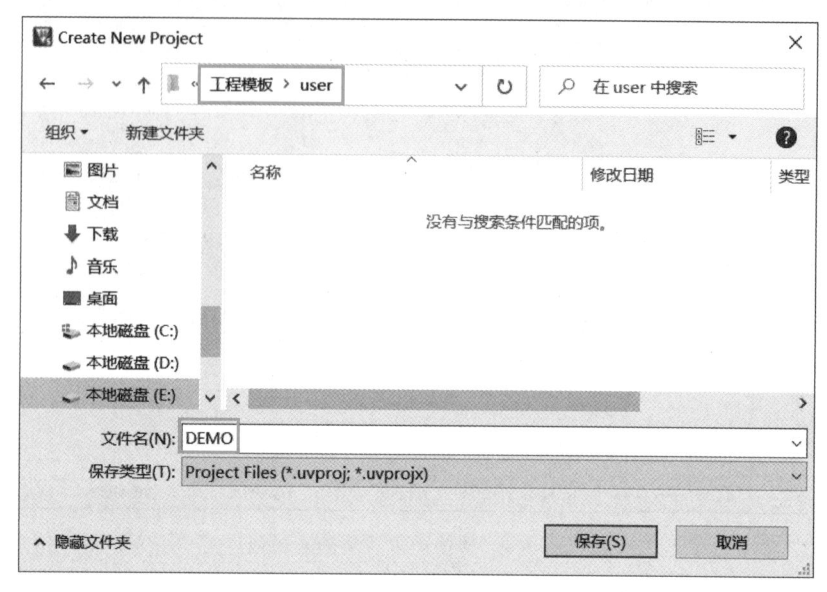

图 1-4-7　保存工程

（3）弹出如图 1-4-8 所示的对话框，让用户选择所需的单片机型号。首先在顶部的下拉栏里选择 STC MCU Database，再单击下面 STC 前面的“＋”号，然后在单片机列表中选择 STC15F2K60S2 Series，最后单击 OK 按钮即可。

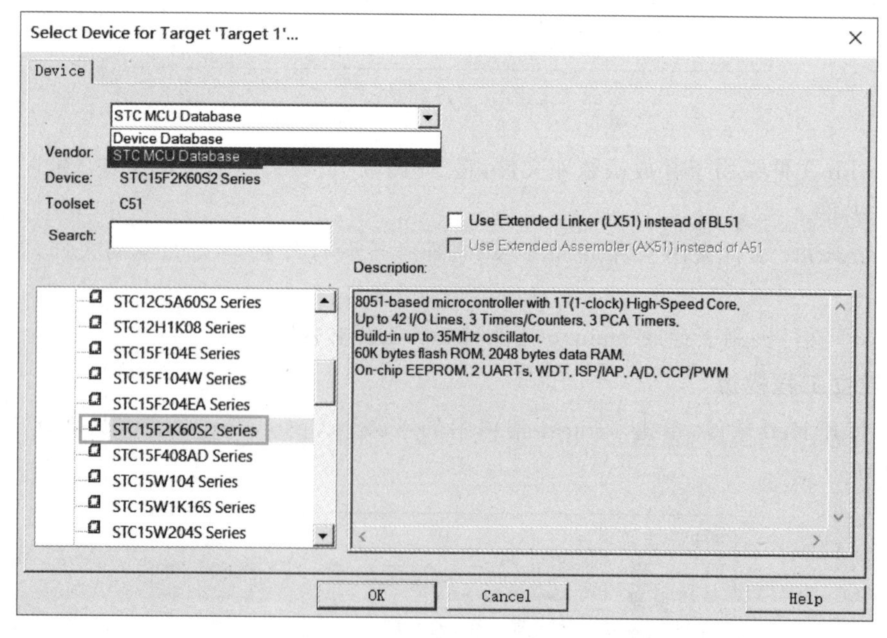

图 1-4-8　单片机型号选择

（4）弹出如图 1-4-9 所示的对话框，询问用户是否复制标准启动代码到项目文件夹。这是跳入 C 函数之前执行的一段汇编代码，不复制就用默认的启动代码，复制了但没修改这段代码,那还是相当于使用默认的启动代码。因此,对于初学者来说,单击“否”按钮就可以了。

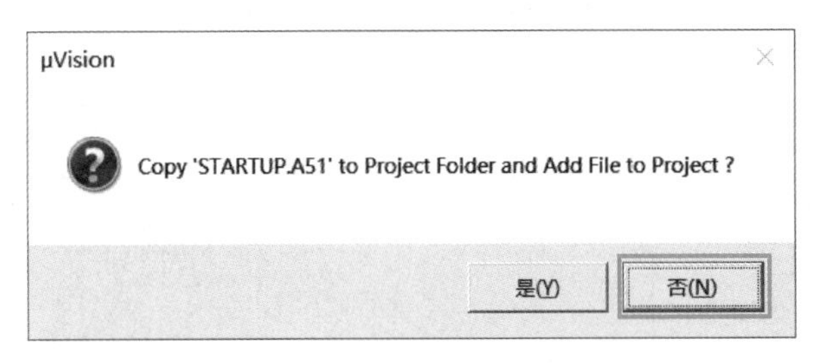

图 1-4-9　启动代码选择

(5) 建立工程后,还要新建 main. c 文件作为 C 程序的入口。如图 1-4-10 所示,首先单击 Target 1 前面的“+”号,再右击 Source Group 1,单击“Add New Item to Group ‘Source Group 1’...”。

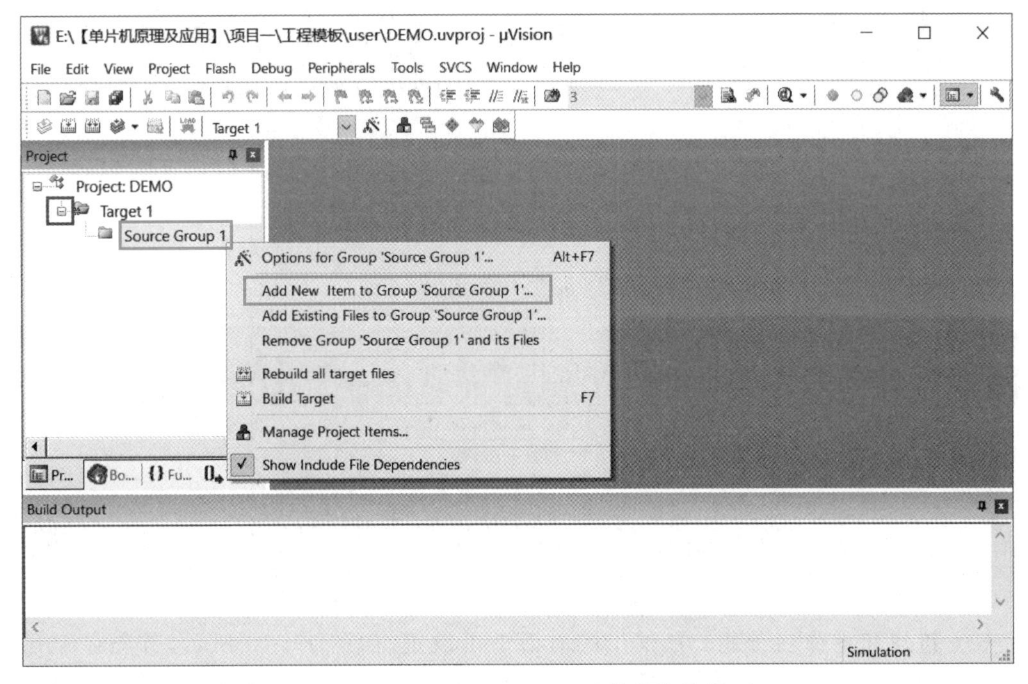

图 1-4-10　Source Group 1 右键快捷菜单

(6) 出现如图 1-4-11 所示的对话框,首先单击“C File (. c)”,然后在 Name 编辑框中输入 main. c,最后单击 Add 按钮即可新建 main. c 文件。

4. 建立工程分组

工程分组是指在当前工程项目里进行系统文件管理。在 Keil 软件中,每个工程都有自己的分组,且其分组不与外部文件夹结构相关联。因此,根据如图 1-4-5 所示的文件夹结构,建立工程模板的分组。

(1) 打开工程项目管理窗口:如图 1-4-12 所示,在左侧工程栏里,右击 Target 1,单击“Manage Project Items...”。

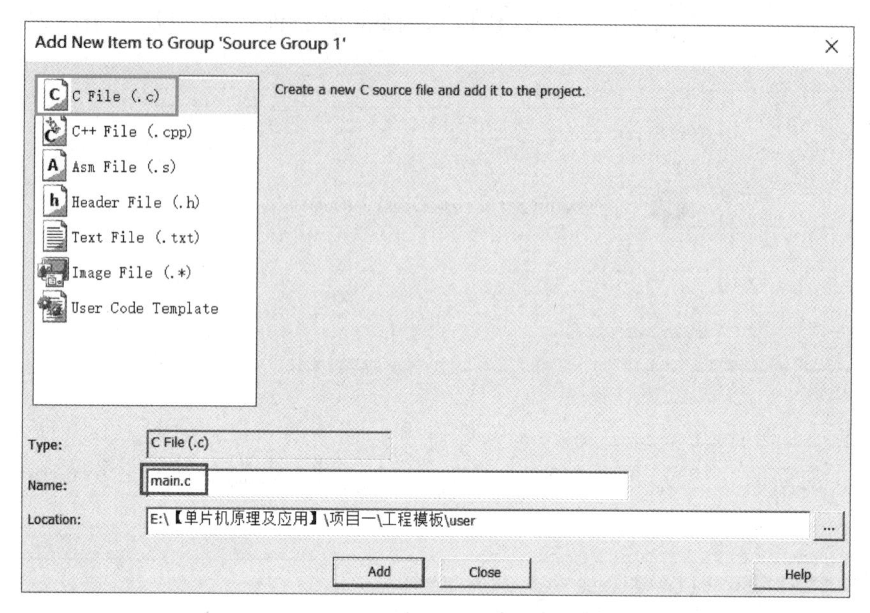

图 1-4-11 新建 main.c 文件到 Source Group 1 中

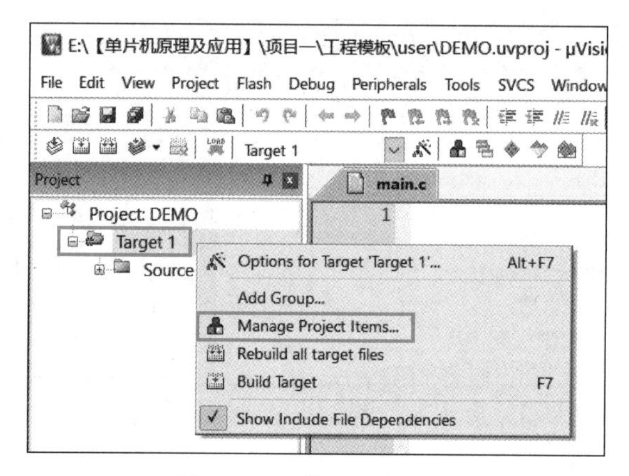

图 1-4-12 管理工程项目

（2）新建和重命名分组：在弹出的对话框里设置，如图 1-4-13 所示，首先在 Project Targets 栏里双击 Target1 进行重命名，改名为 Template，然后在 Groups 栏里双击 Source Group 1 进行重命名，改名为 user，再通过“新建”按钮，新建三个分组，分别命名为 hardware、fwlib 和 board（注意：要确保 main.c 文件在 user 分组中）。

5. 配置编译环境

C51 编译器的编译路径默认只是工程所在目录的路径（即 user 文件夹），函数库的所有文件却放于 fwlib 文件夹，因此，需要将 fwlib 文件夹的路径添加到 C51 编译器的编译路径中。

（1）单击 Project 菜单中的“Options for Target ‘Template’”或者快捷图标。在弹出如图 1-4-14 所示的对话框中，选中 C51 选项卡，单击 Include Paths 后边的 按钮。

（2）在弹出如图 1-4-15 所示的对话框中，单击“新建”按钮，再单击 按钮。

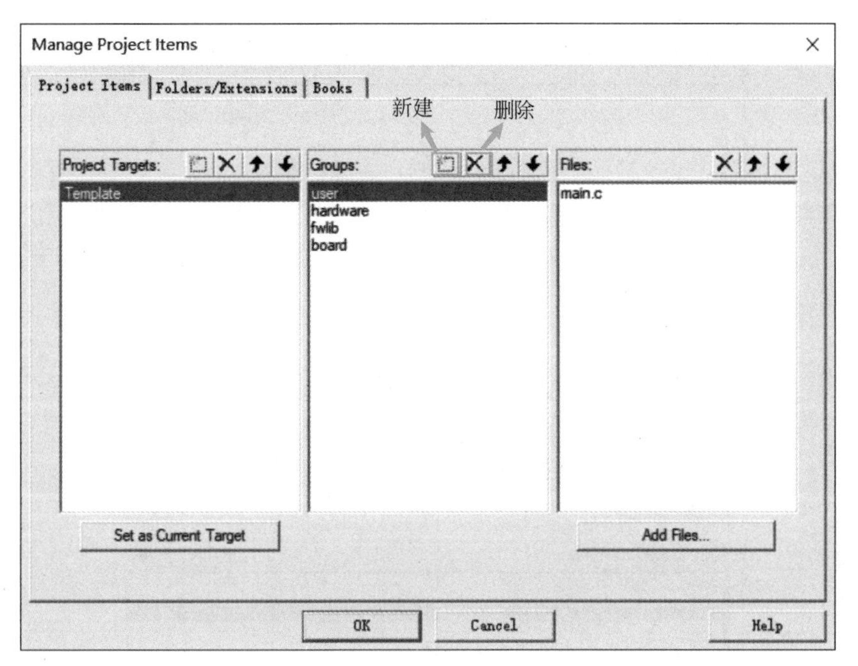

图 1-4-13　新建和重命名工程分组

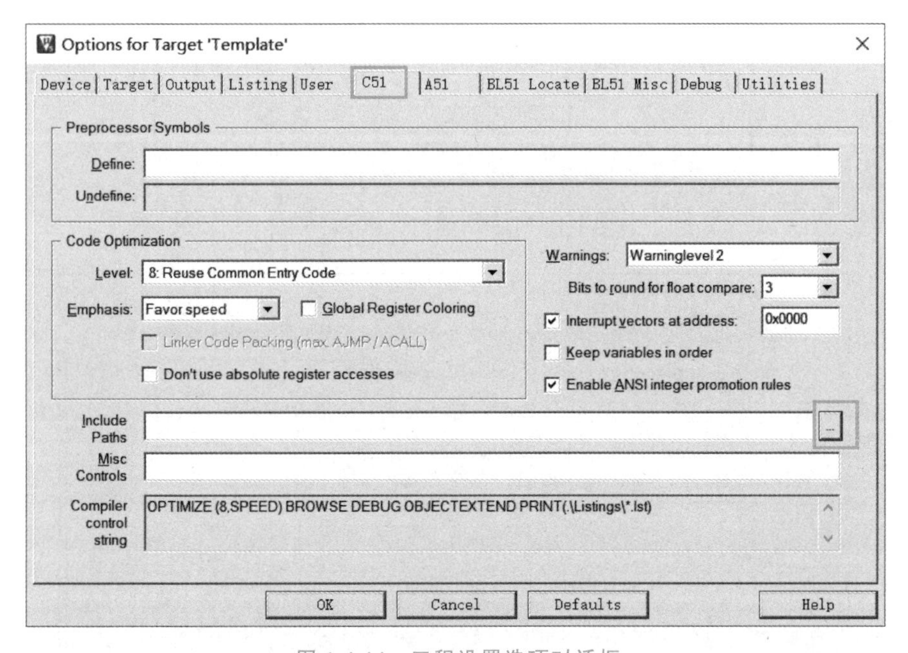

图 1-4-14　工程设置选项对话框

(3) 编译路径设置后应为图 1-4-16 所示，单击 OK 按钮。

(4) 回到工程设置选项对话框后，选中 Output 选项卡，勾选 Create HEX File 复选框，此选项的含义是在编译程序时生成 HEX 文件，供下载到单片机芯片上，如图 1-4-17 所示。单击 OK 按钮，回到软件主界面。

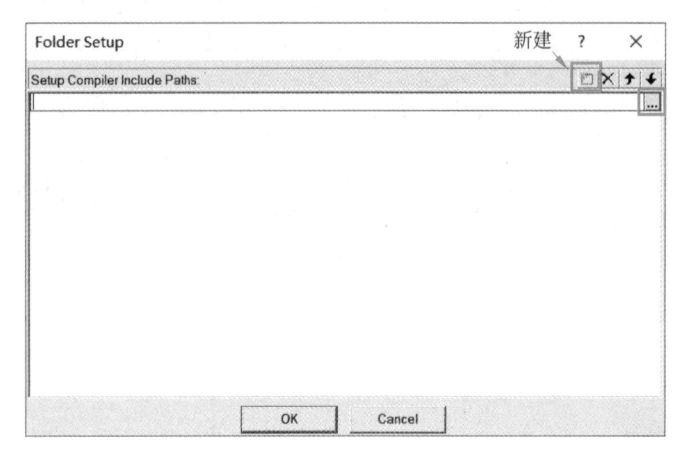

图 1-4-15　C51 编译路径对话框

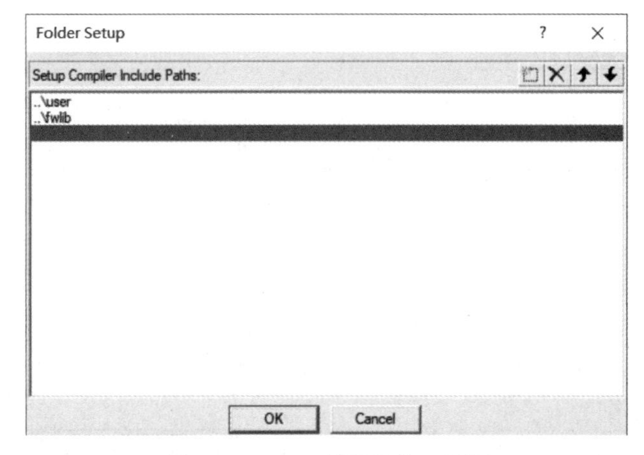

图 1-4-16　C51 编译路径对话框

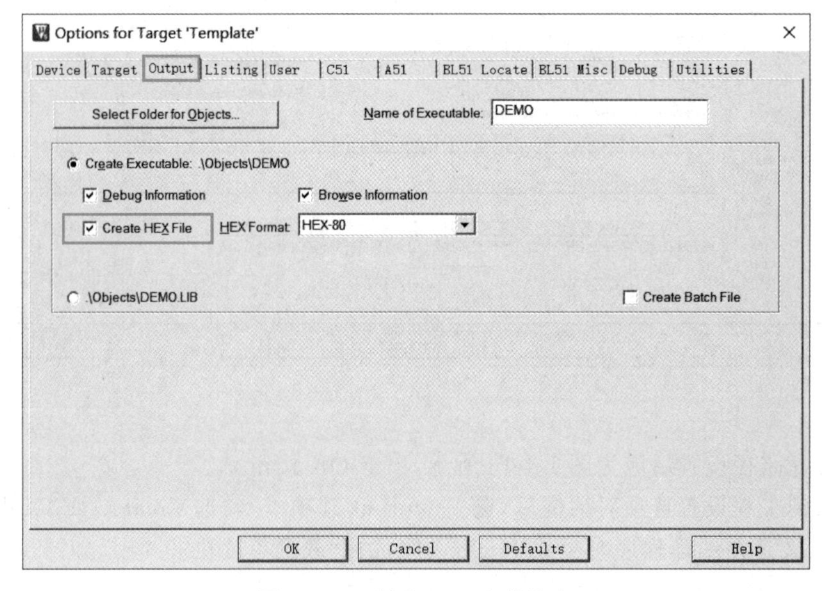

图 1-4-17　创建 HEX 文件输出

6. 编译工程

(1) 双击左边工程栏 Project 中 user 分组下的 main. c，如图 1-4-18 所示。

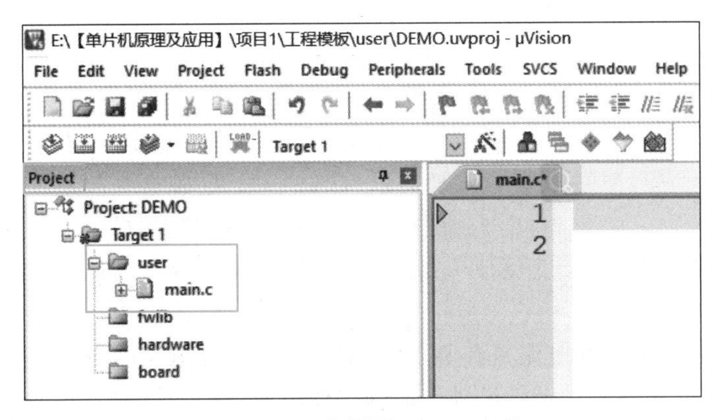

图 1-4-18　主界面 main. c 文件

(2) 在右边 main. c 文件中的空白处输入以下代码：

```
#include "config.h"
#include "STC15Fxxxx.h"
//---------------- 主函数 ---------------------
void main()
{

}
```

(3) 单击 Project 菜单中的 Rebuild all target files 或者工具栏上的快捷图标。随后，在 Keil 软件下方的 Build Output 框会显示编译结果，如图 1-4-19 所示，如果显示“0 Error(s)，0 Warning(s)”，则表明工程模板建立并设置成功。

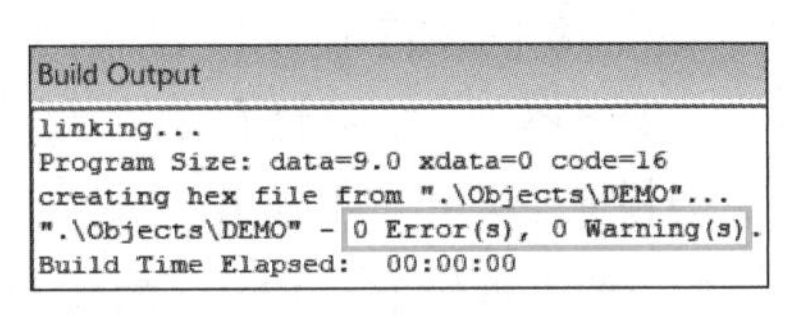

图 1-4-19　编译结果显示

任务 1.5　简单实例实现——点亮一个 LED 灯

【任务描述】

(1) 理解 LED 灯的工作原理和单片机 I/O 口的作用。

(2) 理解单片机控制 LED 灯的工作原理，熟悉 Keil 软件和 STC-ISP 软件的基本操作，编程实现点亮一个 LED 灯。

【知识要点】

1. LED 灯的工作原理

LED 灯又称为发光二极管，是半导体二极管的一种，它可以将电能转换为光能。发光二极管的种类很多，不同类型的发光二极管或者是不同厂家生产的同型号发光二极管，工作

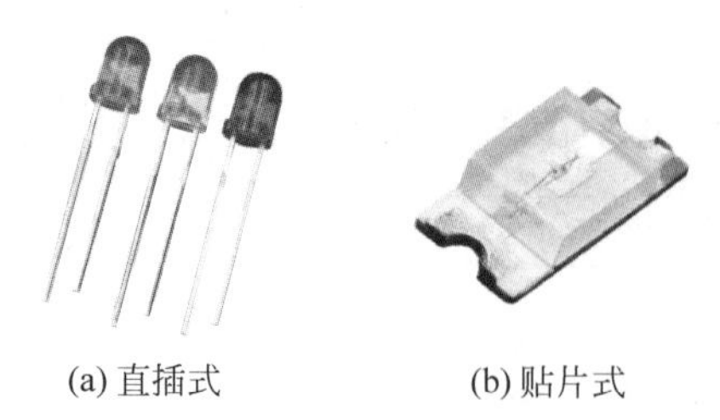

(a) 直插式　　(b) 贴片式

图 1-5-1　不同类型的发光二极管

参数都有所不同。最常见的是直插式发光二极管，如图 1-5-1(a)所示，这类发光二极管的工作电压（导通压降）为 1.6～2.4V。本书的实验平台使用的是贴片式发光二极管，如图 1-5-1(b)所示，其工作电压（压降）大约是 1.7V。

当发光二极管的正极到负极有一定电流通过（一般在 2～20mA）时，它就会亮起来。需要注意的是，其发光亮度与通过的电流不是呈线性关系，即 2mA 以下不亮，在 2～5mA 亮度有所变化，5～20mA 亮度基本没有变化，而超过 20mA 则容易把发光二极管烧坏。

既然通过发光二极管的电流是有要求的，那当它应用在电路时，通常会串联一个电阻起到限流的作用，从而为发光二极管提供合适的工作电流。

V_{CC}　R　LED

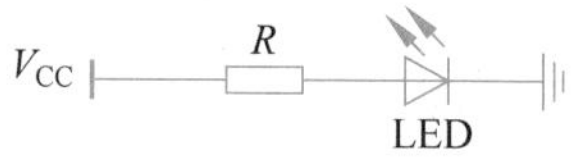

图 1-5-2　点亮 LED 灯电路原理图

如图 1-5-2 所示，V_{CC} 为＋5V 电源，R 为限流电阻，LED 灯是发光二极管。LED 灯的正极接 V_{CC}，负极接地。如果想让 LED 灯正常亮起来（电流在 2～20mA 都可以点亮，假设为 3.3mA），那么 R 电阻的取值，就可以很简单地计算出来：$R=(5-1.7)/3.3=1\text{k}\Omega$。也就是说，当 R 等于 1kΩ 时，通过 LED 灯的电流为 3.3mA，此时 LED 灯就会正常被点亮。

2. 单片机 GPIO 口

GPIO 口，I 代表 Input（输入），O 代表 Output（输出），翻译过来就是通用输入输出口。IAP15L2K61S2 单片机一共有 42 个 I/O 口，分成 P0、P1、P2、P3、P4 和 P5 五组，其中 P0～P4 组均为 8 位并行 I/O 口，分别为 P0.0～P0.7、P1.0～P1.7、P2.0～P2.7、P3.0～P3.7、P4.0～P4.7，而 P5 组只有 P5.4 和 P5.5 两个 I/O 口。STC15 系列单片机 I/O 口主要有四种驱动模式，这里先不展开，随着学习的深入会逐一进行讲解。

3. 单片机控制 LED 灯的工作原理

为了让单片机能够控制 LED 灯，可以将图 1-5-2 的电路稍微改造一下：LED 灯的负极不再接地，而是接到单片机上的其中一个 I/O 口，比如，P0.0 口。本书使用的实验平台已经将单片机的 P0.0～P0.3 口接到了 4 个 LED 灯的负极，如图 1-5-3 所示。

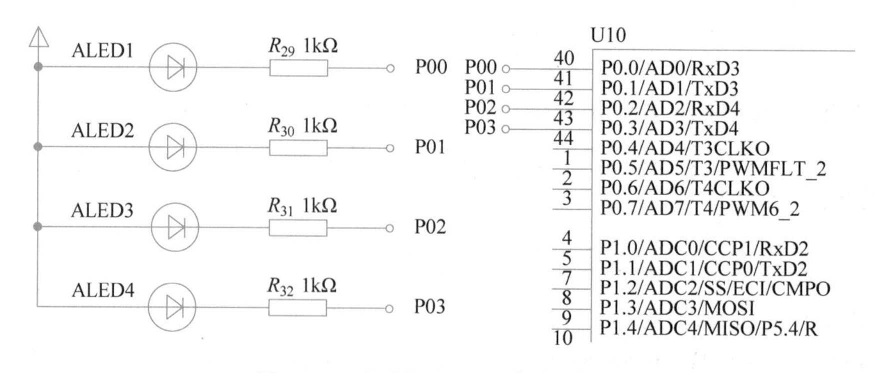

图 1-5-3　实验平台 LED 电路原理图

当单片机输出高电平(5V)时,加在发光二极管两端上的电压都是5V,没有电压差就不会产生电流,所以发光二极管不亮。当单片机输出低电平时(0V)时,就相当于接地,此时发光二极管两端的电压差>1.7V,发光二极管就会导通,有合适的电流通过,从而被点亮。因此,单片机对LED灯的控制功能就体现出来了。接下来用C语言编写点亮一个LED灯的程序。

【程序设计】

(1) 把工程模板复制一份,将文件夹名改为“任务1.5 点亮一个LED灯”。

(2) 双击进入“任务1.5 点亮一个LED灯”文件夹中的user子文件夹,然后双击打开工程文件“DEMO. uvproj”。

(3) 双击左边工程栏Project中user分组下的main. c,并添加代码如下:

```
#include "config.h"
#include "STC15Fxxxx.h"
//---------------- 主函数 ----------------------
void main()
{
  P00 = 0;                    //P00 赋值 0,相当于 P00 口等于低电平
  while(1);                   //永远成立的循环,单片机执行到此处停住
}
```

初学者在写代码时应特别注意以下两点:

① 写代码时必须保证输入法已切换到英文(半角)状态,否则编写的程序代码看上去虽然和书本上一样,但实际上是错的,最后编译出来会报错。

② 写代码时,英文字母有大小写之分,标点符号要区分清楚。

(4) 对工程进行编译,单击Project菜单中的Rebuild all target files或者快捷图标。随后,在Keil软件下方的Build Output框会显示编译结果,如图1-5-4所示,如果显示“0 Error(s), 0 Warning(s)”,则表明编译成功,编写的程序代码没有语法错误。

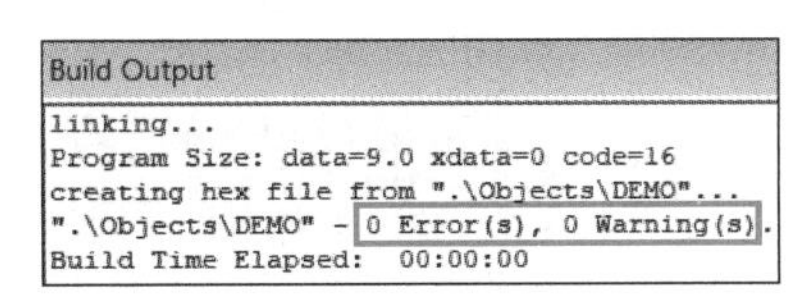

图1-5-4 编译结果显示

【程序下载】

(1) 用USB转串口线把实验平台和计算机连接好,如图1-5-5所示。

(2) 安装CH340驱动:打开CH340驱动安装文件(64位计算机用×64安装包,32位计算机用×86安装包),如图1-5-6所示,单击“安装”按钮即可。

(3) 打开STC-ISP程序下载软件,如图1-5-7所示,这里使用的是V6.90F版本。

① 选择芯片型号:实验平台所搭载的单片机型号是STC15F2K60S2系列IAP15L2K61S2,找到并选中即可。

② 选择串口号:选择USB-SERIAL CH340(COM4)。

注意:后面的COM号不一定是COM4,实验平台连接计算机不同的USB口会显示不同的COM号,但前面一定是USB-SERIAL CH340。

图 1-5-5　实验平台与 PC 连接

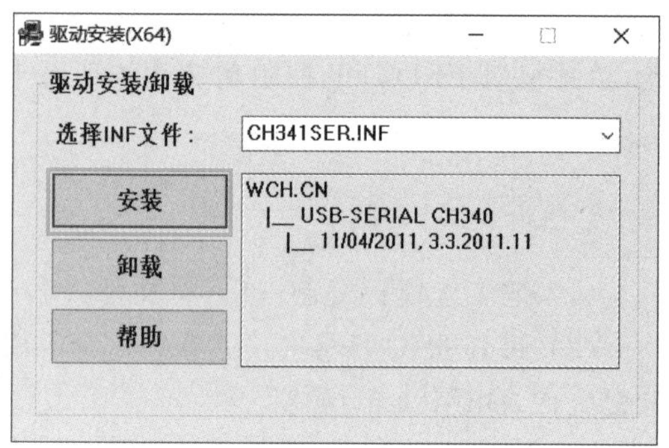

图 1-5-6　CH340 驱动安装

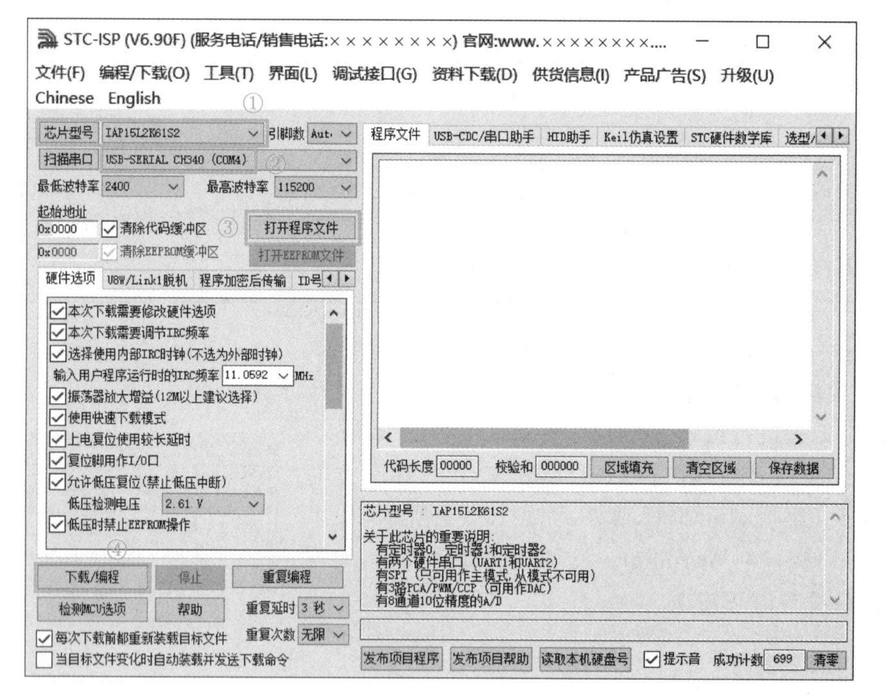

图 1-5-7　STC-ISP 下载软件界面

③ 打开程序文件：找到前面编译后生成的 HEX 文件（一般在工程目录中的 Objects 文件夹里）并打开。

④ 下载程序：单击“下载/编程”后，按下实验平台上的 DownLoad 按钮，等待 STC-ISP 软件右下角信息输出框显示“操作成功”，如图 1-5-8 所示，即表明程序已成功下载到实验平台上的单片机上。

此时，如图 1-5-9 所示，实验平台上的第一个 LED 灯（ALED1）也亮起来了，这是程序下载的整个过程。

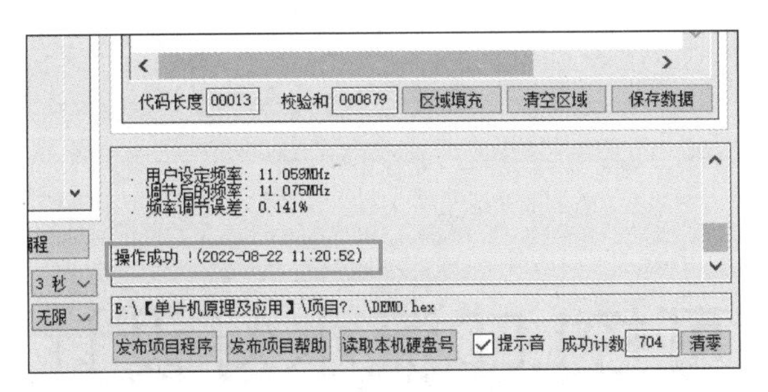

图 1-5-8　下载成功结果显示

图 1-5-9　简单实例成果展示

任务 1.5 的运行效果如下(扫描二维码观看)。

运行效果

【课后练习】

将亮着的 LED 灯(ALED1)熄灭,同时点亮第二个和第三个 LED 灯(ALED2 和 ALED3)。

项目2

可控LED流水灯设计

任务 2.1 LED 灯闪烁

【任务描述】

编写程序,让"1+X"训练考核套件上的 ALED1 在亮灭之间转换,并且需要让 LED 灯的亮灭状态都持续一小段时间,实现闪烁变化。

【知识要点】

1. LED 灯闪烁原理

在前面的任务里,我们已经分析了 ALED1 亮灭的原理,并写代码成功地点亮了 ALED1。简而言之,如果想要 ALED1 亮起,需要写代码让 P00 等于 0;如果想让 ALED1 熄灭,就要写代码让 P00 等于 1。本任务需要让 ALED1 闪烁起来,而闪烁的本质是 ALED1 在亮灭之间转换,并且需要让 ALED1 的亮和灭状态都持续一小段时间,一般把持续一小段时间称为延时。整个闪烁的流程如图 2-1-1 所示。

首先,为什么需要延时?那是因为单片机作为一个计算机系统,执行代码的速度相对人类的感知而言是高速的,达到毫秒甚至微秒级。理论和实践证明,当 LED 闪烁频率达到 24Hz 时,人眼看来会有连续感;如果闪烁频率达到 40Hz 以上,人眼看来则是持续发光的;因此,如果在亮灭之间没有延时,那么 P00 会在高低电平之间快速转换,这样会造成人的眼睛根本无法分辨出 ALED1 是亮还是灭,更无法看出 ALED1 在闪烁。因此,必须在亮灭的转换之间有一段延时,让亮和灭状态都保持一段时间,这样人眼才能够识别出闪烁。

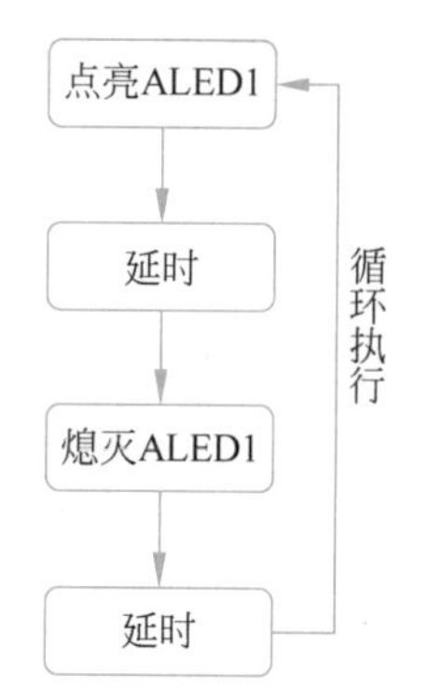

图 2-1-1 LED 灯闪烁流程

其次,如何实现延时?点亮和熄灭 LED 实现起来很简单。完成本任务的重点在于如何实现延时。如果需要得到一段延时时间,最常用的做法是让单片机执行无效的代码来积累时间。在单片机 C 语言编程里,会把这样的无效代码放在一个函数里,在需要延时的时候调用这个函数就可以达到延时的目的,一般把这样的函数称为延时函数。延时函数可以由用户自己编写,但STC官方在自己官方的函数库里提供了一个延时函数,本任务将介绍如何使用这个官方的延时函数来实现ALED1闪烁。

2. GPIO口

在本任务里,ALED1接在单片机的P00口上,P00也称为GPIO口。IAP15L2K61S2有5组GPIO口,分别为P0、P1、P2、P3、P4和P5。其中P0～P4每一组GPIO口都有8只引脚,以P0为例分别称为P00、P01、P02、P03、P04、P05、P06和P07。另外,P5有P54和P55。单片机通过GPIO口与外围硬件进行数据交换、控制外围硬件工作、读取外围硬件工作状态等。可以说GPIO口是架设在单片机与外围硬件之间的桥梁。

STC公司增强型单片机的GPIO口有4种工作模式,见表2-1-1。

表2-1-1 GPIO口工作模式

弱上拉模式	高阻模式	推挽输出模式	开漏输出模式
准双向口	电流不能流入也不能流出	强输出可对外输出20mA电流	需外接上拉电阻才能当输出

单片机通电后,芯片内的各种资源会处在一个事先预定好的状态,这种情况称为复位。GPIO口也属于各种资源之一,因此,单片机通电后,GPIO口也会处于一个默认状态。大多数型号的STC增强型单片机的GPIO口,在复位后都会处于弱上拉模式,有少部分GPIO例外,会处于高阻模式,具体要参考技术手册。IAP15L2K61S2这个型号的单片机复位后,所有的GPIO口都是弱上拉模式。弱上拉模式的GPIO口可以进行写1和写0操作,也可以读取它们的值,大多数应用里,GPIO都是这种模式。高阻模式的GPIO口电流既无法流入,也无法流出,用户无法对它们进行写1和写0操作。推挽输出模式的GPIO口最大可以对外输出20mA电流,通常用于外接需要较大电流驱动的设备。开漏输出模式的GPIO口则需要外接上拉电阻才能正常工作。

3. 特殊功能寄存器

GPIO口工作在哪一种模式,由单片机内部对应的特殊功能寄存器(special function register,SFR)决定。SFR也是单片机内部资源的一种,但它比较特殊,它是用来管理单片机其他内部资源的内部资源。这就好比一间有电灯、电器、开关等用电器的屋子,SFR在这间屋子里就充当开关的角色,管理屋子里其他用电器。

一款单片机内部的SFR通常很多。SFR叫什么名字、起什么作用由厂家和开发平台决定,与编程者无关。编程者只是SFR的使用者。以P0这组GPIO口为例子,一共有3个SFR共同决定了P0的属性,它们的名字分别是P0M0、P0M1和P0。其中,P0这个名字本身指的就是一个SFR。其中P0M0、P0M1的值决定P0这组GPIO口的各个引脚工作在哪种模式,而P0这个SFR决定P0这组GPIO口的各个引脚的电平值。P0M0、P0M1的值与P0口工作模式的关系见表2-1-2。

表2-1-2 P0M0、P0M1与P0口工作模式的关系

P0M1[B7..B0]	P0M0[B7..B0]	GPIO口工作模式
0	0	弱上拉,准双向模式
0	1	推挽输出,强上拉模式

续表

P0M1[B7..B0]	P0M0[B7..B0]	GPIO 口工作模式
1	0	高阻模式
1	1	开漏输出模式

P0 这个 SFR 的值则对应 P0 这个 GPIO 口的各个引脚的电平值，假设 P0 的值等于 0X00，则说明 P0 口的引脚电平全部为低电平，如果 P0 的值等于 0x01，则说明除了 P00 这个引脚为高电平外，其余 7 只引脚的电平都为低电平。

显然，P0M0、P0M1 和 P0 这 3 个 SFR 都是 8 位的 SFR。但其中 P0 有一点不同。P0 这个 SFR 中的每 1 位，都有自己的名字。例如，P0 的最低位，叫作 P00，最高位叫作 P07。而 P0M0 和 P0M1 这两个 SFR，它们的位是没有名字的。有名字的位，编程者可以直接使用位的名字给位赋值，示例如下：

```
P00 = 0;
```

这是合法的写法。而没有名字的位，编程者就无法单独对某个位进行赋值，只能给位所在的 SFR 整体赋值。例如，想让 P0M0 的 B0 位为 0，编程者只能写：

```
P0M0 = 0X00;           //除了 P0M0 的 B0 位置 0,其他位也被置 0,写法有隐患
```

这里的 0X00 是一个 16 进制数，相当于二进制数(0B00000000)，每 1 位二进制值会自动对齐 P0M0。关于这方面的知识，可以参考“数字电子技术”课程的内容，这里不展开讨论。

如果一个 SFR 里的位有名字，编程者可以对位进行赋值操作，那么我们就说这个 SFR 可位寻址；反之称为不可位寻址。SFR 能否位寻址由厂家制造芯片的时候决定，与编程开发者没有关系。

4. 最小系统和复位

单片机要正常工作，必须具备以下三个条件：要通电；要有复位电路；要有晶振电路。

通常，把单片机能够正常工作的最基本电路配置称为最小系统。图 2-1-2 所示的单片机最小系统是以 STC15W4K60S4，封装为 DIP40 的芯片为核心的 STC 单片机最小系统原理图。

可以看到，引脚 18 和引脚 20 是电源脚，引脚 18 接电源的正极，引脚 20 接地，电压值可以根据芯片型号不同选择 3.3～5V。引脚 15(P16)和引脚 16(P17)是外接晶振电路的引脚。引脚 17(P5.4)是外接复位电路的引脚。注意，同一种型号的 STC 增强型单片机，如果封装不同，电源引脚、复位引脚和晶振引脚的序号是不一样的。

1) 复位电路

复位是指当单片机符合某个特定条件时，单片机内部资源(主要是 SFR)会恢复到预定状态，这种情况就叫复位。单片机复位的概念与手机系统恢复到出厂设置类似。

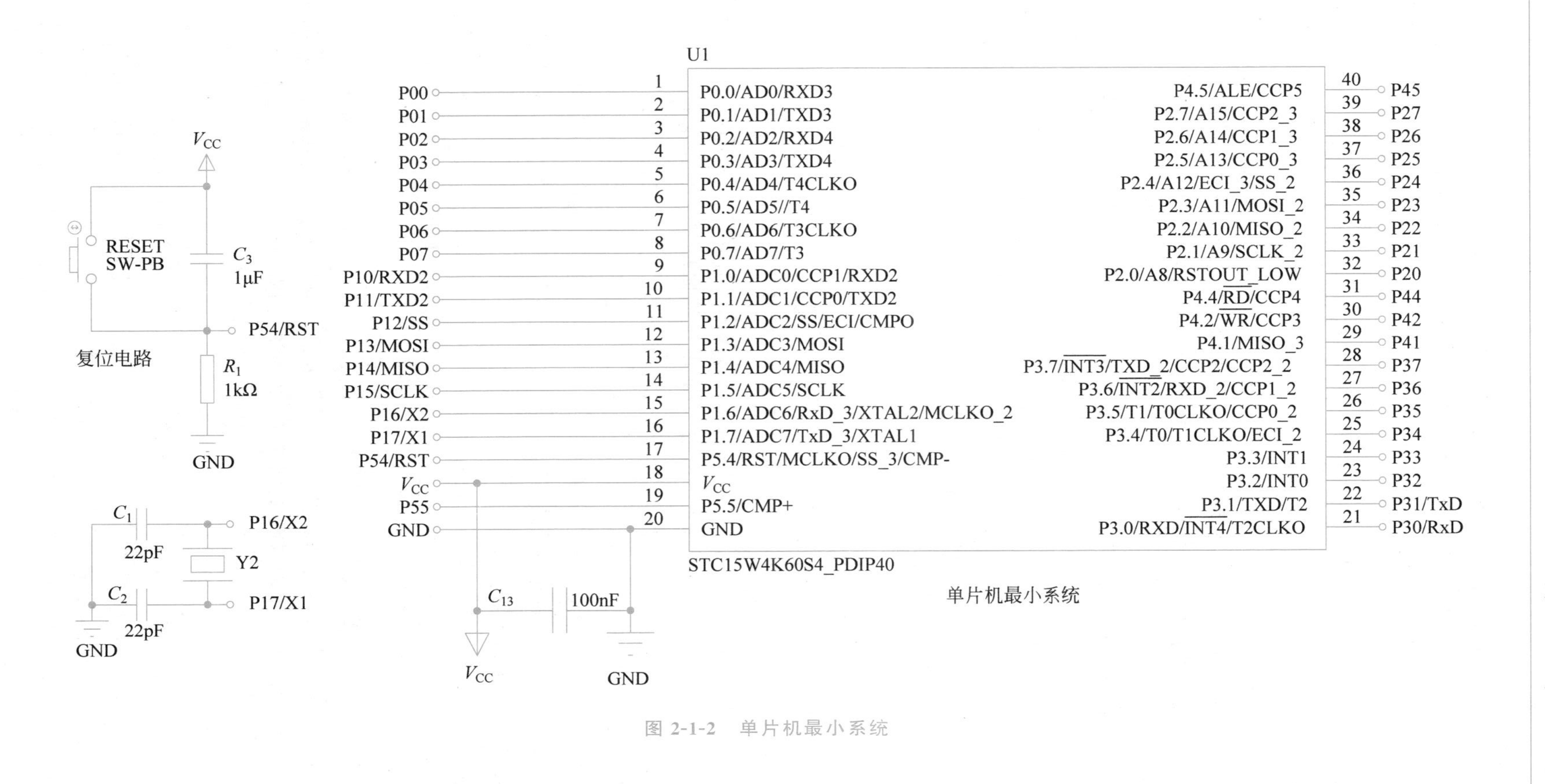

图 2-1-2　单片机最小系统

以"1+X"训练考核套件上的单片机为例,它有两种复位,分别对应两个特定条件,只要单片机符合这两个特定条件之一,单片机就会复位。这两个条件分别为外部复位条件和内部复位条件,对应的复位也称为外部复位和内部复位。

(1) 外部复位。

当单片机的复位引脚(P54)上出现高电平,单片机就会复位。这种复位也叫硬件复位。基本所有单片机都具有硬件复位,区别就是复位引脚不同。

(2) 内部复位。

这款单片机内部有一个名为IAP_CONTR的SFR,当它的B5位的值为1时,单片机就会复位。这种复位通常也叫软件复位。在中低端的8位单片机中,只有部分单片机具有软件复位功能。

外部复位和内部复位又分以下两种情况。

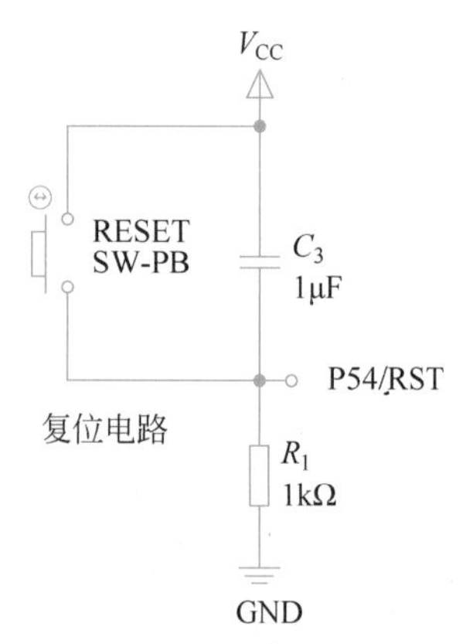

图 2-1-3 手动复位电路

① 上电自动复位。

上电自动复位是指单片机上电能够自动引发复位,随后恢复到正常的非复位状态。在随后单片机的工作过程中,只有断电后再上电才能再次复位单片机。

② 手动复位。

手动复位是指单片机上电能够自动引发复位,随后恢复到正常的非复位状态。在随后单片机的工作过程中,用户可以在不切断电源的前提下,通过按键对单片机系统再次进行复位。手动复位电路如图 2-1-3 所示。

电路的原理不算复杂。按键默认是断开的,在电源接通的瞬间,C_3 短路,所有电压都加在 R_1 上,P54/RST 这个节点的电压为 V_{CC},即高电平,这样就产生了复位信号,单片机复位。随着时间推移,C_3 两端充电充满,电压全部加在 C_3 两端,P54/RST 节电上的电压为 0,不满足复位条件,单片机开始正常工作。在单片机运行的过程中,用户将按键按下,C_3 放电,电流流过 R_1,P54/RST 上的电压又是 V_{CC},为高电平,单片机再次复位,一松开按键,又不满足复位条件,单片机再次恢复正常工作。

注意:"1+X"训练考核套件上没有外接复位电路,使用的是内部复位。单片机使用外部复位还是内部复位,需要在STC的下载软件里选择。打开下载软件,如图 2-1-4 所示设置。

这样设置后,P54就不是复位引脚,而是普通的GPIO口,单片机上电在内部自动复位,不需要用户干涉,如果想要手动复位,必须另想办法。如果这个勾没勾,P54就是复位引脚,但是由于"1+X"训练考核套件没有外部复位电路,因此下载程序时,这个复选框千万要勾上。

2) 晶振电路

晶振电路也叫时钟电路,相对复位电路简单一些,如图 2-1-5 所示。

我们知道,单片机本质上是一个计算机系统,一个计算机系统就必定有CPU,而CPU的工作离不开时钟频率,即主频。晶振电路的功能就是提供单片机需要的主频。可以先简单理解,这个晶振电路中Y2的值,就是单片机系统的频率,这个频率决定了单片机执行代

图 2-1-4　内部复位设置

码的速度，Y2 值越大，表明单片机执行速度越快，反之越慢。在任务中将要使用的延时函数延时时间的长短，也跟 Y2 的值有关系。但是，“1+X”训练考核套件并没使用晶振电路为单片机系统提供主频，而是使用了单片机内部的 RC 电路作为主频发生电路，这样腾出 P16 和 P17 作为普通的 GPIO 口使用。使用内部时钟电路需要在下载软件 STC-ISP 里设置，如图 2-1-6 所示。

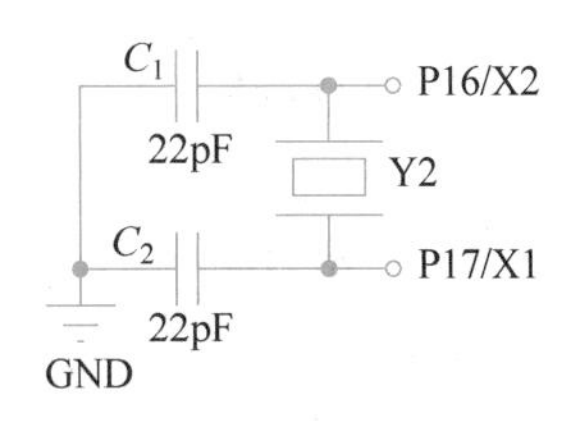

图 2-1-5　晶振电路

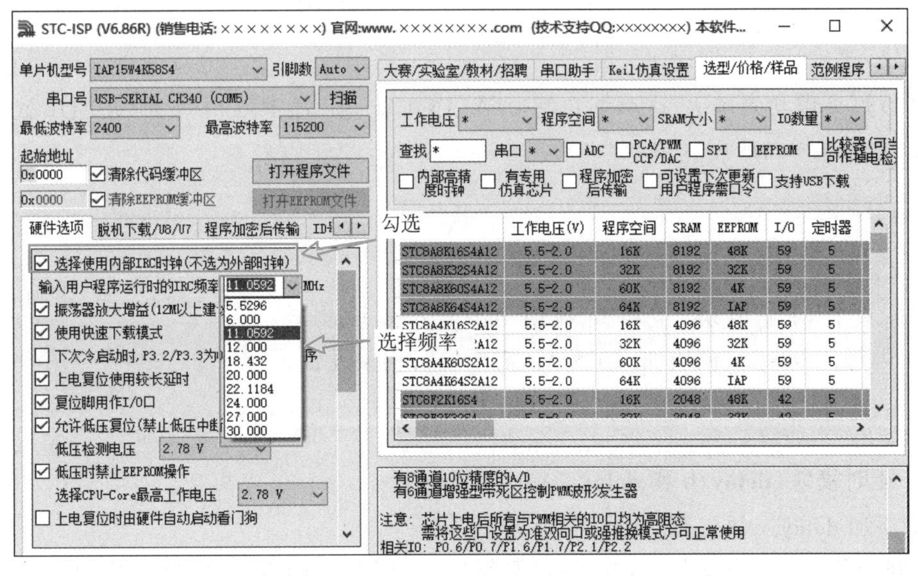

图 2-1-6　设置内部时钟

除了设置下载软件外，在工程里代码也需要做相应的修改，修改的地方将在程序设计中给出。

STC 增强型单片机集成度很高，传统 51 单片机的最小系统电路，现在都被集成到了 STC 单片机的内部，使用起来非常方便。但是有一点，单片机内部的最小系统电路，稳定性比外部最小系统电路要差一点，在一些恶劣的工程应用环境里，仍需要使用外部最小系统电路。但是在单片机学习中，使用内部的最小系统电路已经足够。

“1＋X”训练考核套件上既没有外接复位电路，也没有外接晶振电路。如果需要复位，可以使用下载按键 DownLoad 代替；如需要修改晶振频率，则需要在 STC-ISP 软件中更改设置。

【电路设计】

在“1＋X”训练考核套件上，接有 4 只 LED 灯：ALED1、ALED2、ALED3、ALED4。这 4 只 LED 灯分别接在单片机的 P00、P01、P02 和 P03 上，这部分的电路原理图如图 2-1-7 所示。注意，书中只给出需要编写代码的模块的电路原理图，省略掉其他部分。其他部分请读者参考“1＋X”训练考核套件的原版原理图。以后所有任务的原理图都如此处理，不再赘述。

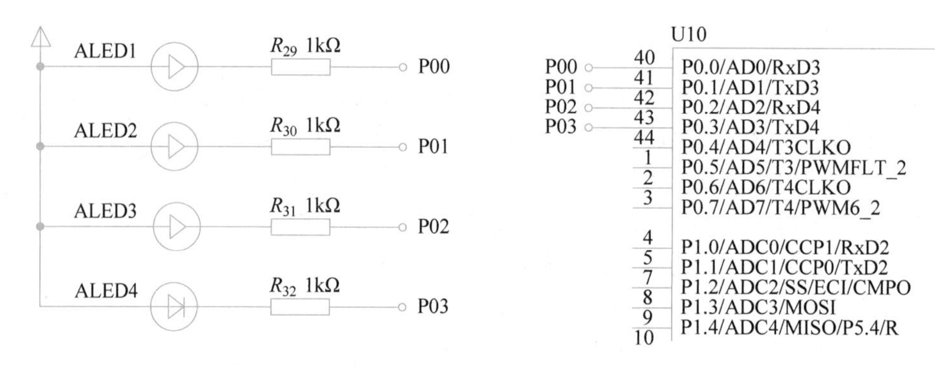

图 2-1-7　任务 2.1 电路原理图

LED 灯采用共阳接法，往 P00 口写 0，ALED1 就亮；往 P00 口写 1，ALED1 就灭。其他 LED 也是这样的原理。

【软件模块】

任务的模块关系图如图 2-1-8 所示。

任务只有两个模块，主模块调用 delay. c 模块实现 ALED1 闪烁。delay. c 模块加入工程后，需要进行相关设置。

图 2-1-8　任务 2.1 模块关系图

【程序设计】

1. 延时模块(delay. h 和 delay. c)

1) 添加 delay. c 进工程

复制任务 1.5 工程文件夹，改名为“任务 2.1　LED 灯闪烁”。打开工程，在工程左边信息栏里打开 Manage Project Items 界面（或在上方工具栏单击 ），依次单击 fwlib、 addfiles，把 fwlib 文件夹下的 delay.c 文件加入 fwlib 分组里，如图 2-1-9 所示。

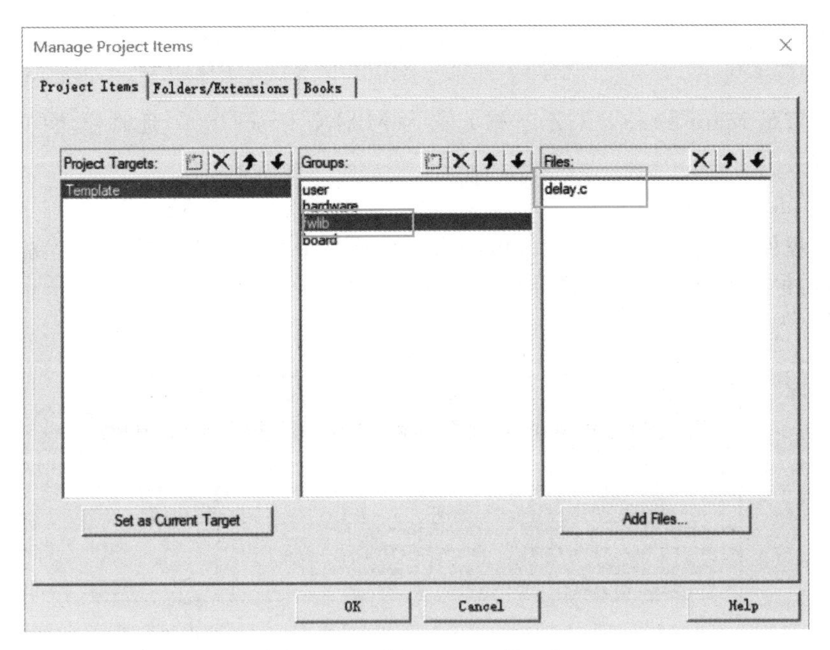

图 2-1-9　添加 delay.c 进工程

2）修改晶振数值

打开工程，在左边工程栏里的 user 分组下，双击 config.h 文件，将文件内容修改为如下代码：

```
#ifndef __CONFIG_H
#define __CONFIG_H
/*************************************************************/
//#define MAIN_Fosc  22118400L     //定义主时钟
//#define MAIN_Fosc  12000000L     //定义主时钟
#define MAIN_Fosc  11059200L       //定义主时钟
//#define MAIN_Fosc  5529600L      //定义主时钟
//#define MAIN_Fosc  24000000L     //定义主时钟
/*************************************************************/
#include "STC15Fxxxx.H"
/**********************************************************************
*****/
#define Main_Fosc_KHZ (MAIN_Fosc / 1000)
/***************************************************************/
#endif
```

这个文件内容就是定义了主时钟 MAIN_Fosc 这个宏，这个宏有 5 个取值可以选，但只能一个生效，其他 4 个需要注释掉，原始选择的如下：

```
#define MAIN_Fosc  22118400L //定义主时钟
```

本任务里，下载的时候选择如图 2-1-6 所示的内部时钟，时钟值为 11.0592MHz，因此，这个地方需要对应选择：

```
#define MAIN_Fosc 11059200L //定义主时钟
```

第 2 个宏是 Main_Fosc_KHZ，它被定义为 MAIN_Fosc/1000，延时模块中的延时函数跟这个宏有关。

3）编译 delay. c 模块

回到工程界面，先编译一遍，编译的结果会出现一个警告。警告的内容是编译器告知发现一个名为 DELAY_MS 的函数，但这个函数在整个工程里没有被使用，编译信息如图 2-1-10 所示。

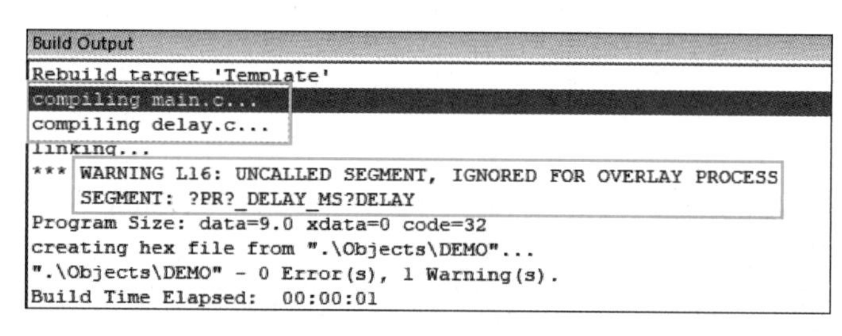

图 2-1-10 工程编译信息

通过编译信息可以看到，编译器不仅编译了 main. c 文件，而且编译了 delay. c 文件。编译 delay. c 的结果就是发现了一个名为 DELAY_MS 的函数没有被使用，编译器就给出了一个警告信息。这个警告信息不严重，可以暂时忽略，我们先把这个名为 DELAY_MS 的函数找出来。

4）查看 delay. c 模块

delay. c 模块包括一个 delay. c 文件和一个 delay. h 文件，先打开 delay. h 文件，它是模块的索引，正常情况下，模块能用的宏定义、变量和函数都应该在. h 文件罗列出来。

在工程信息栏里，单击 fwlib 分组前的“+”号，可以看到 delay. c 文件，再单击 delay. c 文件前的“+”号，会看到下方多个. h 文件，双击打开 delay. h 文件，代码如下：

```
#ifndef __DELAY_H
#define __DELAY_H
#include "config.h"
void delay_ms(unsigned char ms);
#endif
```

这里有且只有一个 delay_ms 函数，同时也是编译器里报警告的函数(注意，不管函数的原型是大写还是小写，编译信息里都会统一处理成大写，而且会去掉返回值和参数)。

打开 delay. c 文件，代码如下：

```
#include "delay.h"
//==========================================================================
//函数：void delay_ms(unsigned char ms)
//描述：延时函数.
//参数：ms,要延时的 ms 数，这里只支持 1～255ms. 自动适应主时钟.
```

```
//返回: none.
//版本: VER1.0
//日期: 2013 - 4 - 1
//备注:
//==================================================================
void delay_ms(unsigned char ms)
{
  unsignedinti;
  do{
        i = MAIN_Fosc                    //13000
        while( -- i) ;                   //14T per loop
     }while( -- ms);
}
```

文件内容除了官方一些注释信息外,就只有 delay_ms 函数的定义。delay_ms 函数执行的指令数与之前定义的宏 MAIN_Fosc 有关(函数中语句 i = MAIN_Fosc/13000;),这也是为什么之前需要把宏 MAIN_Fosc 定义成与具体使用晶振值相等的原因。只有这两者相等,这个函数执行的时间才能准确。这里不需要知道 delay_ms 函数具体实现的原理,只需要知道以下三点:

① delay_ms 函数有 1 个参数。

② 这个参数为 N 的话,delay_ms 函数执行完毕的时间为 N 毫秒。

③ N 必须大于 0,且不能大于 255。

使用这个延时函数的时候,牢记以上三点即可。然后就可以去 main. c 文件里对 delay_ms 函数进行调用了。

当把 delay. c 文件添加进工程以后,由于编译环境设置的关系,delay. h 文件对应也会被添加进工程里。. c 文件和. h 文件通常成对出现,我们一般会把 xxx. c 和 xxx. h 文件统称为 xxx 函数库。例如,这里我们就会把 delay. c 和 delay. h 称为 delay 函数库,即使这个函数库里只有一个函数。

2. 主模块(main. c)

打开 main. c 文件,输入以下代码:

```
#include "config.h"
#include "delay.h"
//---------------- 主函数 ---------------------
void main()
{
  P0M0 = P0M0&0XFE;
  P0M1 = P0M1&0XFE;
  while (1)
  {
    P00 = 1;                    //熄灭 ALED0
    delay_ms(250);              //延时
    P00 = 0;                    //点亮 ALED0
    delay_ms(250);              //延时
  }
}
```

主函数中，必须先把 P00 设置为弱上拉模式，原本的代码如下：

```
P0M0 = 0X00;
P0M1 = 0X00;
```

直接赋值 0x00，除了把 P00 设置为弱上拉模式外，把 P07～P01 也设置为弱上拉模式。但一些具体应用里，P07～P01 可能工作在其他模式下，这样的赋值方式明显改变了其他引脚的工作模式，会带来不确定的后果。例如，P07 原本是工作在高阻模式下的，那么这样的赋值方法不仅把 P00 设置在弱上拉模式，而且把 P07 也设置成弱上拉模式，这肯定是不行的。因此，这里采用"位与"的赋值方式，代码如下：

```
P0M0 = P0M0&0XFE;
P0M1 = P0M1&0XFE;
```

"&"是 C 语言里一个位操作符，称为"位与"。它的功能是将符号两边的数按位展开后对齐，每位进行"与"运算。以 P0M0 为例，展开是原本 P0M0 的 8 位值，而 0xFE 展开成 8 位是 0B11111110。这两者进行与运算，不管 P0M0 原本是什么值，它跟 0B11111110 按位与运算都是这个结果：高 7 位不变，保持原来的值，最低位为 0。总结一下就是："&"运算，如果"与"的位为 1，结果保持不变；如果"与"的位为 0，则结果置 0。因此，"&"运算符会经常用在让某些位置 0，某些位保持不变的场合中。

另外一个比较常用的位操作符是"|"，这个操作符称为"位或"。它的功能是将符号两边的数按位展开后对齐，每位进行"或"运算。如果把上面代码的"&"符号改为"|"符号，代码如下：

```
P0M0 = P0M0|0XFE;
P0M1 = P0M1|0XFE;
```

这样运算出来的结果：P0M0 高 7 位为 1，而最低位则保持不变。总结一下就是："|"运算，如果"或"的位为 1，则结果为 1；如果"或"的位为 0，则结果保持不变。因此"|"运算符会经常用在让某些位置 1，某些位保持不变的场合中。

在对一些不能位寻址的 SFR 进行赋值的时候，"&"和"|"这两个运算符号经常使用。如果想让某个 SFR 中的某些位置 1，而其他位保持不变时，就应该使用"|"符号。如果想让某个 SFR 中的某些位置 0，而其他位保持不变时，就应该使用"&"符号。

让 ALED1 灯闪烁的代码如下：

```
P00 = 1;                        //熄灭 ALED0
delay_ms(250);                  //延时
P00 = 0;                        //点亮 ALED0
delay_ms(250);                  //点亮 ALED0
```

这几句代码循环执行，ALED1 就会在亮灭之间不断闪烁，间隔时间为 250ms。

编译工程后，将 hex 文件下载到"1＋X"训练考核套件下运行，其运行效果如下(扫描二维码观看)。

任务 2.1 运行效果

【课后练习】

修改 P0M0 和 P0M1 的赋值代码，将 P00 口设置为高阻模式，编译下载到 A 节点上运行，看看 ALED1 还会闪烁吗？为什么？

任务 2.2　模块化编程

【任务描述】

在任务 2.2 里，我们同样来实现同时闪烁 ALED1、ALED2、ALED3 和 ALED4。但是在这个任务里，要把与 LED 有关的代码写成和延时函数一样的模式，不在 main.c 文件里直接实现闪烁，而是把代码写在独立的文件里，形成模块，然后在 main.c 里引用对应的头文件对模块里的函数进行调用。

【知识要点】

1. 模块化编程

模块化编程，更科学的定义叫模块化程序设计，是指在进行程序设计时，将一个大程序按照功能划分为若干小程序模块，每个小程序模块完成一个确定的功能，并在这些模块之间建立必要的联系，通过模块的互相协作完成整个功能的程序设计方法。

在本任务里，我们同样来实现闪烁 ALED1。但是在这个任务工程中，要把有关 ALED1 的代码写成和延时函数一样的模式，不在 main.c 文件里直接实现闪烁 LED，而是把闪烁 LED 的代码写在独立的文件里，形成模块，然后在 main.c 里引用对应的头文件对模块里的函数进行调用。这样做的好处是可以把功能接近的代码写在一起，便于代码的管理、修改和复用。这就是模块化编程的雏形。

例如，“1＋X”训练考核套件上有 LED 灯、数码管、实时时钟、24c02 等不同的外设。如果一个单片机工程使用了“1＋X”训练考核套件上的很多外设，如果按照任务 2.1 的做法，所有使用到的外设的代码都要在 main.c 文件里完成，这样会造成以下三个不好的后果。

(1) main.c 文件的内容极度膨胀，代码很多，没有层次。

(2) 各种外设的代码混杂在一起，他人不容易阅读，也难以理解，甚至开发者自己间隔一段时间后都会出现理解困难的情况。

(3) 如果后期想增加或者减少外设，必然要删除或新增代码。如果所有外设的代码全部都在 main.c 文件里，想删除或新增代码非常麻烦，这样就造成代码复用性非常差。

因此，把不同外设的代码分门别类地写在不同的.h 文件和.c 文件里显然是必要的。通常来说，一个外设就对应一个代码模块。例如，LED 灯通常会对应一个 led 模块；而一个模块则对应两个文件：一个.h 文件和一个.c 文件。在本书中，将模块的.c 文件的全名作为模

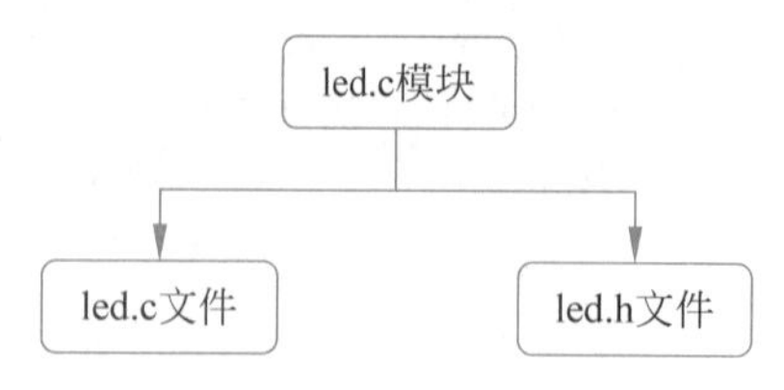

图 2-2-1 LED 模块示意图

块的名称。有关 LED 灯的代码模块示意图，如图 2-2-1 所示。

.h 文件和.c 文件也要按照一定规范分别写不同代码。

1）.h 文件的代码规范

在.h 文件中，写入宏定义、可以被其他模块引用的变量、数组和函数等。模块使用者通过阅读.h 文件，可以大致了解模块可以干什么事。另一个重要的规范，不在.h 文件里书写会占用内存空间的代码。简而言之，就是不在.h 文件里书写对变量进行初始化的代码，也不书写函数的实体内容。.h 文件就像一个班级花名册一样，只有人名和个人信息，使用者看到花名册就可以知道班级有多少人，名字叫什么，以及一些个人信息，但是人这个实体，肯定不会在花名册里出现。

2）.c 文件的代码规范

在.c 文件里，写入.h 里的变量、数组和函数的具体实现。另外，如果本模块有对其他模块的调用，也写在.c 文件里。编译器需要为.c 文件的内容分配内存空间。如果.h 文件是班级花名册，那么.c 文件就是花名册上一个个具体的人。

2. 把模块加入工程

接下来以 led.c 模块为例，介绍把模块加入工程中的步骤。在以后的学习中遇到的各种各样其他模块，都是按照这个步骤加入工程中的，其本质是换汤不换药。

1）建立工程文件

复制任务 2.1 的工程文件夹，并改名为任务 2.2 模块化编程。这个工程文件夹下，应该有 4 个文件夹，如图 2-2-2 所示。

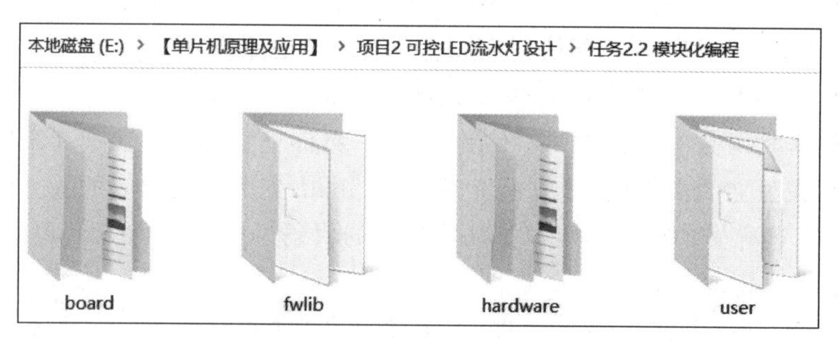

图 2-2-2 任务 2.2 工程文件夹

四个文件分别为 board、fwlib、hardware 和 user。它们存放的文件类型分别如下。

(1) user 文件夹。存放 keil 工程文件和 main.c 文件，以及编译后的 hex 文件。

(2) fwlib 文件夹存放 STC 官方提供的函数库文件，例如，delay.c 和 delay.h 文件就存放在这个文件夹下。在任务 1.4 建立工程模板的时候，官方的函数库文件已经被复制在这个文件夹下。在整个学习过程中，不需要再对 fwlib 文件夹下的文件进行增减。另外，编译路径也已经在建立工程模板的时候就已经加到工程里了，只要保证新建的工程是从工程模板演化而来的，就不需要再对这个编译路径进行设置了。

(3) board 文件夹。这个文件夹目前是空的，新增的外设模块要存放在这个文件夹下。这里将外设模块分两大类，第一类是单片机内部的资源（也归为外设）和焊接在“1+X”训练考核套件上的外设；第二类是需要从扩展口上引线出来连接的外设。board 文件夹下存放第一类外设的代码模块。例如，led. c 模块，它对应 LED 灯外设，LED 灯焊接在“1＋X”训练考核套件上，所以 led. c 模块就存放在 board 文件夹下。为了区分不同的外设，一般不把 led. c 和 led. h 直接存放在 board 文件夹下，而是在 board 文件夹下新建一个 led 文件夹，再把 led. c 和 led. h 文件存放到 led 文件夹下。其他外设模块也是如此处理。这样操作后，对每次新增新的代码模块，都要设置好编译路径。

（4）hardware 文件夹。这个文件夹目前也是空的，这个文件夹存放 board 文件夹中提到的第二类外设的代码模块。board 文件夹和 hardware 文件夹就是为了区分外设的性质，其他性质都一样。

在 board 文件夹下，新建一个文件夹 led，再在 led 文件夹下新建一个 led. h 文本文件和 led. c 文件。建立完毕后如图 2-2-3 所示。

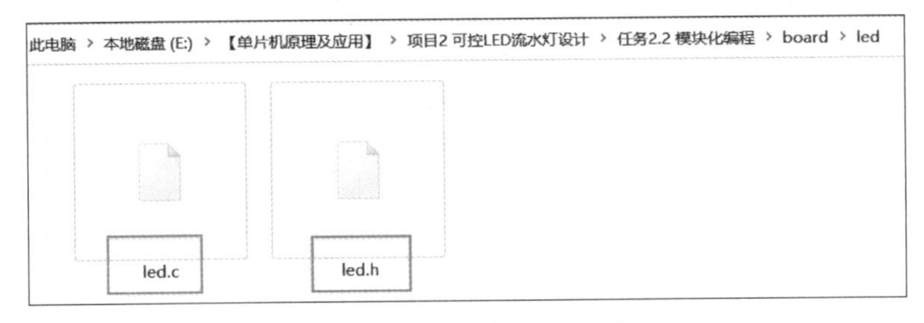

图 2-2-3 led 模块文本文件

2）设置工程

接下来打开工程，打开 Manage Project Items，把 led. c 加入 board 分组里，如图 2-2-4 所示。

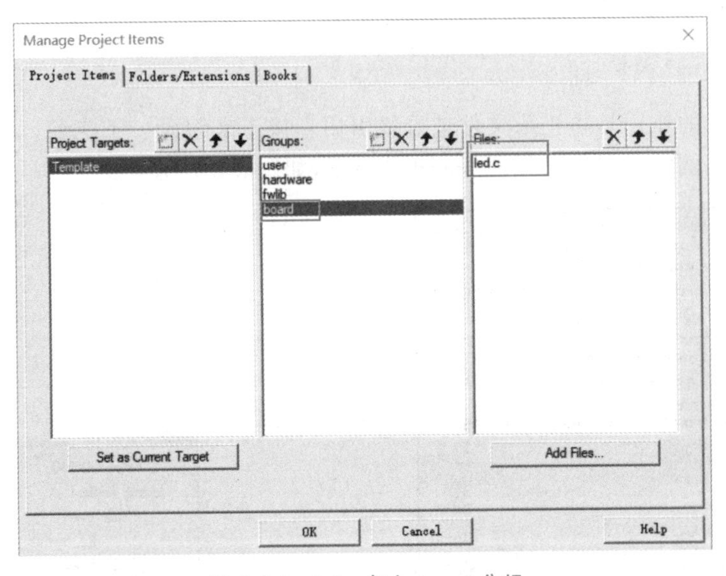

图 2-2-4 led. c 加入 board 分组

打开 Options for Target（Template）界面，单击 C51 标签，将 led. h 所在的文件夹路径加入工程里，如图 2-2-5 所示。

回到工程界面，打开 board 分组下的 led. c 文件，输入以下代码：

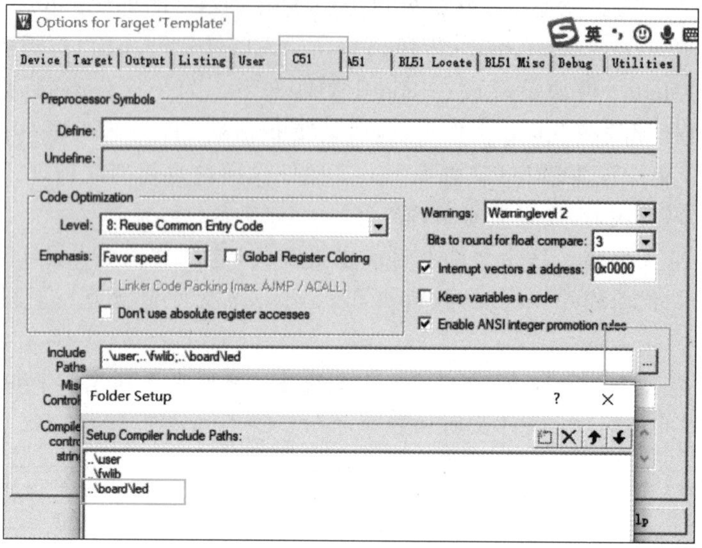

图 2-2-5　设置编译路径

```
#include "led.h"
```

鼠标指针悬停在 led.h，然后右击并选择 Open document 'led.h'，如图 2-2-6 所示。现在 led.h 文件是空的，输入以下代码：

```
#ifndef __LED_H
#define __LED_H

#endif
```

这三句代码的作用是防止头文件被重复引用。接下来编译一下工程，led.c 和 led.h 文件就会出现在左侧的工程信息栏的 board 分组下，如图 2-2-7 所示。

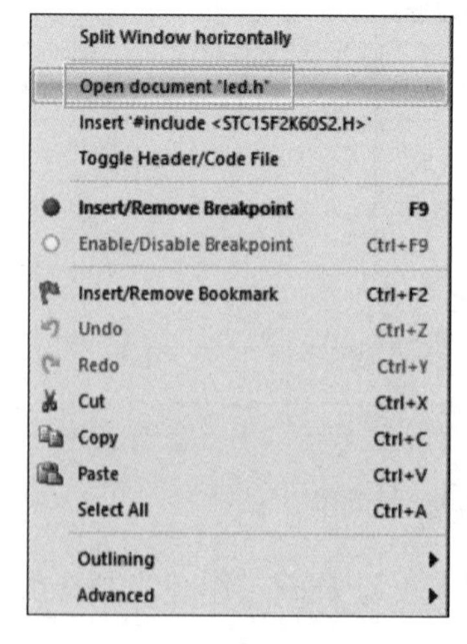

图 2-2-6　打开 led.h 文件

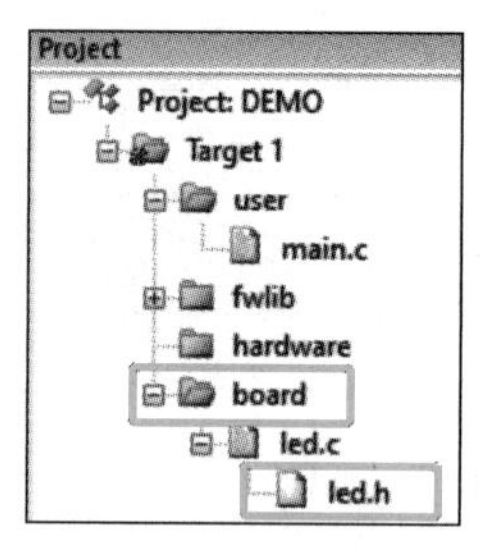

图 2-2-7　工程信息栏的 board 分组

这样，led.c模块就建好了，也加入到了工程里。如果这个工程需要加入新的官方模块，则参考任务2.1里加入delay.c模块的步骤。

3. GPIO.c 模块

在fwlib文件夹下，有一个GPIO.h文件和一个GPIO.c文件。这是STC公司官方提供给编程开发者使用的GPIO模块，作用是给GPIO口进行初始化。开发者利用它，可以在不需要知道单片机底层SFR的情况下，对单片机GPIO口的工作模式进行设置。

将GPIO.c文件也加入到任务工程的fwlib分组下，并打开GPIO.h文件，它的代码如下：

```
#ifndef __GPIO_H
#define __GPIO_H

#include "config.h"

#define GPIO_PullUp        0          //上拉准双向口
#define GPIO_HighZ         1          //浮空输入
#define GPIO_OUT_OD        2          //开漏输出
#define GPIO_OUT_PP        3          //推挽输出

#define GPIO_Pin_0         0x01       //I/O引脚 Px.0
#define GPIO_Pin_1         0x02       //I/O引脚 Px.1
#define GPIO_Pin_2         0x04       //I/O引脚 Px.2
#define GPIO_Pin_3         0x08       //I/O引脚 Px.3
#define GPIO_Pin_4         0x10       //I/O引脚 Px.4
#define GPIO_Pin_5         0x20       //I/O引脚 Px.5
#define GPIO_Pin_6         0x40       //I/O引脚 Px.6
#define GPIO_Pin_7         0x80       //I/O引脚 Px.7
#define GPIO_Pin_All       0xFF       //I/O所有引脚

#define GPIO_P0     0
#define GPIO_P1     1
#define GPIO_P2     2
#define GPIO_P3     3
#define GPIO_P4     4
#define GPIO_P5     5

typedef struct
{
  u8 Mode;                //I/O模式, GPIO_PullUp,GPIO_HighZ,GPIO_OUT_OD,GPIO_OUT_PP
  u8 Pin;                 //要设置的端口
} GPIO_InitTypeDef;

u8 GPIO_Inilize(u8GPIO, GPIO_InitTypeDef *GPIOx);

#endif
```

这个.h文件里有若干宏定义、一个结构体变量声明和一个函数。它对应的.c文件不去深究，在后面的讲解里，将介绍如何使用这些宏定义、结构体和函数，对 GPIO 口的工作模式进行设置。

此外，为了提高 led. c 模块的适用性，led. c 模块将不仅可以控制 ALED1，而且可以控制 ALED1、ALED2、ALED3 和 ALED4。

【电路设计】

任务 2.2 的电路原理与任务 2.1 是一样的(见图 2-1-7)。

【软件模块】

任务 2.2 共有 4 个模块：main. c、led. c、delay. c 和 GPIO. c，模块关系如图 2-2-8 所示。

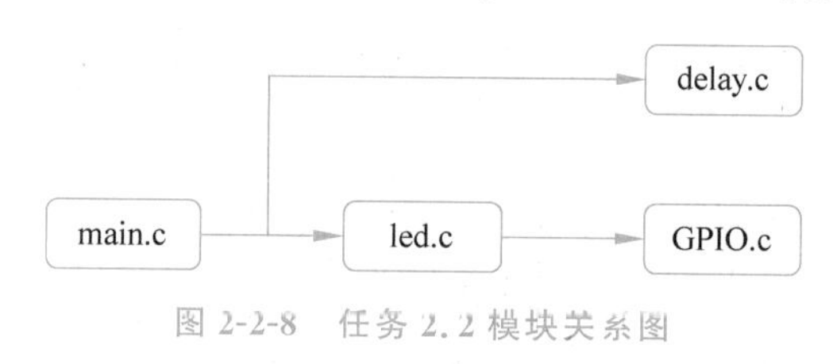

图 2-2-8　任务 2.2 模块关系图

模块关系图可以帮助读者理解任务里各个模块的关系。在本书中，模块关系图分为三个层。

第一层位于模块关系图的最左边，有且只有一个模块：main. c，这个模块肯定是必需的。它负责调用其他任务里需要的模块，并且不会被其他模块调用。

第二层位于模块关系图的中间，它是 board 和 hardware 文件夹下的代码模块。任务里需要使用到什么外设，这一层就需要添加什么模块。在本任务里，中间这一层只有一个模块：led. c 模块。随着学习的深入，会有越来越多的模块加入到这一层。这一层也是整个单片机编程学习的重点，所以代码都需要自己编写完成，但是代码一旦编写完，模块就可以反复使用。

第三层位于模块关系图的最右边，它是 fwlib 文件夹下的代码模块。同样，任务里需要使用什么官方模块，这一层就要添加什么官方模块。这一层的模块通常不需要修改，只是被调用。

在模块关系图里，模块之间的箭头表示模块之间的调用关系。任务里的模块调用关系从模块关系图可以很清晰看出来。模块之间的调用关系，代码会体现在头文件的包含上。

在以后的任务中，每个任务都会给出一个模块关系图，读者需要按照上面的描述去理解模块关系图，并利用模块关系图配置任务工程。

【程序设计】

既然是模块化编程，程序设计里，代码也就是一个个模块按顺序编写好的，顺序是从模块关系图的中间层开始编写模块，最后再编写 main. c 模块。由于工程文件夹的建立和工程配置已经在前面做好了，这里就不再重复。

1. LED 模块(led. h 和 led. c)

打开 led. h 文件，输入以下代码：

```
#ifndef __LED_H
#define __LED_H
//----------------硬件引脚连接宏定义-----------------
#define LED_PIN P0          //接在 P0 组
#define ALED1 0x01          //ALED1 接在 P00
#define ALED2 0x02          //ALED2 接在 P01
#define ALED3 0x04          //ALED3 接在 P02
#define ALED4 0x08          //ALED4 接在 P03
//----------------外部函数----------------------------
void initLedPin();                    //初始化 LED 引脚
void onLed(u8 uLed);                  //指定 Led 亮
void offLed(u8 uLed);                 //指定 Led 灭
#endif
```

这个头文件定义了5个宏和3个外部函数，它们的作用在.c文件里实现。

打开 led.c 文件，输入以下代码：

```
#include "config.h"
#include "GPIO.h"
#include "led.h"
/**
 * @description:初始化连接 LED 的 GPIO 口为弱上拉模式
 * @param { * }
 * @return { * }
 * @author: gooner
 */
void initLedPin()
{
  GPIO_InitTypeDef structLedPin;
  structLedPin.Mode = GPIO_PullUp;
  structLedPin.Pin = GPIO_Pin_0 | GPIO_Pin_1 | GPIO_Pin_2 | GPIO_Pin_3;
  GPIO_Inilize(GPIO_P0, &structLedPin);
}
/**
 * @description:点亮指定 LED 灯
 * @param {u8} uLed 为指定的 LED 灯,取值 ALED1,ALED2,ALED3,ALED4
 * @return { * }
 * @author: gooner
 */
void onLed(u8 uLed)
{
  LED_PIN = LED_PIN& (~uLed);
}
/**
 * @description:熄灭指定 LED 灯
 * @param {u8} uLed 为指定的 LED 灯,取值 ALED1,ALED2,ALED3,ALED4
 * @return { * }
 * @author: gooner
 */
```

```
void offLed(u8 uLed)
{
  LED_PIN = LED_PIN | uLed;
}
```

最开头包含了 3 个头文件，代码如下：

```
#include "config.h"
#include "GPIO.h"
#include "led.h"
```

第一个需要包含的头文件是 config.h，不管什么模块都必须包含这个头文件，它里面是 STC 单片机的内部硬件资源定义。没它的话 Keil 编译器无法识别 P0、P1 这样的词指的是什么。

第二个需要包含的是模块需要使用的其他模块的头文件，比如，这个任务里 led.c 模块需要调用到 GPIO.c 模块，那就必须包含 GPIO.h 这个文件。如果模块使用多个其他模块，就需要包含多个其他模块的.h 文件。另外，如果包含的是官方提供的模块，那 #include "config.h"这句语句写不写都不影响，因为官方模块里都已经包含 config.h 文件。

第三个需要包含的头文件是模块自己的头文件，这个很好理解，led.c 文件当然必须包含 led.h，这样才能形成一个完整的代码模块。

打开 GPIO.h 文件，代码如下：

```
#ifndef __GPIO_H
#define __GPIO_H
#include "config.h"
#define GPIO_PullUp      0       //上拉准双向口
#define GPIO_HighZ       1       //浮空输入
#define GPIO_OUT_OD      2       //开漏输出
#define GPIO_OUT_PP      3       //推挽输出

#define GPIO_Pin_0       0x01    //I/O引脚 Px.0
#define GPIO_Pin_1       0x02    //I/O引脚 Px.1
#define GPIO_Pin_2       0x04    //I/O引脚 Px.2
#define GPIO_Pin_3       0x08    //I/O引脚 Px.3
#define GPIO_Pin_4       0x10    //I/O引脚 Px.4
#define GPIO_Pin_5       0x20    //I/O引脚 Px.5
#define GPIO_Pin_6       0x40    //I/O引脚 Px.6
#define GPIO_Pin_7       0x80    //I/O引脚 Px.7
#define GPIO_Pin_All     0xFF    //I/O所有引脚

#define GPIO_P0      0
#define GPIO_P1      1
#define GPIO_P2      2
#define GPIO_P3      3
#define GPIO_P4      4
#define GPIO_P5      5
```

```
typedef struct
{
  u8 Mode;               //I/O模式, GPIO_PullUp,GPIO_HighZ,GPIO_OUT_OD,GPIO_OUT_PP
  u8 Pin;                //要设置的端口
} GPIO_InitTypeDef;

u8 GPIO_Inilize(u8 GPIO, GPIO_InitTypeDef * GPIOx);

#endif
```

此处用 typedef 关键字定义了名为 GPIO_InitTypeDef 的结构体,而后声明了 GPIO_Inilize 函数。

接下来是 3 个外部函数的实现,首先是 initLedPin 函数,它用来把 ALED1、ALED2、ALED3 和 ALED4 所接的 4 只 GPIO 设置为弱上拉模式,代码如下:

```
void initLedPin()
{
  GPIO_InitTypeDef structLedPin;
  structLedPin.Mode = GPIO_PullUp;
  structLedPin.Pin = GPIO_Pin_0 | GPIO_Pin_1 | GPIO_Pin_2 | GPIO_Pin_3;
  GPIO_Inilize(GPIO_P0, &structLedPin);
}
```

initLedPin 函数使用了 GPIO_InitTypeDef 关键字定义了一个结构体 structLedPin,这个结构体就会有 2 个成员 Mode 和 Pin,Mode 指的是 GPIO 口的模式,4 种选择,前面用宏定义了。Pin 则有 9 种选择,分别对应 0～7 号引脚和全部,也用宏定义好了。接下来使用语句:

```
structLedPin.Mode = GPIO_PullUp;
structLedPin.Pin = GPIO_Pin_0 | GPIO_Pin_1 | GPIO_Pin_2 | GPIO_Pin_3;
```

显然,把模式赋值为 GPIO_PullUp,即弱上拉,引脚赋值 GPIO_Pin_0 | GPIO_Pin_1 | GPIO_Pin_2 | GPIO_Pin_3,即 0、1、2、3 号脚。最后调用函数:

```
GPIO_Inilize(GPIO_P0, &structLedPin);
```

GPIO_Inilize 就负责按照结构体里赋值的模式把 P0 口的 0、1、2、3 号脚初始化为弱上拉模式。

这里很多读者可能犯迷糊,为什么不用操作 P0M0 和 P0M1 就可以设置 P0 的工作模式,这跟任务 2.1 里说的不一样啊。事实上,函数 GPIO_Inilize 里有操作 P0M0 和 P0M1 的,这个函数把具体操作底层寄存器的事务托管了,只对用户提供函数参数作为接口,这样方便使用。例如,现在我们想对 P3 组 GPIO 口的 1、4、7 这三只引脚进行初始化,将它们初始化到高阻状态,可以使用如下语句:

```
GPIO_InitTypeDef structLedPin;
structLedPin.Mode = GPIO_HighZ;
structLedPin.Pin = GPIO_Pin_1 | GPIO_Pin_4 | GPIO_Pin_7;
GPIO_Inilize(GPIO_P3, &structLedPin);
```

显然，这几句语句理解起来比理解底层 SFR 要容易得多，用户只需要按照需求配置好 GPIO_Inilize 函数的参数，就可以初始化 GPIO 口。但事实上，GPIO_Inilize 函数内部依然还是使用 SFR 来配置 GPIO 口的工作模式，GPIO_Inilize 函数的代码在 GPIO.c 文件里，有兴趣的读者可以打开去看看这个函数的实现原理。这里不对原理进行讲解，读者只需要了解使用方法即可。在以后的任务里，都统一这么处理 fwlib 里的模块。等学习到一定程度，有能力后再去研究官方的代码模块是如何实现这些功能的。

接下来的函数是点亮 LED 灯函数 onLed，代码如下：

```
void onLed(u8 uLed)
{
  LED_PIN = LED_PIN & (~uLed);
}
```

这个函数有一个参数 uLed，类型是 u8，u8 是 STC 官方对标准 C 语言里的 unsigned char 类型的一个重新定义，其实就是 unsigned char 类型。unsigned char 类型称为无符号字符型变量，取值范围为 0～255。这个参数只有 4 个取值，就是 led.h 头文件里的 4 个宏定义：

```
#define ALED1 0x01 //ALED1 接在 P00
#define ALED2 0x02 //ALED2 接在 P01
#define ALED3 0x04 //ALED3 接在 P02
#define ALED4 0x08 //ALED4 接在 P03
```

想让哪个 LED 灯亮，就用哪个宏定义作为参数，如果想让多个 LED 灯亮就用多个宏定义进行"|"运算后作为参数。例如，现在想让 ALED1 和 ALED3 亮起来，可以对这个函数进行如下的调用：

```
onLed(ALED1| ALED3);
```

把这个调用代回函数实体里，看看为什么这样就能点亮 ALED1 和 ALED3。先计算出参数 uLed 的值：

```
uLed = ALED1|ALED3 = 0x01|0x04 = 0x05
```

函数只有一句语句：

```
LED_PIN = LED_PIN & (~uLed);
```

LED_PIN 是一个宏，定义为 P0，展开就是：

```
P0 = P0 &(~0x05);
```

“～”是位运算符“位反”，它的运算规则是把后面的数据展开成位后，每一位都取反，0x05 展开就是：0b00000101，每一位都取反即为：0b11111010。P0&(～0x05)即把 0 位、2 位置 0，其他位保持不变。因此 P0 口的 P00 和 P02 会被置 0，即低电平，对应接在这 2 个口上的 LED 灯 ALED1 和 ALED3 就亮了。

最后一个函数是熄灭 LED 灯函数 offLed，代码如下：

```
void offLed(u8 uLed)
{
  LED_PIN = LED_PIN | uLed;
}
```

它的原理和使用方法，跟 onLed 基本一致，读者可以自行分析理解。

2. 主模块(main.c)

写好了 led.c 模块后，就要在 main.c 模块中对它进行调用。打开 mani.c 文件，输入以下代码：

```
#include "config.h"
#include "delay.h"
#include "led.h"
//---------------主函数--------------------
void main()
{
  initLedPin();                               //初始化引脚
  while (1)
  {
    onLed(ALED1|ALED2|ALED3|ALED4);           //点亮 4 只 LED
    delay_ms(250);
    offLed(ALED1|ALED2|ALED3|ALED4);          //熄灭 4 只 LED
    delay_ms(250);
  }
}
```

main.c 文件需要调用 led.c 模块和 delay.c 模块，因此，开头需要包含这 2 个头文件。主函数里，开头先初始化引脚，然后在 while(1)里，先点亮 4 只 LED 灯，然后延时，再熄灭 4 只 LED 灯再延时，并不断循环执行代码。

编译工程，把生成的 hex 文件下载到“1+X”训练考核套件的 A 节点里，这样就可以看到 4 只 LED 灯不断闪烁。运行效果可扫描二维码观看。

任务 2.2 运行效果

【课后练习】

不修改 main.c 代码，修改 initLedPin 函数的代码，将 P00、P01、P02 和 P03 设置为高阻态，编译后下载到 A 节点，看看 4 只 LED 灯还会不会闪烁。

任务 2.3 LED 流水灯

【任务描述】

LED 流水灯要求 P0 口的 4 只 LED 灯间隔一段时间亮一只，间隔时间为 1s。LED 灯亮的顺序为 ALED1、ALED2、ALED3 和 ALED4。

【知识要点】

1. 流水灯原理

这个任务其实就是对任务 2.2 里完成的 led.c 模块的使用。打开 led.h 文件，代码如下：

```
#ifndef __LED_H
#define __LED_H
//---------------硬件引脚连接宏定义-----------------
#define LED_PIN P0              //接在 P0 组
#define ALED1 0x01              //ALED1 接在 P00
#define ALED2 0x02              //ALED2 接在 P01
#define ALED3 0x04              //ALED3 接在 P02
#define ALED4 0x08              //ALED4 接在 P03
//---------------外部函数-----------------------------
void initLedPin();              //初始化 LED 引脚
void onLed(u8uLed);             //指定 Led 亮
void offLed(u8uLed);            //指定 Led 灭
#endif
```

现在不需要再去了解 led.c 文件内容，只需要了解 led.h 文件中有什么资源可以使用。从 led.h 文件的代码可以看出，led.c 模块一共提供了 3 个可供调用的外部函数。3 个函数如下：

```
void initLedPin();              //初始化 LED 引脚
void onLed(u8uLed);             //指定 Led 亮
void offLed(u8uLed);            //指定 Led 灭
```

有了这 3 个函数，实现一个流水灯的效果并不困难。流程如下。

1）初始化引脚

需要调用 initLedPin 函数，对连接 4 只 LED 灯的引脚进行初始化。

2）实现流水灯

流水灯就是依次点亮 1 只 LED 灯，点亮顺序是 ALED1→ALED2→ALED3→ALED4，这个顺序可以用 5 个步骤实现：

（1）点亮 ALED1，其他 3 只 LED 熄灭，延时 1s；

（2）点亮 ALED2，其他 3 只 LED 熄灭，延时 1s；

（3）点亮 ALED3，其他 3 只 LED 熄灭，延时 1s；

（4）点亮 ALED4，其他 3 只 LED 熄灭，延时 1s；

（5）循环执行（1）～（2）。

使用 onLed 函数和 offLed 函数很容易就可以实现上面 5 个步骤。

2. C 语言编程规范

编程规则是官方统一编制的编译器的规定，是所有编程者在编程过程中必须共同遵守的规则，是严格的条例和章程，有任何不符合规则的编程，编译器在编译时都会报错。而编程规范是一种约定成俗、非正式形成的规定，即使不按照那种规定书写也不会出错，这种规定就叫作规范。

虽然我们不按照编程规范书写程序也不会出错，但是那样代码就会显得杂乱无章，甚至逻辑混乱。大家刚开始学习 C 语言的时候，第一步并非把程序写正确，而是要写规范。如果没有养成一种良好的程序书写习惯，将非常不利于接下来更复杂的编程学习，甚至会影响到未来的就业。

例如，在任务 2.2 中我们已经编写了一个代码模块，这个代码模块的规范就与 STC 官方函数库的规范就不太一样。比较 delay.c 文件中的 delay_ms 函数和 led.c 文件中的 onLed 函数，就可发现函数的命名风格不一样。delay_ms 函数全部是小写，且不同的单词用下画线分割开；而 onLed 函数有小写有大写，不同单词用大小写分割。这种就叫规范不同。在本书中，为了更好地区分自编模块和官方模块，自编模块采用了与官方模块不同的 C 语言书写规范，具体如下。

1）命名规范

自编模块采用驼峰命名规范。如果某个命名名称是由多个单词组成（这里说的单词，是指英文单词、汉语拼音、缩写、元器件型号之类），那么，每个单词的第一个字母大写、其余字母小写，这种写法统称为驼峰写法。驼峰写法又分为大驼峰写法和小驼峰写法两种，大驼峰规则如前所述，而小驼峰写法则是第一个单词首字母也是小写，其余字母与大驼峰写法一样。范例如下：

```
大驼峰写法:Apple, RedApple, Ds18b20
小驼峰写法:apple, redApple, ds18b20
```

（1）变量命名规范。先写类型简称，再写有意义的（多个）单词，整个变量名符合小驼峰规则，范例如下：

```
int iVal;
unsigned char uVal;
unsigned int u16Val;
char chVal;
float fVal;
double dVal;
char * pchVal;
int * piVal;
```

用于函数内部临时变量的简单变量名除外，这是为了局部简洁，同时不影响全局。范例如下：

```
int i;
```

（2）函数命名规范。与变量命名规范相同，范例如下：

```
void onLed(void);
```

（3）自定义结构体命名规范。统一以大驼峰写法的 Typedef 开头，后面接着写单词，如果是某元器件专用的结构体，则写元器件型号，整个类型名符合大驼峰写法。范例如下：

```
typedef struct
{
  //成员变量定义,此处略
} TypedefDs18b20;
```

自定义结构体变量名命名规范，统一以小写的 struct 开头，后面接着写单词，如果是某元器件专用的结构体，则写元器件型号，整个变量名符合小驼峰写法。范例如下：

```
TypedefDs18b20 structDs18b20;
```

（4）宏定义。宏名称中各个单词的字母全部大写，单词之间用一个下画线连接；宏变量统一以简单的小写字母表示。范例如下：

```
#define LED_PIN P0
#define ALED1 0x01
#define AUTO_CAL(x) x + 3
```

2）代码缩进规范

凡是属于某个语句 A 的内部语句 B，都需要比外部语句 A 向右缩进一个 Tab 位置，范例如下：

```
for(i = 0; i < 3; i++)
{
  val = val + i;                  //此行代码比 for 语句缩进了一个 Tab
  if(val > 4)
    break;                        //此行代码比 if 语句再缩进一个 Tab
}
```

注意：一个 Tab 位置随着软件的设置而不同，一般在 Keil 或 Word 文档中，Tab 可设置为 2 个空格的位置。

在 Keil 里有一个小技巧，选中一部分代码块后按下 Tab 键，整个代码块会往右移动一个 Tab 位置；如果按下 Shift＋Tab 组合键，则整体往左移动一个 Tab 位置。

3）文件内容规范

.h 文件内容顺序如下。

（1）宏定义。宏定义一般用于指明硬件连接和软件指令。遵循硬件先、软件后的规则。

（2）外部变量。本模块需要提供其他模块使用的变量，可以是普通变量、数组、指针、结构体等。如果是用户自定义的结构体类型，那么也应该将其放在.h文件中新定义。有外部变量自然就有内部变量，内部变量是模块自己内部使用的变量，一般不出现在.h文件中，只在.c文件中定义。如果要把模块的内部变量指明为外部变量，则需要将该变量在.h文件中使用extern关键字进行修饰。例如，ds18b20.c文件中有一个内部结构体变量：

```
TypeDefDs18b20 strcutDs18b20;
```

如果要让这个结构体变量成为其他模块能够使用的外部变量，则需要在ds18b20.h文件中使用extern关键字修饰，具体如下：

```
extern TypeDefDs18b20 strcutDs18b20;
```

(3) 内部函数。内部函数是指函数只在模块内部使用，其他模块不需要调用的函数。这类函数的声明事实上也可以不出现在.h文件中，只需要在.c文件中定义时严格遵守先调用先书写的规则即可。但为了方便，最好还是把内部函数的声明在.h文件中列出。如果在.h列出内部函数，函数前面加上static修饰，以便与外部函数区分。

(4) 外部函数。外部函数是指需要被其他模块调用到的函数。这部分函数往往是模块最复杂，也最重要的函数。

综上所述，编写代码时需要区分这几个主要部分，同时也需要对代码进行简洁明了的注释。这样写出来的代码才能逻辑合理，条理清晰，可读性强。而注释还可以方便自己以后理解代码，也给其他人阅读代码时提供思路。

一个头文件的范例如下：

```
#ifndef __LED_H
#define __LED_H
//---------------- 硬件引脚连接宏定义 ------------------
//-------------- 外部变量 ---------------------
//-------------- 内部函数 ---------------------
//---------------- 外部函数 ---------------------------
void initLedPin();                    //初始化LED引脚
void onLed(u8uLed);                   //指定LED亮
void offLed(u8uLed);                  //指定LED灭
#endif
```

.c文件内容顺序如下。

(1) 包含的头文件。头文件包含必须按照需求来。首先是模块需要使用到的底层的头文件，然后是模块本身的头文件，最后是需要使用到的其他模块的头文件。

(2) 内部变量。模块内部需要使用的公共变量。注意，这部分变量的作用域必须是整个模块，而不能是模块里的某个函数，这个两者是有区别的。前者可以看成是模块内部的全局变量，而后者只是模块内部的局部变量。如果不需要这样的变量，这部分内容可以没有。

(3) 外部变量。模块提供给其他模块使用的变量。这部分变量的基础作用域实际上也只是整个模块，但是在对应的.h中必须使用extern关键字修饰，将其作用域扩展到整个工程的其他模块。

(4) 内部函数。根据.h文件中声明的内部函数的具体定义,即函数的具体实现。这部分需要在函数前面加上固定格式的注释,例如:

```
/**
 * @description:点亮指定LED灯
 * @param {u8} uLed为指定的LED灯,取值ALED1,ALED2,ALED3,ALED4
 * @return { * }
 * @author: gooner
 */
```

注释分4部分,分别是对函数作用的简单描述;如果函数有参数,说明参数作用;如果函数有返回值,说明函数返回值的意义;最后是编写该函数的作者。

(5) 外部函数。.h文件中声明的外部函数的具体定义,即函数的具体实现。这部分格式同内部函数,不再赘述。

C语言编写规范很容易被初学者忽略,但这是学习中非常重要的一环。恶劣的编写规范,就好比一个人穿着乱七八糟且邋邋遢遢就出门一样,自己不舒服,别人看了也不舒服。而良好的编写规范就如一个人有良好的衣品,而且收拾得干净利落再出门一样,自己舒心,也让人看着舒服。

【电路设计】

任务2.3的电路原理图与任务2.2一样(见图2-1-7)。

【软件模块】

任务2.3的模块关系图与任务2.2的模块关系图也一样(见图2-2-8)。

【程序设计】

复制任务2.2工程文件夹,并改名为“任务2.3　LED流水灯”。由于本任务的模块关系图与任务2.2的模块关系图一样,因此工程不需要作其他修改,直接复制使用即可。

1. LED模块(led.h和led.c)

这个模块不需要修改,直接在工程里调用。这也体现出模块化编程的优势,在以前的任务写好的代码模块,可以方便地在其他任务里重复使用。

2. 主模块(main.c)

打开main.c文件,输入以下代码:

```
#include "config.h"
#include "delay.h"
#include "led.h"
//-------------- 内部函数 ------------------
void delayOneSec();
//--------------- 主函数 --------------------
void main()
```

```
{
  initLedPin(); //初始化引脚
  while (1)
  {
    onLed(ALED1);offLed(ALED2 | ALED3 | ALED4);
    delayOneSec();
    onLed(ALED2);offLed(ALED1 | ALED3 | ALED4);
    delayOneSec();
    onLed(ALED3); offLed(ALED1 | ALED2 | ALED4);
    delayOneSec();
    onLed(ALED4);offLed(ALED1 | ALED2 | ALED3);
    delayOneSec();
  }
}
/**
  * @description:延时 1s 函数
  * @param {*}
  * @return {*}
  * @author: gooner
  */
void delayOneSec()
{
  u8 i;
  for (i = 0; i<4; i++)
    delay_ms(250);
}
```

在 main.c 文件里，除了包含必要的头文件外，还定义了一个函数 delayOneSec，这个函数用来实现延时 1s 的时间。

delay.c 模块里的延时函数 delay_ms 的参数类似 u8，最长只能延时 255ms，不进行处理无法实现延时 1s。delayOneSec 函数通过调用 delay_ms 就可以实现延时 1s，它的代码如下：

```
void delayOneSec()
{
  u8 i;
  for (i = 0; i<4; i++)
    delay_ms(250);
}
```

上述代码不难理解，使用一个 for 循环，循环 4 次，每次调用 1 次 delay_ms(250)，延时 250ms，4 次即实现了 1s 的延时。当然，这个延时不是特别精确，但已经基本够用。

在主函数中，先调用 LED 的初始化函数，然后在 while(1)中，不断循环点亮 LED 灯，原理十分简单，读者可以自行分析。

编译工程，把 hex 下载到“1+X”训练考核套件的 A 节点，就可以看到间隔 1s 的流水灯现象。运行效果可扫描二维码观看。

任务 2.3 运行效果

【课后练习】

编写代码，实现来回的流水灯现象。LED 灯点亮顺序：ALED1→ALED2→ALED3→ALED4→ALED3→ALED2→ALED1，并不断循环。

任务 2.4　按键控制的 LED 流水灯

【任务描述】

"1＋X"训练考核套件上有 4 只按键，ASW1、ASW2、ASW3 和 ASW4，本任务要实现按键控制流水灯方向。具体如下。

上电时，流水灯方向：ALED1→ALED2→ALED3→ALED4。

按下 ASW2，流水灯方向：ALED4→ALED3→ALED2→ALED1。

按下 ASW1，流水灯方向：ALED1→ALED2→ALED3→ALED4。

按下 ASW3，流水灯停止。

【知识要点】

按键是单片机系统最常用的输入设备，用户可以通过按键向系统输入指令、地址和数据。按键总体分两大类：非编码按键和编码按键。

个人计算机、笔记本电脑的键盘属于编码按键。这类按键的闭合键识别由专用的硬件编码器实现，并产生按键编码号或按键值。

单片机系统中比较常用的是非编码按键，这类按键的闭合键识别由软件进行识别，结构简单，使用灵活。

单片机系统中使用的非编码按键有两种连接方式：独立按键和矩阵按键。

1. 独立按键

1）硬件连接

独立按键一般有 2 组引脚，虽然我们常常看到有 4 只引脚的按键，但它们一般是两两导通的，这 2 组引脚在按键未被按下时是断开的，在按键被按下时则是导通的。基于此原理，我们一般会把按键的一个引脚接地，另一个引脚上拉到 V_{CC}，并且也连接到 GPIO。这样，在按键未被按下时，GPIO 的连接状态为上拉到 V_{CC}，则键值为 1；按键被按下时，GPIO 虽然还是上拉到 V_{CC}，但同时被导通的另一个引脚接通到地，所以它的键值实际上是 0。独立按键连接原理，如图 2-4-1 所示。

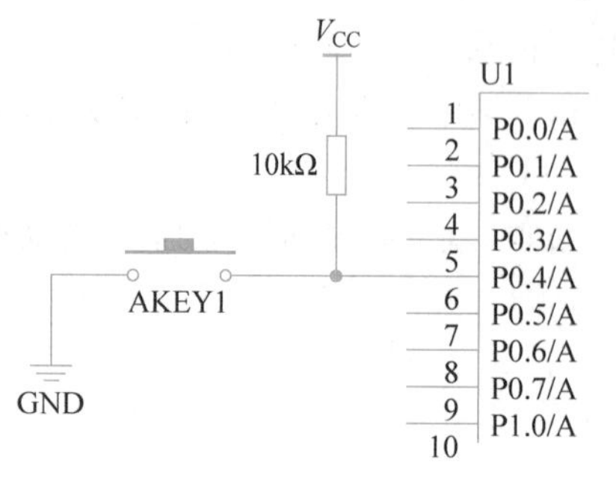

图 2-4-1　独立按键连接

2）软件识别

图 2-4-1 中的按键连接，如果按键按下，对应的 GPIO 口为低电平；而如果按键没按下，对应的 GPIO 为高电平。反过来，通过判读 GPIO 口的值，也就可以判断按键有没被按下。如果 GPIO 口的值为 0，说明按键被按下，如果 GPIO 口的值为 1，那么按键没被按下。

由于人按键所需要的时间远远长于软件判断 GPIO 口的值的时间，因此只要程序设计合理，不会有按键被按下但识别不到的情况出现。

2. 矩阵按键

1）硬件连接

独立按键一只按键就需要连接一个 GPIO 口，如果一个单片机系统中需要的按键比较多，而使用的单片机的 GPIO 口又不是很多，独立按键的接法就有了局限性。这时候往往就采用矩阵按键的接法解决 GPIO 不足的问题。

矩阵按键，顾名思义，就是形成矩阵的按键，一般由多行多列组成，图 2-4-2 是一个 4×4 矩阵按键的实物图。

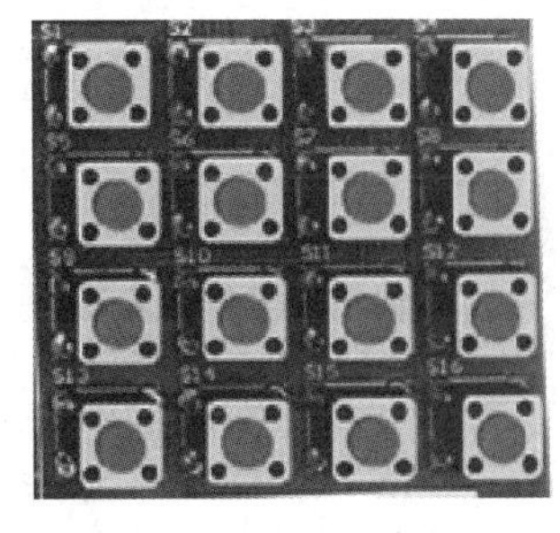

图 2-4-2 4×4 矩阵按键实物

可以看到图 2-4-2 一共有 16 只按键，如果使用独立按键的接法，一共就需要连接 16 只 GPIO 口。而如果是使用 4×4 的矩阵按键连接，只需要 8 只 GPIO 口就可以识别。矩阵按键接法，能识别的按键与所需要的 GPIO 口关系是：$N\times M$ 的矩阵按键，需要 $N+M$ 个 GPIO 口进行识别。按键矩阵越接近正方形，所需要的 GPIO 口越少。比如，16 只按键同样可以使用 2×8 的矩阵接法，但这样就需要 10 只 GPIO 口进行识别。通常 1 个 4×4 的矩阵按键都是接在单片的一组 GPIO 口上，这样更加容易编程识别，图 2-4-3 就是一个典型的 4×4 矩阵键盘与单片机连接的原理图。

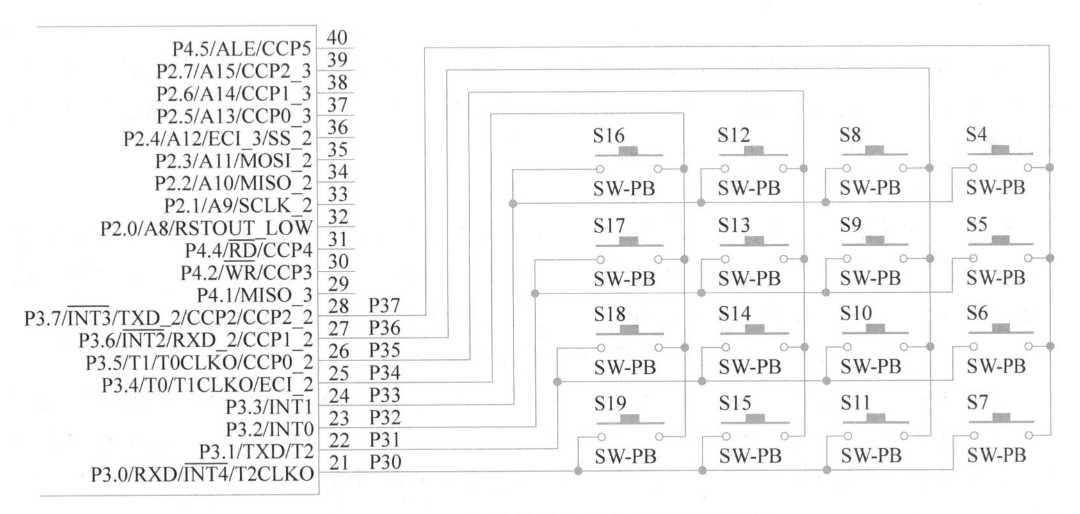

图 2-4-3 4×4 矩阵按键与单片机连接原理图

2）软件识别

矩阵按键的软件识别比较复杂。矩阵按键分为行和列，没有按键按下的时候，行和列是断开的，行的一端接在一组 GPIO 口低 4 位，列的一组接在高 4 位。没有按键被按下时，按键两端电平互不影响。而当某一个按键按下时，该按键对应的行和列两端就会短接，利用这一特性，写代码对行列进行扫描就可以识别出哪只按键被按下。

“1+X”训练考核套件上只有 4 只独立按键，没有矩阵按键，因此，在本书中，只讲解独立按键有关的知识，矩阵按键就不再深入讲解。

3. 按键抖动

按键在结构上又分为触点式和非触点式两种。单片机系统中应用的按键一般为触点式，即通过机械按钮构成。触点式按键被按下后所产生的波形往往存在抖动现象。如图 2-4-1 所示，按键在按下的过程中，P04 的电平会从 1→0；按键在松开过程中，P04 的电平会从 0→1，但由于按键的断开和闭合有机械触点完成，往往存在抖动，如图 2-4-4 所示。

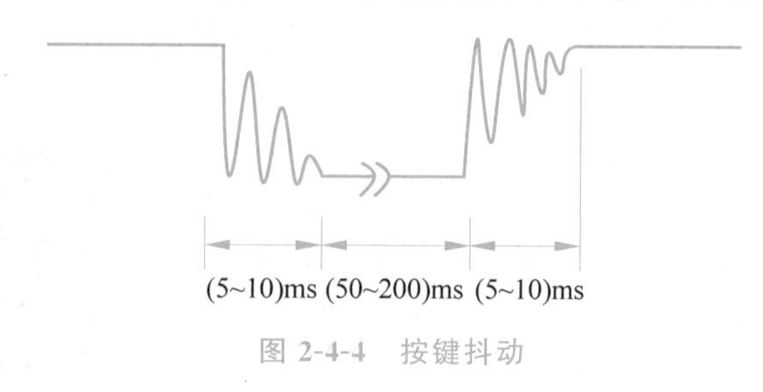

图 2-4-4　按键抖动

从图 2-4-4 可以看出，在按键按下和弹起阶段，GPIO 口的波形会出现不稳定的情况，不稳定情况大约持续的时间是 5～10ms。在这 5～10ms 内，连接按键的 GPIO 口上的电平会出现多次的高低电平转换。而单片机读取 GPIO 口的电平值只需要几个微秒，因此在电平抖动的这段时间内，单片机会多次读取 GPIO 口电平值，并误认为按键多次被按下。为了使单片机正确判断按键按下的次数，就必须消除抖动。消除抖动的方法通常有两种：硬件法和软件法。

1）硬件法

硬件法的原理是：在电路设计时，为按键加入硬件消抖电路。常用的硬件消抖电路可用 RS 触发器、电容滤波电路。硬件消抖法需要增加单片机系统的硬件开销，会增加硬件成本，比较少采用这种方法为按键消抖动。

2）软件法

软件法的原理是：在实验代码判断 GPIO 口的状态时，如果判断出 GPIO 口为低电平(即对应按键被按下)，并不立即处理按键响应，而是先延时 10ms(可再长一点)，再判断一次 GPIO 口，如果第 2 次判断依然是低电平，才确定按键确实被按下。延时这 10ms，刚好就避开了抖动。按键松开的过程也是利用这个原理消除抖动。

在本任务里，按键只是改变流水灯的方向，而且 3 只按键对应 3 个功能，系统只需要识别哪只按键被按下，不需要识别按键被按下的次数。因此，消不消抖动在这个任务里对按键的功能并没有实质影响。但是在以后的任务里，需要识别按键次数时，按键消抖动就是一个无法回避的问题。

【电路设计】

任务电路原理，如图 2-4-5 所示。

从图 2-4-5 可知，ASW1 接在 P04、ASW2 接在 P05、ASW3 接在 P06、ASW4 接在 P07。

【软件模块】

本任务需要新增按键模块 key. c 模块。新增的 key. c 模块只需要调用 GPIO. c 模块，就可以实现模块功能。模块关系图如图 2-4-6 所示。

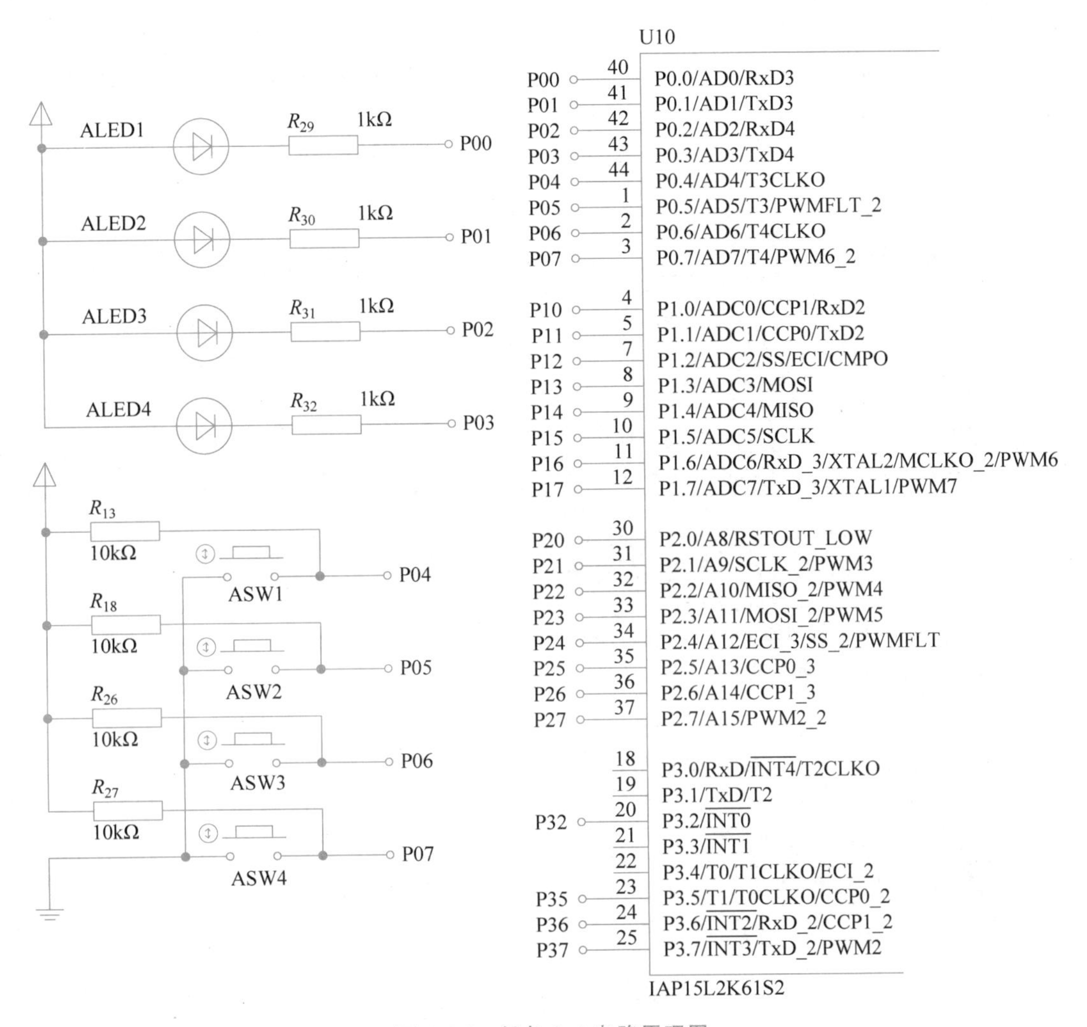

图 2-4-5　任务 2.4 电路原理图

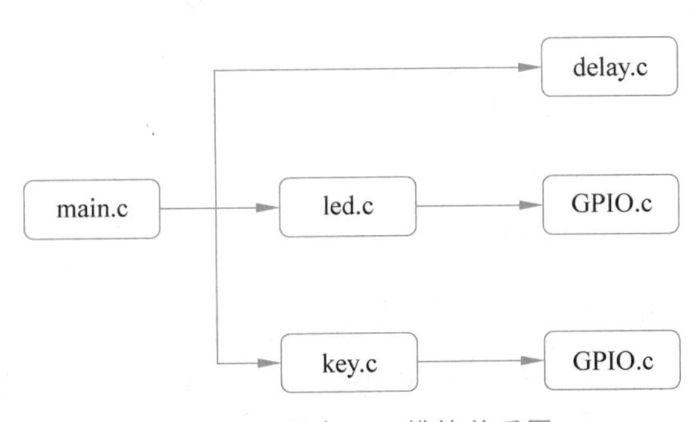

图 2-4-6　任务 2.4 模块关系图

【程序设计】

1. 按键模块(key.h 和 key.c)

复制任务 2.3 的工程文件夹,改名为任务 2.4 按键控制的 LED 流水灯。在新工程文件夹的board文件夹下新建一个key文件夹，并在key文件夹里新建两个文本文件：key.h和key.c。打开新工程，把key.c文件加入工程的board分组下，同时把key.h所在的路径加入工程的编译路径下。

按照任务2.2的步骤，将空key.c模块编译进工程里，打开key.h文件，输入以下代码：

```
#ifndef __KEY_H
#define __KEY_H
//---------------- 硬件连接宏定义 ----------------------
#define ASW1 P04 //ASW1 接在 P04
#define ASW2 P05 //ASW2 接在 P05
#define ASW3 P06 //ASW2 接在 P06
#define ASW4 P07 //ASW2 接在 P07
//---------------- 按键值传递宏定义 ----------------
#define ASW1_PRESS 1 //ASW1 被按下的宏值
#define ASW2_PRESS 2 //ASW2 被按下的宏值
#define ASW3_PRESS 3 //ASW3 被按下的宏值
#define ASW4_PRESS 4 //ASW4 被按下的宏值
//----------------- 外部变量 -----------------
//按键值变量,0 表示按键没被按下或者按下后事件处理完
//这个值如果等于 ASW1_PRESS,那说明 ASW1 被按下了
//这个值如果等于 ASW2_PRESS,那说明 ASW2 被按下了
//这个值如果等于 ASW3_PRESS,那说明 ASW3 被按下了
//这个值如果等于 ASW4_PRESS,那说明 ASW4 被按下了
extern u8 uKeyMessage;
//---------------- 外部函数 ----------------
void initKeyPin();          //按键引脚初始化,这个函数只需要在最开始被执行一次即可
void readKey();             //读取按键值
#endif
```

这个头文件开头是定义硬件连接的宏，然后是传递按键值的宏，接下来是外部按键变量uKeyMessage，这个按键变量用来给其他模块传递哪个按键被按下的信息，具体参考代码里的注释。最后是两个外部函数，第一个是initKeyPin函数，它用来初始化4个独立按键连接的GPIO口，按照电路原理图，这4个GPIO是P04、P05、P06、P07。initKeyPin函数必须把这4只引脚初始化为弱上拉模式。第二个函数是readKey，用来判读4只独立按键哪只被按下，同时对应设置uKeyMessage的值。

注意外部变量uKeyMessage这个变量前面使用了extern关键字修饰，加了这个关键字后，指明的是uKeyMessage这个关键是在别处声明和定义的，这里仅仅告知其他模块，有这么一个变量存在，可以被使用，相当于模块内的全局变量。uKeyMessage变量必须在key.c里被声明并分配内存。在之前的学习中，讲解过.h文件和.c文件的关系就像班级花名册和班级里具体的人一样。但是现实中都是先有人再有花名册，但编写代码则是先有花名册(.h文件)再有人(.c)。.h文件里的内容不占空间并且是其他模块可以使用的内容，而.c里除了要实现.h里的具体内容外，还可以出现.h里没有的内容。假设在key.c文件里定义了变量uKeyMessage，而key.h文件里没有extern u8 uKeyMessage，那uKeyMessage就只能在key.c文件模块内部使用，其他模块无法使用。

打开key.c文件，输入以下代码：

```
#include "config.h"
#include "GPIO.h"
#include "key.h"
//------------------外部变量----------------
/**
  * @description:按键键值
  * @author: gooner
  */
u8 uKeyMessage;
//------------------外部函数-----------------
/**
  * @description:初始化按键引脚函数
  * @param { * }
  * @return { * }
  * @author: gooner
  */
void initKeyPin()
{
  GPIO_InitTypeDef structKeyPin;
  structKeyPin.Mode = GPIO_PullUp;
  structKeyPin.Pin = GPIO_Pin_4 | GPIO_Pin_5 | GPIO_Pin_6 | GPIO_Pin_7;
  GPIO_Inilize(GPIO_P0, &structKeyPin);
}
/**
  * @description:读取按键值,将键值赋值给 uKeyMessage
  * @param { * }
  * @return { * }
  * @author: gooner
  */
void readKey()
{
  if (ASW1 == 0)
    uKeyMessage = ASW1_PRESS;
  if (ASW2 == 0)
    uKeyMessage = ASW2_PRESS;
  if (ASW3 == 0)
    uKeyMessage = ASW3_PRESS;
  if (ASW4 == 0)
    uKeyMessage = ASW4_PRESS;
}
```

在 key.c 文件里，声明 uKeyMessage 变量，编译器才会分配内存空间给 uKeyMessage 变量，需要注意 key.c 里声明的变量类型和变量名，一定要跟.h 里的 extern 后面的变量类型和变量名完全一致。

initKeyPin 函数实现原理很简单，跟初始化 LED 的 4 只引脚原理完全一样。重点是 readKey 函数，它的代码如下：

```
void readKey()
{
  if (ASW1 == 0)
```

```
    uKeyMessage = ASW1_PRESS;
  if (ASW2 == 0)
    uKeyMessage = ASW2_PRESS;
  if (ASW3 == 0)
    uKeyMessage = ASW3_PRESS;
  if (ASW4 == 0)
    uKeyMessage = ASW4_PRESS;
}
```

仔细分析也不难理解，就是这么简单的4个if语句，每个语句通过判断对应的GPIO口是否为0，进而判断ASW1、ASW2、ASW3和ASW4是否被按下。如果有按键被按下就分别把uKeyMessage设置为对应的值。其他模块通过判断uKeyMessage的值，就可以知道哪个按键被按下了。

2. LED模块(led. h和led. c)

led. c模块的代码不需要修改，直接沿用之前任务编写好的即可。

3. 主模块(main. c)

主模块程序如下。

```
#include "config.h"
#include "delay.h"
#include "led.h"
#include "key.h"
//---------------- 内部变量 --------------------
u8 uLedMoveFlag = 1;              //为0流水灯不动,为1右移,为2左移
//---------------- 内部函数 -------------------
void keyToLed();                  //按键控制 LED
void LedFlow();                   //LED 流水灯
void delayOneSec();               //延时1s
//---------------- 主函数 ---------------------
void main()
{
  initLedPin();                   //初始化 Led 引脚
  initKeyPin();                   //初始化按键引脚
  while (1)
  {
    keyToLed();
    LedFlow();
    delayOneSec();
  }
}
//---------------- 内部函数 -------------------
/**
 * @description: 按键处理函数识别按键,根据按键信息设置 uLedMoveFlag 变量控制流水灯状态
 * @param {*}
 * @return {*}
 * @author: gooner
 */
```

```
void keyToLed()
{
  readKey();
  if (uKeyMessage == ASW1_PRESS)
    uLedMoveFlag = 1;
  if (uKeyMessage == ASW2_PRESS)
    uLedMoveFlag = 2;
  if (uKeyMessage == ASW3_PRESS)
    uLedMoveFlag = 0;
}
/**
  * @description:流水灯,根据 uLedMoveFlag 的值左移右移或停止
  * @param {*}
  * @return {*}
  * @author: gooner
  */
void LedFlow()
{
  Static char uLedState = -1;
  if (uLedMoveFlag == 1)
  {
    if (++uLedState > 3)
      uLedState = 0;
  }
  if (uLedMoveFlag == 2)
  {
    if (--uLedState < 0)
      uLedState = 3;
  }
  switch (uLedState)
  {
  case 0:
    onLed(ALED1);
    offLed(ALED2 | ALED3 | ALED4);
    break;
  case 1:
    onLed(ALED2);
    offLed(ALED1 | ALED3 | ALED4);
    break;
  case 2:
    onLed(ALED3);
    offLed(ALED1 | ALED2 | ALED4);
    break;
  case 3:
    onLed(ALED4);
    offLed(ALED1 | ALED2 | ALED3);
    break;
  default:
    break;
  }
```

```
}
/**
 * @description:延时 1s 函数
 * @param { * }
 * @return { * }
 * @author: gooner
 */
void delayOneSec()
{
  u8 i;
  for (i = 0; i<4; i++)
    delay_ms(250);
}
```

开头需要把 key.h 头文件包含进去，然后定义一个变量 uLedMoveFlag，用于 LED 流水移动的标准位，这个标志位为 0 流水灯不动，为 1 流水灯从 ALED1→ALED4，为 2 流水灯从 ALED4→ALED1。当对应的按键被按下，uLedMoveFlag 就赋对应的值。

keyToLed 函数就实现按键按下时改变 uLedMoveFlag 值的功能，函数内部先执行按键读取函数 readKey，然后判断有没按键按下，有的话就根据按键信息给 uLedMoveFlag 赋对应的值。

接下来是 LedFlow 函数，这个函数内部把流水灯处理成 4 个状态：然后利用变量 uLedState 切换状态，如果 uLedState 递增，那么就是 ALED1→ALED4 的流水灯；如果 uLedState 递减，那么就是 ALED4→ALED1 的流水灯。而 uLedState 是递增还是递减，由按键传递过来的变量 uLedMoveFlag 决定，uLedMoveFlag 为 1 时，uLedState 递增；为 2 时，uLedState 递减。如果为 0，uLedState 就不变。这样就实现了按键控制流水灯。这里 uLedState 变量必须注意边界值，最小是 0，最大是 3，由于需要判断 uLedState 变量是不是小于 0，因此，uLedState 变量必须是 char 类型。

此外，uLedState 变量前面加了 static 关键字。如果这里不加 static 修饰，uLedState 变量的初始值不确定，退出 LedFlow 函数时 uLedState 变量会自动销毁。使用 static 修饰这个变量时，编译器会把它初始化为 0，存储于静态区，退出 LedFlow 函数时，uLedState 变量不销毁，下一次进入函数依然存在。也就是说，如果不加 static 修饰，每次调用 LedFlow 函数，uLedState 都会被编译器重新初始化（初始化值为 0）；加了 static 修饰，每次调用 LedFlow 函数，编译都会保留 uLedState 变量的当前值，这样才能实现 uLedState 变量连续递增和递减。

在主函数里，先初始化 LED 和按键的引脚，然后在 while(1)里循环执行 keyToLed、LedFlow 和 delayOneSec 函数。这样就可以实现按键控制流水灯。

编译工程，把 hex 文件写进"1+X"训练考核套件的 A 节点，在操作按键的过程中，读者会发现按键似乎不够灵敏，如果按下的时间不够长，就会出现按键识别不到的情况。这里直接给出另外一个解决方案，至于原理，读者可尝试自行分析。

首先把 delayOneSec 函数注释掉，然后修改 main 函数，代码如下：

```
void main()
{
```

```
    u8 uCnt;
    initLedPin();                    //初始化 LED 引脚
    initKeyPin();                    //初始化按键引脚
    while (1)
    {
        keyToLed();
        if(++uCnt == 100)
        {
            uCnt = 0;
            LedFlow();
        }
        delay_ms(10);
    }
}
```

修改后再编译工程，把 hex 文件再次下载到 A 节点，现在就不会出现按键按下却识别不到的情况。运行效果可扫描二维码观看。

任务 2.4 运行效果

【课后练习】

编写程序，实现如下按键控制：

按下 ASW1，LED 灯从 ALED1→ALED4，每按下一次 ASW1，LED 灯移动一位。

按下 ASW2，LED 灯从 ALED4→ALED1，每按下一次 ASW2，LED 灯移动一位。

项目3

可控数字秒表设计

任务 3.1　一位数码管的静态显示

【任务描述】

编写代码，实现可在“1＋X”训练考核套件上的四位数码管指定任意一位数码管，显示0～9任意一个数字。

【知识要点】

1. 认识数码管

数码管是单片机系统中最常用的输出设备。一位数码管实物如图3-1-1所示。

图 3-1-1　一位数码管实物

图3-1-1所示是一位数码管的实物图，可以看到，数码管表面有7个段形成一个8字形，因此数码管也常称为d7段数码管。除了7个段，通常数码管的右下角还有一个圆点。这7段加上右下角的一个圆点，可以看成8只LED发光二极管，只不过7只是长条形的，1只是圆点形的。1只LED通常有阴极和阳极2只引脚，8只原本是有16只引脚，但是数码管内部本身有电路连接，它的内部先将8只LED的阳极或者阴极先连接在一起，再对外引出引脚，根据连接在一起的引脚是阴极或阳极的不同，数码管可分为以下两大类。

（1）如果是阳极连接在一起对外引出引脚，这个引脚称为公共脚，数码管称为共阳数码管。

（2）如果是阴极连接在一起对外引出引脚，这个引脚称为公共脚，数码管称为共阴数码管。

可以看到，不管是哪一类数码管，都有公共引脚，剩下的引脚对应8只发光二极管的另外一个极，如图3-1-2所示。

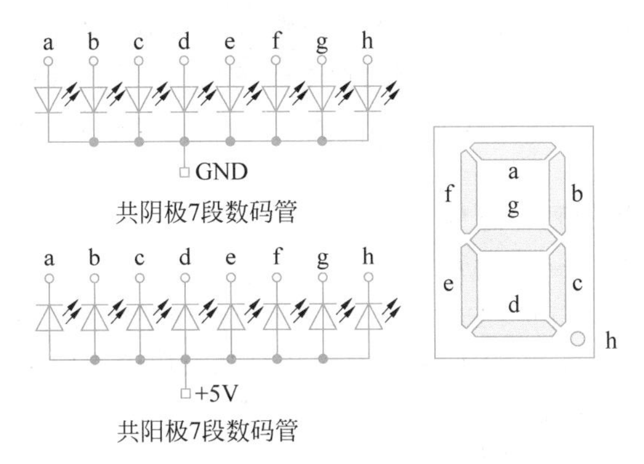

图 3-1-2　共阳极和共阴极数码管原理图

通常一只数码管都有 10 只引脚，其中 2 只为公共脚，其余 8 只为段码脚。以数码管上的圆点在右下角这种摆法为正面（见图 3-1-1 右），左下的引脚为 1 号引脚，然后逆时针脚号递增，3 号和 8 号引脚（即两排引脚正中间的引脚）为公共脚。如果数码管是共阳数码管，那么正常使用数码管的时候，公共脚应是高电平，对应的段码脚为低电平，数码管的段亮起；如果数码管是共阴数码管，那么正常使用数码管的时候，公共脚应是低电平，对应的段码脚为高电平，数码管的段亮起。

可使用万用表测试数码管的引脚，操作步骤如下。

（1）万用表调至 R×1K 挡。将万用表的黑表笔接在数码管的公共脚，红表笔接在数码管任一段码脚上，如果该段亮起，则证明此数码管为共阳数码管。然后再一一测出哪只引脚对应哪段。

（2）如果第一步没有段亮起，那么换红表笔接在数码管的公共脚，黑表笔接在数码管的任一段码脚上，正常情况下肯定有段会亮，说明此数码管为共阴数码管。然后再一一测出哪只引脚对应哪一段。

除了一位的数码管，还有两位一体、三位一体、四位一体的数码管。这种 N 位一体的数码管，内部都会把相同的段码连接在一起再引出引脚。以四位一体的数码管为例，实物图如下。

四位一体的数码管也分为共阴和共阳，从图 3-1-3 可以看到，它有 12 只引脚，其中的 8 只引脚是段码脚，一只段码脚控制四位数码管的段码（比如，a 段码脚接的是所有四位数码管的 a 段），其余 4 只引脚是公共脚，分别对应四位数码管。也就是说，四位一体的数码管，段码脚是共享的，只有公共脚是分开的。其引脚图如图 3-1-4 所示。

图 3-1-3　四位一体的数码管

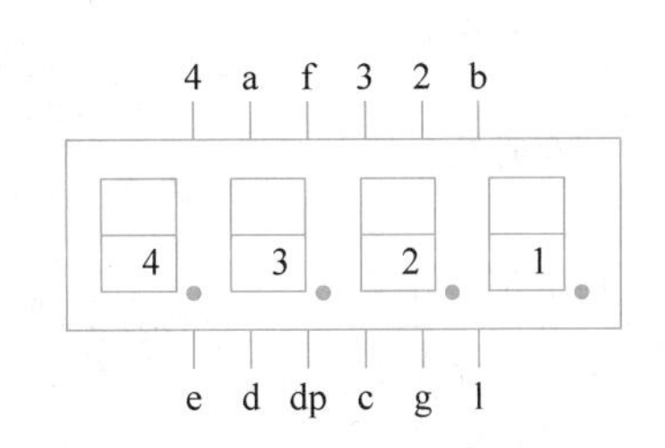

图 3-1-4　四位一体数码管引脚图

可以看到，以左下角第一个引脚为 1 脚，逆时针向上排列，一共 12 个引脚，其中 12、9、

8、6是公共脚，它们所对应的位跟书写的次序一致。以四位一体的共阳数码管为例，当给6号脚一个高电平，其他8、9、12三只引脚为低电平的时候，只有最右边的数码管能够亮起；如果12、9、8、6四只引脚都是高电平，那么四只数码管都能够亮起，但是要显示什么数字还需要段码脚配合输出。

2. 单片机与数码管的硬件连接

数码管，尤其是多位一体的数码管，通常是不能直接与单片机的GPIO相连接的。由于多位一体的数码管，需要点亮的LED比较多，如果单纯使用单片机的GPIO口连接，功率满足不了，需要的GPIO口也很多，因此需要在单片机和数码管之间加一个驱动电路，再连接数码管。驱动电路的作用主要有以下两个。

(1) 增大功率，让数码管亮度稳定。

(2) 如果需要，尽量减少需要使用的GPIO口。

数码管的驱动方案有很多，甚至有专门的数码管驱动芯片，这里不一一展开讨论，只阐述“1+X”训练考核套件上的驱动方案。

“1+X”训练考核套件为了尽可能少地使用GPIO口，使用了一种串行转并行的数字芯片作为驱动。所谓串行转并行即把一位接一位的输入转成若干位一起输出。最常见的串行转并行类型是8位并行输出。常用的芯片有74HC164、74HC595。其中74HC164没有带锁存寄存器，驱动数码管时会出现闪烁的情况。而74HC595是带有锁存寄存器，且输出引脚有高电平、低电平和高阻三态，引脚能输出的功率也比74HC164更大，经常被用于驱动数码管。“1+X”训练考核套件上使用的，就是2片74HC595驱动四位一体共阳数码管的方案。

【电路设计】

数码管部分的电路原理图如图3-1-5所示。

图3-1-5中的U8和U11是2片74HC595，图是以实物图的形式呈现。74HC595的引脚功能见表3-1-1。

表3-1-1　74HC595引脚功能

引　脚　号	引脚名称	引脚功能
9	级联引脚	内部移位寄存器B7的值，不带锁存，用于级联到另外一片74HC595
10	复位引脚	低电平时，如果12脚有上升沿，输出(Q0～Q7、Q7′)全部为0，正常使用时接高电平
11	移位时钟引脚	上升沿有效，DS和内部移位寄存器整体移动1位移动方向：DS移入B0、B0移入B1……B6移入B7
12	锁存时钟引脚	上升沿有效。10脚为0时，这个上升沿之后，输出清零输出；10脚为1时，这个上升沿之后将移位寄存器值锁存到锁存寄存器
13	输出允许引脚	为1时，Q0～Q7输出高阻为0时，Q0～Q7引脚电平等于锁存寄存器的值
14	串行数据输入引脚	串行输入，级联时接另外一片74HC595的Q7′
15、1～7	并行输出引脚	Q7～Q0高位到低位组成1字节
16、8	电源引脚	16脚接V_{CC}、8脚接地

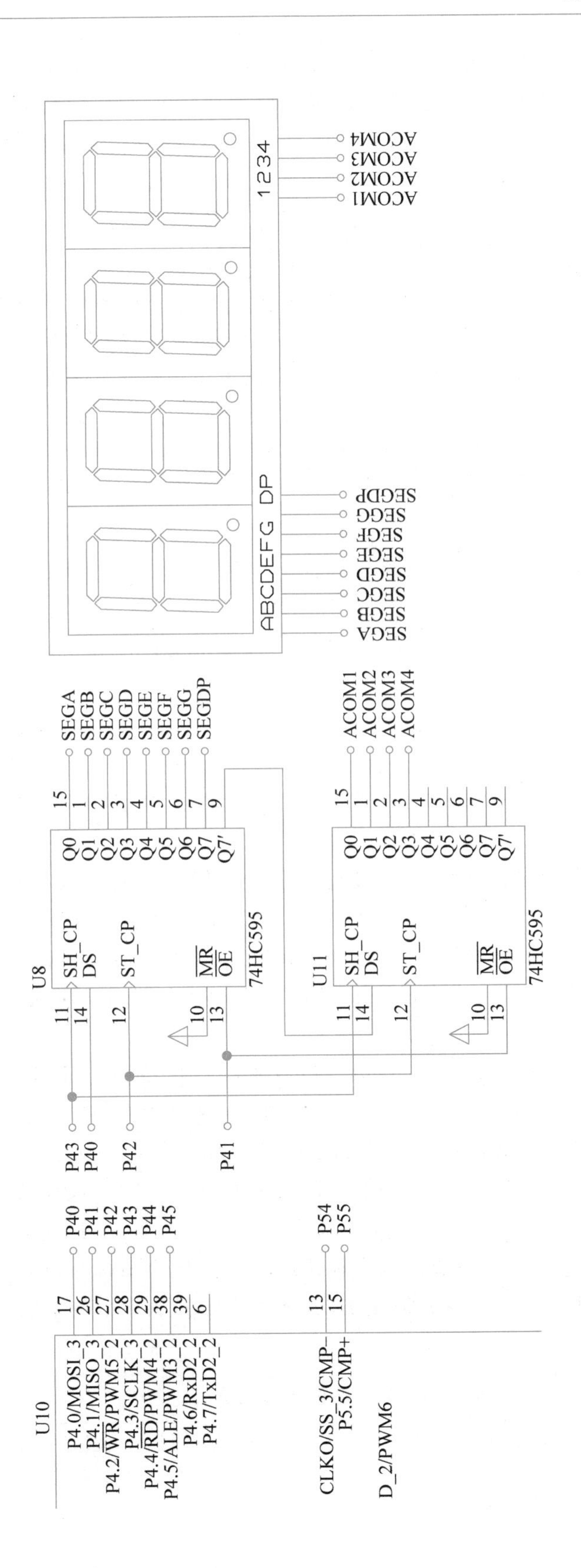

图 3-1-5　任务 3.1 电路原理图

74HC595 内部有两级 8 位寄存器，第一级是移位寄存器，第二级是锁存寄存器，SH_CP (11 号引脚)控制移位寄存器，ST_CP(12 号引脚)控制锁存寄存器。而锁存寄存器中 8 位的值对应 Q0～Q7 的电平，由 OE(13 号引脚)控制，如果 OE 为 1，则 Q0～Q7 输出高阻；如果 OE 为 0，则 Q0～Q7 等于锁存寄存器对应 8 位的值。下面以 OE 为 0 的情况说明 74HC595 的工作原理。

当 SH_CP 出现一个上升沿，A(14 号引脚)上的值会移进移位寄存器的 B0 位，B0 则会移入 B1，B1 移入 B2，以此类推，最后 B7 的值与 SQH 的电平一致，即 B7 为 1 则 SQH 为高电平，为 0 则 SQH 为低电平。假设 A 上依次出现 8 个电平分别为 10101010，同时每个电平出现后 SH_CP 都出现一个上升沿，那么 8 个上升沿后移位寄存器的值 B7～B0 也就为 10101010，此时 SQH 为高电平。注意，此时 Q0～Q7 的电平值尚保持不变。

此时 ST_CP 来一个上升沿，那么移位寄存器的值会整体进入锁存寄存器，锁存寄存器的值最终再决定 Q0～Q7 的电平值。这样 8 个一位接着一位从 A 输入的电平值，就被实时输出到 Q0～Q7 上，这就是串进并出。

如果串进并出的值不止 8 位，那么就需要用多片 74HC595 进行级联。级联的接法也很简单，把第 1 片的 SQH 与第 2 片的 A 接在一起，2 片共用 SH_CP、ST_CP 和 OE 即可。如果串进的第 9 位数据出现在第 1 片的 A 上，然后第 1 片的 SH_CP 出现第 9 个上升沿，那此时第一片 SQH 的值会等于第 2 片 A 的值，而第 2 片 A 的值会移位进入第 2 片移位寄存器的 B0 位，以此类推。

U8 的 74HC595 的 8 个输出全部接在数码管的段码脚上，Q0 接数码管的 A 段码脚，Q1 接数码管的 B 段码脚，以此类推。

U11 的 74HC595 其中的 4 个输出则接在数码管的公共脚上，其中 Q0 接 12 脚，Q1 接 9 脚，Q2 接 8 脚，Q3 接 6 脚。

数码管是共阳极数码管，如果想只点亮最左边的一位数码管，则意味着 U11 的 12 脚必须是高电平，同时其他三只引脚必须是低电平，因此 U11 的 8 个输出应该是 xxxx0001。只有这样，才有可能点亮最左侧的数码管。不难分析其他三只数码管想亮，对应的值分别应该是 xxxx0010、xxxx0100 和 xxxx1000。把 xxxx 都认为是 0 并写成十六进制，分别是 0x01、

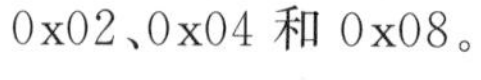
0x02、0x04 和 0x08。

图 3-1-6　数码管显示 9

这个时候，最左边一位数码管只具备亮的可能性，而想亮什么数字，还需要 U12 的配合。U12 的 8 个输出决定了数码管显示什么数字。假设想显示 9，那么数码管如图 3-1-6 所示。

显然，只有 h 段和 e 段是灭的，由于是共阳数码管，段码脚 0 亮 1 灭，那么 U8 的输出除了 Q7 和 Q4 为 1，其他应该都为 0，即 10010000，写成十六进制就是 0x90。这个值称为数码管数字 9 的段码值。要显示其他数字，显然还需要其他 9 个数字的段码值。0～9 十个数字的段码值见表 3-1-2。

表 3-1-2　数码管 0～9 段码值

数　字	共阳数码管段码值(0 亮，1 灭)	共阴数码管段码值(1 亮，0 灭)
0	0xc0	0x3f
1	0xf9	0x06

续表

数 字	共阳数码管段码值(0 亮,1 灭)	共阴数码管段码值(1 亮,0 灭)
2	0xa4	0x5b
3	0xb0	0x4f
4	0x99	0x66
5	0x92	0x6b
6	0x82	0x7d
7	0xf8	0x07
8	0x80	0x7f
9	0x90	0x6f

数码管除了显示数字外,经常还会用于显示十六进制中的 A～F 和其他一些形状,它们都有对应的段码,将在程序设计中直接给出。

想要数码管对应位显示任意数字,就要想办法控制 2 片 74HC595 的输出。2 片 74HC595 共有 4 个控制引脚,分别与单片机连接,如图 3-1-5 所示。其中 DS 接在 P40,OE 接在 P41,ST_CP 接在 P42,SH_CP 接在 P43。因此,只要编写程序,使用 P40、P41、P42 和 P43 这 4 只引脚,并按照 74HC595 的工作原理控制 2 片 74HC595 的输出引脚,就可以随心所欲地控制一位数码管的显示。

【软件模块】

任务需要新增数码管模块,将数码管模块命名为 smg. c,模块关系图如图 3-1-7 所示。

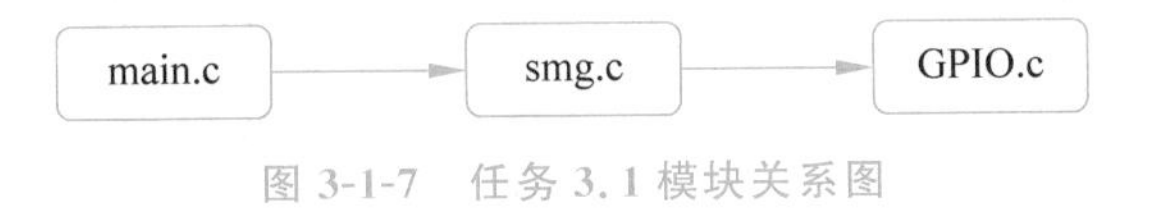

图 3-1-7 任务 3.1 模块关系图

模块关系图很简单,smg. c 模块只需要调用 GPIO. c 模块即可。

【程序设计】

1. 数码管模块(smg. h 和 smg. c)

复制任务 2.4 的工程文件夹,改名为"任务 3.1 一位数码管的静态显示"。在新工程文件夹的 board 文件夹下新建一个 smg 文件夹,并在 smg 文件夹里新建两个文本文件:smg. h 和 smg. c。打开新工程,把 smg. c 文件加入工程的 board 分组下,同时把 smg. h 所在的路径加入工程的编译路径下。最后,再把工程里有但模块关系图里没有的模块从工程里移除掉(key. c 和 led. c)。

打开 smg. c 文件,输入代码:

```
#include "smg.h"
```

使用任务 2.2 中的方法右击打开 smg. h 文件(这种打开头文件的方法在以后的任务中不再描述,直接代以打开 xxx. h 文件),输入以下代码:

```
#ifndef __SMG_H_
#define __SMG_H_
//---------------- 硬件连接宏定义 -----------------------
#define SH P43      //74HC595 的脉冲脚,上升沿 74HC595 数据移位寄存
#define ST P42      //74HC595 的脉冲脚,上升沿 74HC595 数据锁存进内部锁存器
#define OE P41      //74HC595 的使能脚,低电平有效
#define DAT P40     //74HC595 数据引脚
//---------------- 数码管位置宏定义 --------------------
#define SMG1 0x01  //左起第一位为 1
#define SMG2 0x02  //左起第二位为 2
#define SMG3 0x04  //左起第三位为 3
#define SMG4 0x08  //左起第四位为 4
//------------------------- 外部函数 ---------------------------
void initSmgPin();                    //初始化函数,开始时候执行一次即可
void disSmgOne(u8 uPos, u8 uNum);     //到对应位显示对应位显示数字
#endif
```

头文件里定义了硬件连接的宏和数码管位置的宏。另外,定义了两个外部函数,第一个函数 initSmgPin 用于初始化 4 只 GPIO 口：P40、P41、P42 和 P43,都初始化为弱上拉。这个函数原理与之前模块里 GPIO 口初始化的原理一样,后面不再讲解分析。

第二个函数 disSmgOne 用于在指定的位置显示某个数字。这个函数有两个参数,第一个参数 uPos 为数码管位置,取值为前面 SMG1、SMG2、SMG3 和 SMG4 这四个宏之一。取值 SMG1 时指定为数码管最左侧的一位,以此类推。第二个参数 uNum 为要显示的数字,取值 0～9。当该函数进行如下调用时：

```
disSmgOne(SMG1,1);
```

则最左侧的数码管显示数字“1”。

打开 smg.c 文件,输入以下代码：

```
#include "GPIO.h"
#include "config.h"
#include "smg.h"
//--------------------- 内部变量 ----------------
/**
 * @description: 段码数组,基础 16 个成员,存放 0~9,A~F 的段码。即若要让数码管显示 0,就
                 应该取第一个成员赋值给段码引脚。这个数组的值与硬件连接有一定关系,必
                 须自己计算出来
 * @author: gooner
 */
u8 code uDisCode[] = {0xc0, 0xf9, 0xa4, 0xb0, 0x99, 0x92, 0x82, 0xf8, 0x80, 0x90, 0x88,0x83,
0xc6, 0xa1, 0x86, 0x8e};
//------------------- 外部函数 -----------------
/**
 * @description: 初始化数码管引脚,使用 GPIO 库初始化 P4 组的 P40、P41、P42、P43 为弱上拉
 * @param {*}
```

```
 * @return { * }
 * @author: gooner
 */
void initSmgPin()
{
  GPIO_InitTypeDef structSmgPin;
  structSmgPin.Pin = GPIO_Pin_3 | GPIO_Pin_2 | GPIO_Pin_1 | GPIO_Pin_0;
  structSmgPin.Mode = GPIO_PullUp;
  GPIO_Inilize(GPIO_P4, &structSmgPin);
}
/**
 * @description: 在指定1位数码管显示1位数
 * @param {u8} uPos:指定数码管位
 * @param {u8} uNum:待显示数字
 * @return { * }
 * @author: gooner
 */
void disSmgOne(u8 uPos, u8 uNum)
{
  u8 i;
  u16 u16Temp;                  //送去74HC595输出端的值
  u16Temp = uPos;
  u16Temp = (u16Temp << 8) | uDisCode[uNum];
  //---------------发送u16Temp到74HC595输出---------------
  OE = 1;                       //74HC595的使能脚置1
  for (i = 0; i < 16; i++)
  {
    if (u16Temp & 0x8000)
      DAT = 1;                  //DAT = 1;
    else
      DAT = 0;                  //DAT = 0;
    SH = 0;                     //SH = 0
    u16Temp = u16Temp << 1;
    SH = 1;                     //SH = 1
  }
  ST = 0;                       //ST = 0
  ST = 1;                       //ST = 1
  OE = 0;                       //OE = 0;
}
```

smg.c文件中,定义了一个内部变量数组,如下:

```
u8 code uDisCode[] = {0xc0, 0xf9, 0xa4, 0xb0, 0x99, 0x92, 0x82, 0xf8, 0x80,
                      0x90, 0x88,0x83, 0xc6, 0xa1, 0x86, 0x8e};
```

这个数组有16元素,分别对应0～9和A～F的段码。在数组名和数组类型之间,有一个关键字code,这个关键字在标准的C语言里是没有的,是C51里特有的一个关键字。这里要搞清楚为什么使用code,如果不使用会怎样?在这个例子里,不使用这个code,照样可以编译下载,而且结果同样正确。但探究其本质,使不使用这个code结果大相径庭。接下来我们了解一下跟code关键字的相关知识。

我们知道,单片机的存储器一般分两大类:数据存储器(RAM)和程序存储器(ROM)。

RAM是可读可写的存储器，这里说的可读可写是指在程序运行过程中，存储在RAM里的数据是可以被改变的。而ROM是只读的存储器，这里的只读是指程序运行过程中，存储在ROM的数据只能被读取，不能被改写。这两种内存就像手机的运行内存和存储容量一样，数据存储器是手机的运行内存，而程序存储器是手机的存储容量。

STC单片机的RAM区还分为3个部分，有一些特殊型号的单片机还配置有同时具备读写能力的ROM，这里我们不展开说，在数据手册里有比较详细的说明。我们着重要阐述的是普通RAM区和ROM区在编程上的区别。

以数组uDisCode[]为例，如果不使用code，定义数组的语句是：

```
u8 uDisCode[ ] = {0xc0, 0xf9, 0xa4, 0xb0, 0x99, 0x92, 0x82, 0xf8, 0x80, 0x90,
                  0x88, 0x83, 0xc6, 0xa1, 0x86, 0x8e};
```

编译器会给这个数组分配16字节的RAM空间，通俗点说，这个数组被存储到RAM区里。如果使用code，定义数组的语句是：

```
u8 code uDisCode[ ] = {0xc0, 0xf9, 0xa4, 0xb0, 0x99, 0x92, 0x82, 0xf8, 0x80,
                       0x90, 0x88,0x83, 0xc6, 0xa1, 0x86, 0x8e};
```

编译器会给这个数组分配16字节的ROM空间，即数组会被存储到ROM区里。

那存储到RAM区和存储到ROM区有何区别呢？主要有以下两个区别：

(1) RAM区可读可写，而且读写速度快；

(2) ROM区只能读不能写，读的速度比RAM区慢。

仔细分析代码会发现，程序只需要读取数组里的值，并不需要改写数组的内容，至于速度，一两句代码的快慢是微秒级的差异，非常小，可以忽略不计。传统的51单片机内部的RAM比较珍稀，常用的只有256字节，还要扣除掉一些特殊功能寄存器。STC单片机虽然在256字节的基础上外扩了3840字节的RAM，但这个外扩的RAM访问速度慢，而且容易与外设起冲突，使用起来不是很方便。因此，在编程过程中，当使用到的数据存放在ROM区就能满足要求时，要优先使用ROM区。编程时使用关键字code修饰数据变量，将这些数据变量分配到ROM区，以节省RAM的空间。如果编程时没有使用关键字指明的数据，会默认存放到RAM区，而且是常用的256字节RAM区。如果使用关键字xdata指明，如下：

```
u8 xdata uDisCode[ ] = {0xc0, 0xf9, 0xa4, 0xb0, 0x99, 0x92, 0x82, 0xf8, 0x80,
                        0x90, 0x88,0x83, 0xc6, 0xa1, 0x86, 0x8e};
```

数组会被指定存放到扩展的3840字节的RAM区里。

disSmgOne函数内部定义了一个变量u16Temp，这个变量长度2字节，16位，它是2个8位变量合并的值，合并的代码如下：

```
    u16Temp = uPos;
    u16Temp = (u16Temp << 8) | uDisCode[uNum];
```

先将位置 uPos 存入 u16Temp，然后把 u16Temp 左移 8 位后与数字 uNum 的段码值进行位或。这个运算结果后，16 位的 u16Temp 变量的高 8 位存的就是 uPos 的值，而低 8 位则是 uNum 的段码值。然后控制 4 只 GPIO 口将 u16Temp 输出到 2 位 74HC595 的 16 个输出上，代码如下：

```
OE = 1;            //OE = 1;
for (i = 0; i < 16; i++)
{
  if (u16Temp & 0x8000) //检测数据是否完全从左侧移出最高位
    DAT = 1;      //DAT = 1;
  else
    DAT = 0;      //DAT = 0;
  SH = 0;         //SH = 0
  u16Temp = u16Temp << 1;
  SH = 1;         //SH = 1
}
ST = 0;           //ST = 0
ST = 1;           //ST = 1
OE = 0;           //OE = 0;
```

先将 OE(P41)拉高，对应 74HC595 的输出全部为高阻，此时数码管不会亮。然后使用一个 for 循环，循环 16 次将 u16Temp 的最高位依次放在 DAT(P40)上，每次都在 SH(P43)上产生一个上升沿，并将 u16Temp 往左移动 1 位，最高位进入移位寄存器。16 次循环结束后，u16Temp 的 16 位就会完全进入 2 片 74HC595 内部的移位寄存器。然后在 ST(P42)再产生一个上升沿，这时 2 片 74HC595 的移位寄存器的值会进入锁存寄存器。最后把 OE(P41)拉低，锁存寄存器的值就会出现在 2 片 74HC595 的引脚上。当函数如下调用时：

```
disSmgOne(SMG1,1);
```

u16Temp 的值应该为 SMG1 左移 8 位后位或 uDisCode[uNum]。即 0x0100|0x00f9，u16Temp 为 0x01f9。这个值被发送到 2 片 74HC595 的输出端，就是第一位数码管显示数字“1”。

2. 主模块(main.c)

打开 main.c 文件，输入以下代码：

```
#include "config.h"
#include "smg.h"
//---------------- 主函数 ---------------------
void main()
{
  initSmgPin();                    //初始化数码管引脚
  disSmgOne(SMG1,8);               //第 1 位数码管显示 8
  while(1);
}
```

主函数很简单，调用初始化数码管函数 initSmgPin 后，调用显示 disSmgOne(SMG1，8)，在第一位数码管位置显示数字 8。将工程编译后下载到“1+X”训练考核套件上，就可以看到数码管最左边一位显示数字8。

disSmgOne函数的调用非常灵活,可对函数测试几次,看看能否在任意一位数码管上显示0～9任意一个数字。运行效果可扫描二维码观看。

任务3.1运行效果

【课后练习】

编写程序,在数码管最左边一位实现一个0～9的计数器。计数间隔时间250ms(间隔时间无须特别精确)。

任务3.2 四位数码管的动态显示

【任务描述】

编写程序,在"1+X"训练考核套件上的四位数码管上显示任意4个数字。

【知识要点】

1. 数码管静态显示的不足

在任务3.1里我们学习了一位数码管的显示原理,也编程成功实现在一位数码管上显示数字。通常将任务3.1的数码管显示称为静态显示。数码管静态显示只能显示一位独立的数码管,如果是4只独立数码管都要使用静态显示,即使使用74HC595驱动,也需要4块74HC595芯片,且每块都要4只GPIO口控制,一共需要16个GPIO口。而如果不使用74HC595芯片驱动,所需要的GPIO口还会更多,大多数单片机系统中,安排不出这么多GPIO口驱动4只独立的数码管。

而对于四位一体的数码管,静态显示则只能显示其中的一位,无法让四位数码管分别显示不同的内容。为了解决这两方面的矛盾,就有了数码管的动态显示。

2. 视觉暂留原理和数码管动态显示

1）视觉暂留原理

数码管动态显示的理论基础来源于视觉暂留现象原理(persistence of vision,visual staying phenomenon,duration of vision),又称余晖效应,这个理论1824年由英国伦敦大学教授彼得·马克·罗杰特(Peter Mark Roget)在他的研究报告《移动物体的视觉暂留现象》中最先提出。这个理论指出人眼在观察景物时,光信号传入大脑神经,需经过一段短暂的时间,光的作用结束后,视觉形象并不立即消失,这种残留的形象称"后像",视觉的这一现象则被称为"视觉暂留"。

2）数码管动态显示

"视觉暂留"原理在现实中有不少应用实例,例如,古代的皮影戏、走马花灯等。数码管动态显示也是利用了"视觉暂留"原理。在任务3.1里已经实现了一位数码管的显示,如果快速把四位数码管逐一显示，每次显示的内容不同，那么从单片机的角度，每次都只是显示其中一位数码管，但是从人类的角度，由于显示的速度很快，视觉暂留原理起了作用，四位数码管看上去就像是同时显示。

数码管动态显示，每一位显示的间隔时间为3～10ms。这个间隔时间不能太长，太长的话，四位数码管看着就是明显的逐一显示。这个时间也不能太短，因为数码管的显示需要电流流过对应的发光二极管，如果间隔时间太短，电流还没完全建立起来，数码管显示就切换到下一位，整个显示就完全不正常了。一般每位数码管每秒要显示24次以上，看起来才不会那么闪烁。假设1s显示25次，那每次间隔时间就是40ms。一共四位数码管，每位数码管之间间隔10ms，如果数码管的位数多，这个间隔时间还要再短。

3. 数码管动态显示的残影现象

数码管动态显示会出现残影现象。残影现象有些地方也称为鬼影现象，它是指在程序进行切换数码管显示时，在旧数码管的段码影像依然存在的情况下，就开启了新数码管的位选，导致旧数码管的段码在新数码管短暂出现，然后程序更换新段码，替换了旧段码，才显示出新段码的影像。反复快速地进行此类操作，导致短时间内，旧段码在新数码管上的显示次数剧增，使光亮度达到人眼可以轻微辨别的程度，于是出现所谓残影现象。

要解决残影现象的办法很简单，在切换显示时，先把旧段码直接用一个全灭的段码代替掉，然后再开启新数码管的位选，再更新新段码。这样旧段码就不会影响新数码管，残影也就没了。

在大多数数码管的驱动方案里，都需要在切换显示的时候送全灭段码。如果数码管是共阳数码管，全灭段码是0xff；如果是共阴数码管，全灭段码是0x00。但是在我们使用的数码管的驱动方案用的是74HC595，它的输出有高阻态可以选择。只需要在切换数码管显示时，把74HC595的输出设置为高阻态，就可以灭掉数码管，不需要送全灭段码。

【电路设计】

任务的电路原理与任务3.1的电路原理一样（见图3-1-5）。

【软件模块】

任务需要增加delay.c模块，以使用模块里的延时函数，模块关系如图3-2-1所示。

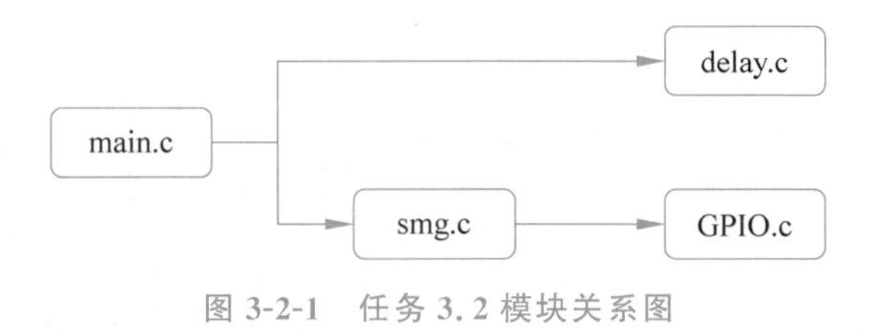

图3-2-1　任务3.2模块关系图

另外，这个任务里，smg.c模块的代码需要修改完善，才能完成任务要求。

【程序设计】

1. 数码管模块（smg.h和smg.c）

复制任务3.1的工程文件夹，改名为“任务3.2　四位数码管的动态显示”。打开新工程，把delay.c文件加入fwlib分组下。

打开 smg.h 文件，输入以下代码：

```
#ifndef __SMG_H_
#define __SMG_H_
//----------------硬件连接宏定义------------------------
#define SH P43      //74HC595 的脉冲脚,上升沿 74HC595 数据移位寄存
#define ST P42      //74HC595 的脉冲脚,上升沿 74HC595 数据锁存进内部锁存器
#define OE P41      //74HC595 的使能脚,低电平有效
#define DAT P40     //74HC595 数据引脚
//----------------数码管位置宏定义-------------------
#define SMG1 0x01 //左起第一位为 1
#define SMG2 0x02 //左起第二位为 2
#define SMG3 0x04 //左起第三位为 3
#define SMG4 0x08 //左起第四位为 4
//------------------------外部变量-------------------
extern u8 uSmgDisBuf[4];                       //数码管显示缓冲区数组
//------------------------内部函数-------------------------
static void disSmgOne(u8 uPos, u8 uNum);       //到对应位显示数字
//------------------------外部函数-------------------------
void initSmgPin();                             //初始化函数,开始时执行一次即可
void disSmgAll();                              //显示四位数码管
#endif
```

头文件里，增加了一个外部数组变量 uSmgDisBuf，这数组长度为 4 字节，每一个字节对应数码管一位。数码管要显示的数字，就是往这个数组里对应的成员填一个数。我们把这个数组称为数码管的显示缓存区。

disSmgOne 函数被设定为内部函数，其他模块不再对它进行调用，但它的内部源代码不变，供新的函数 disSmgAll 调用。

外部函数除了 initSmgPin 函数外，新增 disSmgAll 函数，它的作用是让 4 只数码管全部显示一遍。显示的内容是数据缓存区 uSmgDisBuf 里的 4 个数。

打开 smg.c 文件，输入以下代码：

```
#include "config.h"
#include "GPIO.h"
#include "smg.h"
//--------------------内部变量---------------
/**
 * @description: 段码数组,基础 17 个成员,存放 0~9,A~F 的段码加上消隐码。即要数码管显
                 示 0,就应该取第一个成员赋值给段码引脚。这个数组的值与硬件连接有一定
                 关系,必须自己计算出来
 * @author: gooner
 */
u8 code uDisCode[] = {0xc0, 0xf9, 0xa4, 0xb0, 0x99, 0x92, 0x82, 0xf8, 0x80, 0x90, 0x88,0x83,
0xc6, 0xa1, 0x86, 0x8e, 0xff};
//------------------------外部变量-------------------
/**
 * @description:用于缓存数码管显示内容的数组。第 1 个数组成员的值对应最左侧数码管显示
 *              内容。以此类推
 * @author: gooner
 */
```

```
u8 uSmgDisBuf[4];
//------------------ 内部函数 ------------------
/**
  * @description:          在指定 1 位数码管显示 1 位数
  * @param {u8} uPos:      指定数码管位
  * @param {u8} uNum:      待显示数字
  * @return { * }
  * @author: gooner
  */
static void disSmgOne(u8 uPos, u8 uNum)
{
  u8 i;
  u16 u16Temp;                //送去 74HC595 输出端的值
  u16Temp = uPos;
  u16Temp = (u16Temp << 8) | uDisCode[uNum];
  //-------------- 发送 u16Temp 到 74HC595 输出 ---------------
  OE = 1;                     //OE = 1;
  for (i = 0; i < 16; i++)
  {
    if (u16Temp & 0x8000)
      DAT = 1;                //DAT = 1;
    else
      DAT = 0;                //DAT = 0;
    SH = 0;                   //SH = 0
    u16Temp = u16Temp << 1;
    SH = 1;                   //SH = 1
  }
  ST = 0;                     //ST = 0
  ST = 1;                     //ST = 1
  OE = 0;                     //OE = 0;
}
//------------------ 外部函数 ------------------
/**
  * @description: 初始化数码管引脚.使用 GPIO 库初始化 P4 组的 P40、P41、P42、P43 为弱上拉
  * @param { * }
  * @return { * }
  * @author: gooner
  */
void initSmgPin()
{
  GPIO_InitTypeDef structSmgPin;
  structSmgPin.Pin = GPIO_Pin_3 | GPIO_Pin_2 | GPIO_Pin_1 | GPIO_Pin_0;
  structSmgPin.Mode = GPIO_PullUp;
  GPIO_Inilize(GPIO_P4, &structSmgPin);
}
/**
  * @description: 显示 4 位数码管,此函数调用 1 次显示 1 位数码管,4 次显示 4 位
  * @param { * }
  * @return { * }
```

```
 * @author: gooner
 */
void disSmgAll()
{
  static u8 uSmgState;
  switch (uSmgState)
  {
  case 0:
    disSmgOne(SMG1, uSmgDisBuf[0]);           //把显示缓存区第1位数送去第1位数码管显示
    uSmgState = 1;                             //切换状态1
    break;
  case 1:
    disSmgOne(SMG2, uSmgDisBuf[1]);           //把显示缓存区第2位数送去第2位数码管显示
    uSmgState = 2;                             //切换状态2
    break;
  case 2:
    disSmgOne(SMG3, uSmgDisBuf[2]);           //把显示缓存区第3位数送去第3位数码管显示
    uSmgState = 3;                             //切换状态3
    break;
  case 3:
    disSmgOne(SMG4, uSmgDisBuf[3]);           //把显示缓存区第4位数送去第4位数码管显示
    uSmgState = 0;                             //切换状态0
    break;
  default:
    break;
  }
}
```

uDisCode数组里增加了一个元素0xff，这个元素是数码管的消隐段码，把0xff作为段码发送给数码管的段码脚，对应的数码管会灭掉。它在数组里的位置是16，0～9和A～F之后就是消隐段码。

此外，.c文件里需要定义数码管缓冲区数组，代码如下：

```
u8 uSmgDisBuf[4];
```

可以不初始化，编译器会默认填上4个0。

disSmgOne函数除了加上一个static关键字修饰，说明它是一个内部函数外，其他地方没有改动。最重要的是增加的新外部函数disSmgAll，它的代码如下：

```
void disSmgAll()
{
  static u8 uSmgState;                        //uSmgState无指定初始值,默认为0
  switch (uSmgState)
  {
  case 0:
    disSmgOne(SMG1, uSmgDisBuf[0]);     //把显示缓存区第1位数送去第1位数码管显示
    uSmgState = 1;                       //切换状态1
```

```
        break;
    case 1:
        disSmgOne(SMG2, uSmgDisBuf[1]);          //把显示缓存区第 2 位数送去第 2 位数码管显示
        uSmgState = 2;                           //切换状态 2
        break;
    case 2:
        disSmgOne(SMG3, uSmgDisBuf[2]);          //把显示缓存区第 3 位数送去第 3 位数码管显示
        uSmgState = 3;                           //切换状态 3
        break;
    case 3:
        disSmgOne(SMG4, uSmgDisBuf[3]);          //把显示缓存区第 4 位数送去第 4 位数码管显示
        uSmgState = 0;                           //切换状态 0
        break;
    default:
        break;
    }
}
```

disSmgAll 函数是一个状态机函数，状态机函数的原理在以后的任务里再讲解。这里先简单介绍状态机函数的特点。状态机函数的最大特点是每次调用这个函数，都只会执行其中的一部分代码，也就是说，这个函数需要多次被调用，它的代码才能全部执行完。函数使用 uSmgState 变量配合一个 switch/case 结构，把代码分为四个分支，每个分支执行完毕后利用 uSmgState 变量切换到下一个分支并退出函数。函数下一次被调用时，就执行另外一个分支的代码。以第一个分支 case 0 为例，代码如下：

```
case 0:
    disSmgOne(SMG1, uSmgDisBuf[0]);          //把显示缓存区第 1 位数送去第 1 位数码管显示
    uSmgState = 1;                           //切换状态 1
    break;
```

首先将显示缓存区里的 uSmgDisBuf[0]送到 SMG1(最左边一位数码管)这个位置显示，uSmgDisBuf[0]里的值可自主指定。然后让 uSmgState=1，break 退出函数。等下一次函数被调用，执行的就是 case 1 的代码，最后到了 case 3，再让 uSmgState=0，又再次切换到 case 0。

显然，每个 case 分支显示一位数码管，显示的内容由显示缓存区对应的值决定。按照数码管动态显示的原理，每个分支之间还应该需要延时。为了让代码的独立性更好，延时不加在分支里，而是到了主模块里再调用延时函数。

2. 主模块(main.c)

打开 main.c 文件，输入以下代码：

```
#include "config.h"
#include "smg.h"
#include "delay.h"
//------------------主函数------------------------
void main()
```

```
{
  initSmgPin();                        //初始化数码管引脚
  uSmgDisBuf[0] = 3;
  uSmgDisBuf[1] = 5;
  uSmgDisBuf[2] = 6;
  uSmgDisBuf[3] = 9;
  while(1)
  {
    disSmgAll();                       //执行数码管显示函数
    delay_ms(3);                       //延时 3ms,这个时间不能过长,也不能太短
  }
}
```

主函数里，先初始化 GPIO 口，然后往数码管显示缓存区填入 4 个数 3、5、6 和 9。While(1)里调用 disSmgAll 函数后调用 delay. c 模块里的 delay_ms 函数，延时 3ms。While(1)的代码会不断循环执行，因此 disSmgAll 函数里的每个分支间隔 3ms 就会被执行一次，这样就实现了数码管动态显示的原理。

编译工程，把 hex 文件下载到"1＋X"训练考核套件上，就可以看到数码管显示"3""5""6"和"9"四个数。运行效果可扫描二维码观看。往 uSmgDisBuf 数组里填什么数，重新编译下载后，数码管对应位置就显示什么数。如果填入的数是 17，那对应的数码管会熄灭。读者可以多尝试几次，加深对数码管动态显示原理的理解。

任务 3.2 运行效果

【课后练习】

编写程序，使用"1＋X"训练考核套件上的数码管，实现一个 2 位数 20 进制计数器，计数间隔时间为 500ms。

任务 3.3　定时器实现数码管秒表计数

【任务描述】

不使用延时模块的延时函数，实现四位数码管秒表计数，秒表最低位计数间隔时间为 10ms，第二位数码管和第三位数码管之间显示小数点。

【知识要点】

1. 单片机时间系统

在任务 3.2 的课后练习，我们留下了一道题目：实现一个 2 位数 20 进制计数器，计数间隔时间为 500ms。在这道题目里，需要在实现数码管动态显示的同时，完成计数工作。简单分析任务 3.2 课后练习的要求，可以知道题目里有两个地方需要计时：

(1) 数码管动态显示，每位数码管显示的间隔时间，这个时间是 3ms。

(2) 计数,这个时间是0.01s,即10ms一次计数。

在之前的任务里,只要涉及时间,唯一的解决手段就是delay.c模块里的延时函数。因此,有2个涉及时间的地方,就有2个要使用延时函数的地方,而延时函数是会彼此影响的。例如,数码管动态显示的时候,需要延时3ms,而计数是延时10ms,不要忘记,四位数码管是一次显示完成的,每一位数码管延时3ms,四位数码管延时就已达到12ms,此时再进行10ms一次的计数,显示完四位数码管后再计数显然超时。而如果在显示完三位数码管后(即9ms)进行10ms一次的计数,则无法处理剩余的1ms,整个时间系统将非常混乱;而且这只是2个地方涉及时间,如果有3个、4个甚至更多的地方涉及时间,那么整个时间系统会更加混乱。因此,使用延时函数来解决多个地方涉及时间的问题,很困难,也很不合适。此外,单片机在执行延时函数的时候,CPU是不断在执行一些无用的指令来累积时间,过多使用延时函数还会导致单片机CPU的效率低下。

想要单片机的时间系统简单清晰,并且CPU执行效率高,最好能有一个时间基准,单片机程序里所有涉及时间的地方都在这个时间基准上产生,如上面提到的例子,如果能有一个1ms的时间基准,那5个时间基准执行1次数码管显示任务,每次任务就显示其中1位数码管;而计数方面,每10个时间基准执行计数任务1次,这样数码管显示任务和计数任务都在时间基准上产生,井水不犯河水,计算单片机系统里再有其他涉及时间的任务,也可以按照这样的办法解决,整个单片机的时间系统就不会再混乱了,CPU也不再需要不断执行无效代码来积累时间产生延时。

那么如何实现时间基准呢?这就需要使用到单片机内部一个非常重要的系统——定时器/计数器系统。

2. 单片机的定时器/计数器系统

单片机的定时器/计数器系统可以被看成是单片机内部一个可编程的定时器/计数器电路。所谓定时器/计数器电路,本质就是可以对脉冲信号进行统计的电路。如果脉冲信号周期固定,那么统计的个数和周期的乘积就是时间,其电路系统就是定时器。如果脉冲信号周期不固定,电路就只能统计脉冲个数,那么其电路系统就是计数器。在传统的单片机系统里,周期稳定的脉冲信号通常由最小系统里讲的晶振电路来提供。在"1+X"训练考核套件上,使用的是单片机内部的振荡电路来提供这个稳定的脉冲信号,这个脉冲信号的频率可以在STC-ISP软件里设置,如图3-3-1所示。

从图3-3-1可以看到,这个脉冲信号的频率值是可以选择的,在之前的工程里,都是选择11.0592MHz(频率和周期是一回事,频率是周期的倒数)。这个值的含义是在1s的时间内,有11059200个脉冲信号出现。这个脉冲信号有以下四个主要作用。

(1) 作为单片机内部CPU执行机器指令的基准信号。

(2) 作为单片机内部定时器/计数器的计数源。

(3) 作为CPP/PCA模块的计数源。

(4) 作为串口模块通信的波特率。

在这个任务里,关注的是第(2)个作用。

STC15系列单片机内部最多设置了5个16位定时器/计数器T0、T1、T2、T3和T4。这5个定时器/计数器都具有计数方式和定时方式两种工作方式。定时器/计数器核心部件是一个加法计数器,其本质是对脉冲个数进行统计,只是计数源不同。如果计数脉冲来源于

图 3-3-1 单片机内部频率设置

系统时钟，则为定时方式，此时定时器/计数器每 12 个时钟或者每 1 个时钟得到一个计数脉冲，计数值加 1，可计算出时长；如果计数脉冲来自单片机外部 GPIO 口(T0 为 P34、T1 为 P35、T2 为 P31、T3 为 P37、T4 为 P05)，则为计数方式，这些 GPIO 口每来一个脉冲，对应计数值加 1。“1+X”训练考核套件上使用的 IAP15L2K61S2 芯片只有 T0、T1、T2，3 个 16 位定时器/计数器。

3. 单片机的中断系统

1) 中断的概念

中断系统是单片机内部另外一个非常重要的部分。在单片机系统里，中断是指 CPU 在正常运行程序时，由于内部/外部事件或由程序预先安排的事件，引起 CPU 中断正在运行的程序，而转到为内部/外部事件或为预先安排的事件服务的程序中，服务完毕，再返回去执行被暂时中断的程序。

举一个现实中的例子来说明什么是中断。例如，张三在宿舍里看书，看了一半，张三的女朋友打电话给他，那么此时，张三看书的行为就被女朋友的电话事件给中断了。张三正常的做法应该是暂停看书的行为，先接电话，接完电话，再继续看书。如果张三坚持要把书看完再接电话，如果书只有几页，电话还能接到，如果书是几十上百页，那张三肯定接不到电话。可以说，中断是单片机内部用于处理紧急事务的一个机制。

2) 中断系统

所谓单片机的中断系统，即单片机实现中断功能的软硬件部件。不同型号的单片机，其内部的中断系统细节上有所不同，但是中断系统的工作流程和工作模式基本一致。下面先了解关于单片机中断系统的几个概念。

(1) 中断源。能引起 CPU 发生中断的信号来源，统称为中断源。在张三的例子中，女朋友打电话来就是使张三产生中断的中断源。在单片机系统里,中断源的个数是有限的,一般分为外部中断源和内部中断源。外部中断源需要添加外部的元器件来构成中断系统;而内部中断源则不需要。一般来说,单片机的中断源越多,这个型号的单片机越复杂。

(2) 中断请求。中断源向CPU发出中断的要求,叫作中断请求。在张三的例子中,电话响起,就是女朋友向张三发起中断请求。在单片机系统里,中断请求通常是使用特殊功能寄存器的某个位置1的模式来产生的。当中断请求的条件满足的时候,对应的位就会被自动置1,向CPU申请中断。这些置1能够产生中断请求的位,被称作中断标志位。

(3) 中断响应。CPU接收到中断请求后做出的回应,叫作中断响应。在张三的例子中,女朋友电话响起来后,张三接起电话,这个就是中断响应。在单片机系统里,中断响应通常是以让CPU去执行某段处于特定位置的代码来实现的。大多数情况下,当CPU响应完中断,都需要把中断标志位清除掉,以准备迎接下次中断。这个清除的过程,有些是硬件自动完成清除,有些是需要软件写代码完成清除。

(4) 主程序。原来正在运行的程序称为主程序。在单片机C语言编程中,主程序是就是main函数内部执行的代码。

(5) 断点。发生中断时,主程序执行到的当下代码位置即为断点。CPU发生中断时,必须保护断点的信息,在响应中断结束后,返回断点继续执行主程序。断点保护在C语言编程中,一般由编译器自动保护,不需要编程人员干涉。

(6) 中断子程序/中断函数。CPU响应中断后,自动执行的一段代码,叫中断子程序。在C语言编程中,中断子程序通常以一个固定形式的函数出现,因此,一般使用中断函数代替中断子程序的叫法。中断函数不可以被编程者调用,由CPU在发生中断时自动跳转执行。

(7) 中断优先级。在中断系统里,当同时有两个或两个以上的中断请求发生时,要求CPU既能区分各个中断源的请求,又能确定首先响应哪个中断源。为了解决此问题,为中断源规定了优先级别,称为中断优先级。

整个单片机中断系统工作的简单流程图如图3-3-2所示。

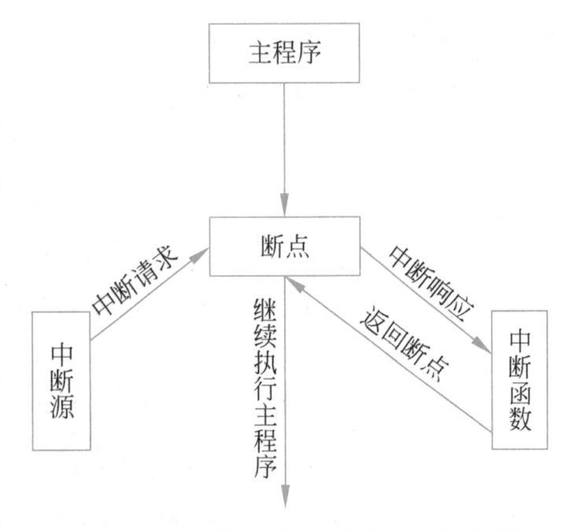

图 3-3-2 单片机中断系统工作流程图

STC单片机系列最多有21个中断源,并非全系列的STC单片机都具有所有21个中断源,“1+X”训练考核套件上的IAP15L2K61S2芯片就只有14个中断源。而且,这14个中断源还分为很多不同的类别。常见的类别有定时器/计数器中断、外部中断、串口中断等,具体可参考图3-3-3所示的表格(截图来自STC官方技术手册)。14个中断源包括5个外部中断源、3个定时器中断源、2个串口中断源、1个SPI中断源、1个CCP/PWM/PCA中断源、1个ADC中断源和1个电压检测(LVD)中断源。其中,跟本任务相关的就是3个定时器中断源,其余中断源与本任务无关。

4. 定时器/计数器中断系统

1) 计数源

单片机内部5个16位定时器/计数器有以下3个计数源。

单片机型号 / 中断源类型	STC15F100W 系列	STC15F408AD 系列	STC15W201S 系列	STC15W401AS 系列	STC15W404S 系列	STC15W1K16S 系列	STC15F2K60S2 系列	STC15W4K32S4 系列
外部中断0 (INT0)	√	√	√	√	√	√	√	√
定时器0中断	√	√	√	√	√	√	√	√
外部中断1 (INT1)	√	√	√	√	√	√	√	√
定时器1中断					√	√	√	√
串口1中断		√	√	√	√	√	√	√
A/D转换中断		√		√			√	√
低压检测(LVD)中断	√	√	√	√	√	√	√	√
CCP/PWM/PCA中断		√		√			√	√
串口2中断							√	√
SPI中断		√		√	√	√	√	√
外部中断2 ($\overline{INT2}$)	√	√	√	√	√	√	√	√
外部中断3 ($\overline{INT3}$)	√	√	√	√	√	√	√	√
定时器2中断	√	√	√	√	√	√	√	√
外部中断4 ($\overline{INT4}$)	√	√	√	√	√	√	√	√
串口3中断								√
串口4中断								√
定时器3中断								√
定时器4中断								√
比较器中断			√	√	√	√		√
PWM中断								√
PWM异常检测中断								√

图 3-3-3 STC15 系列单片机中断源

(1) 下载软件里设置的频率的信号为计数源,这个计数源频率稳定,经常用于定时。

(2) 以下载软件里设置的频率值除以 12 作为计数源,这个计数源是为了兼容旧款的 51 单片机而设置的,可以暂时不管。

(3) 以外部的信号作为计数源,这个计数频率由外部信号的频率决定,可以是非固定频率信号,通常用于捕捉外部信号的有无,多用于计数使用。

2) 定时器/计数器工作模式

定时器/计数器有以下四种工作模式。

(1) 模式 0:16 位初始值自动重装模式,官方推荐使用最多的模式。

(2) 模式 1:16 位非自动重装模式,官方不推荐使用。

(3) 模式 2:8 位初始值自动重装模式,这种模式是用来产生串行通信波特率的模式,不用于定时作用。

(4) 模式 3:与模式 0 完全一致,但是此中断不可以被屏蔽,不会被打断。

并不是 5 个定时器/计数器都有四种工作模式,只有 T0 才能工作在全部四种模式中,T1 在模式 3 时无效,停止计数,T2、T3、T4 都只工作在模式 0。

3) 定时器/计数器的溢出中断

这 5 个定时器/计数器同时也是单片机的 5 个中断源,它们在溢出的时候会向 CPU 申请中断。接下来介绍定时器/计数器的溢出。每个定时器/计数器,都有一个 16 位二进制计数寄存器,这个二进制计数寄存器分为 2 字节,分别为高 8 位和低 8 位。低 8 位可从最小值计数到最大值,然后进位到高 8 位,高 8 位再从小值计数到最大值,即可以从 0x0000 计数到 0xFFFF,它一共能计数 65535 个脉冲信号。如果计数寄存器的内容是 0xFFFF,那么,此时这个 16 位二进制的计数寄存器已经是最大值了,就称为计数满了,如果再来一个脉冲信号,计数寄存器的值又会回到了 0x0000,这个情况就称为计数溢出了。也就是说,计数寄存器最大计数 65536 个脉冲后，就会产生计数溢出（计满 65535，再计 1 个溢出，即 65536）。计数溢出会产生一个中断申请，向 CPU 申请一次中断，相应中断位置 1。CPU 响应中断后（执行中断函数），这个中断位会被自动清零。使用定时器/计数器，通常都要开启对应的中断才有意义。

4）计数器的初始值

定时器/计数器的计数寄存器并不一定是从 0x0000 开始计数的，它可以从一个编程人员指定的值开始计数，这个值就称为计数寄存器的初始值。如果定时器工作在模式 0，这个初始值除了在最开始由编程人员赋值一次，在定时器每次发生溢出以后都会被自动重新赋值一次，以保证每次计数的长度一致，这称为初值自动重装。

如果定时器/计数器工作在定时方式，让它以固定的时间发生溢出中断，通过统计中断次数，就可以实现不同时间的定时。假设，让定时器/计数器每 1ms 发生一次中断，那么在中断函数中通过统计中断的次数为 3 次，则时间就为 3ms，这个 3ms 就可以用来对数码管进行动态显示，而如果中断次数为 10 次，则时间为 10ms，这个 10ms 就可以用于秒表最低位进行计数。

举个简单的例子，现在需要定时器/计数器每 1ms 产生一个溢出中断，它的计数寄存器初始值是多少？

（1）确定计数源是下载软件设置的频率的信号为计数源，即 11059200Hz（1s 有 11059200 个脉冲）。

（2）让定时器/计数器工作在模式 0。

（3）开启中断。

（4）确定初始值。

在第一步已经知道 1s 有 11059200 个脉冲，那 1ms 就只需要 11059.2 个脉冲，去掉小数点约为 11059 个脉冲。即计数器只要计数 11059 个脉冲就要产生溢出中断，这个溢出中断就表示 1ms 的时间到了，那么初始值就是 65536～11059。

5. 定时器/计数器相关的特殊功能寄存器

定时器/计数器系统比较复杂，相关的特殊功能寄存器比较多，现简单列举这些寄存器的名称，并简单说明其作用。其中部分寄存器涉及其他中断，不对其进行展开讲解。

1）控制寄存器 TCON（可位寻址）

这个寄存器用于管理 T0 和 T1，其内部有溢出中断请求标志位，计数寄存器启动计数位。另外，外中断请求标志和外中断触发方式控制位也在这个寄存器里。TCON 中各位见表 3-3-1。

表 3-3-1　T1、T0 控制寄存器 TCON

B7	B6	B5	B4	B3	B2	B1	B0
TF1	**TR1**	**TF0**	**TR0**	IE1	IT1	IE0	IT0

TF1、TF0 分别是 T1 和 T0 溢出中断标志位。当 T1 和 T0 发生溢出时，TF1 和 TF0 会被硬件置 1，以向 CPU 请求中断，CPU 响应中断后，这两个位会被硬件自动清零。

TR1、TR0 分别是 T1 和 T0 计数寄存器的启动位。TR1、TR0 为 1，T1 和 T0 的计数寄存器启动计数，为 0 则停止计数。

2）工作模式寄存器 TMOD（不可位寻址）

这个寄存器用于设置 T0 和 T1 的工作模式。TMOD 中各位见表 3-3-2。

表 3-3-2　T1、T0 工作模式寄存器

B7	B6	B5	B4	B3	B2	B1	B0
GATE	**$C/\overline{T}$**	**M1**	**M0**	**GATE**	**$C/\overline{T}$**	**M1**	**M0**

这个寄存器的 B7～B4 位设置 T1 的工作模式、B3～B0 位设置 T0 的工作模式，其作用一致。

GATE 用于协助控制 T1、T0 计数寄存器的启动。以 T1 为例，当 GATE 为 0 时，T1 的计数寄存器单纯由 TCON 寄存器中的 TR1 位控制启动或停止。GATE 为 1 时，T1 的计数寄存器的启动和停止由 TR1 与外部引脚 INT1 共同决定（详见 STC15 系列单片机器件手册）。

$C/\overline{T}$ 用于确定 T1、T0 的计数源。以 T1 为例，当 $C/\overline{T}$ 为 0 时，T1 的计数源为单片机内部系统时钟，由于内部系统时钟频率固定，因此 T1 相当于定时器。$C/\overline{T}$ 为 1 时，T1 的计数源为引脚 T1/P3.5 的外部脉冲，由于外部脉冲频率不确定，T1 相当于计数器。T0 原理与 T1 类似，只不过 T0 的外部计数源为引脚 T0/P3.4 上的外部脉冲。

M1、M0 的组合则决定 T1、T0 的工作模式。4 种二进制的组合（00、01、10、11）对应 4 种工作模式，分别为模式 0、模式 1、模式 2 和模式 3。定时器/计数器的 4 种工作模式请参考前面的讲解。

注意：虽然技术手册中给 TMOD 寄存器中的每一个位进行了命名，但 TMOD 寄存器依然不可位寻址，用户依然无法给 TMOD 寄存器中的单独一个位进行赋值。

3）辅助寄存器 AUXR（不可位寻址）

这个寄存器兼容传统 51 单片机中 T1 和 T0 的设计，并且用于设置 T2 的工作模式。AUXR 中各位见表 3-3-3。

表 3-3-3　辅助寄存器 AUXR

B7	B6	B5	B4	B3	B2	B1	B0
T0x12	**T1x12**	UART_M0x6	**T2R**	**$T2\_C/\overline{T}$**	**T2x12**	EXTRAM	SIST2

传统 51 单片机内部频率为晶振频率的 12 分频，即是通常说的 12T。而 STC 公司的增强型 51 单片机，内部频率和晶振频率相同，没有 12 分频这一说，不分频，即通常说的 1T。

以 T1 为例，当 T1x12 为 0 时，内部系统时钟计数源的频率兼容传统 51 单片机，为晶振频率的 12 分频，即 12T 模式。T1x12 位为 1 时，内部系统时钟计数源频率与晶振频率相同，为 1T 模式。T0 亦然。

T2R 用于启动和停止 T2 的计数寄存器，作用与 TCON 寄存器中的 TR1 和 TR0 相同。

$T2\_C/\overline{T}$ 位用于设置 T2 计数源，为 0 时，计数源为内部系统时钟，T2 可看成定时器；为 1 时，计数源为 T2/P3.1 的外部脉冲，T2 看成计数器。

4）时钟输出和外部中断允许寄存器 AUXR2（不可位寻址）

这个寄存器可用于设置 T0、T1 和 T2 对外输出时钟，并且用于开启外中断 2、3、4。AUXR2 中的各位见表 3-3-4。

表 3-3-4　时钟输出和外部中断允许寄存器 AUXR2

B7	B6	B5	B4	B3	B2	B1	B0
—	EX4	EX3	EX2	MCKO_S2	**T2CLKO**	**T1CLKO**	**T0CLKO**

以 T1 为例，当 T1CLKO 为 0 时，对应 P3.4 引脚不输出任何频率信号。T1CLKO 为 1 时，P3.4 引脚输出方波时钟，时钟频率由 T1 的工作模式决定。T0CLKO 设置 T0，对应 P3.5 引脚；T2CLKO 设置 T2，对应 P3.0 引脚。使用此功能时，必须关闭定时器/计数器的溢出中断。

5）中断控制寄存器 IE 和 IP（都可位寻址）

IE 寄存器用于 51 单片机中断系统的 2 级开关控制。IE 中的每一位见表 3-3-5。

表 3-3-5　中断允许控制寄存器 IE

B7	B6	B5	B4	B3	B2	B1	B0
EA	ELVD	EADC	ES	**ET1**	EX1	**ET0**	EX0

51 单片机的中断系统有 2 级开关。每一个中断源都有对应的中断开关，同时所有中断源共用一个总中断开关。用户需要使用某个中断时，必须同时开启总中断开关和对应分中断开关。

以 T1 为例，如果要使用 T1 的溢出中断，则必须开启总中断开关 EA 和 T1 的中断开关 ET1。用户可向 EA 和 ET1 写入 1，开启这两个对应的中断开关。

IP 寄存器用于 51 单片机中断系统的 2 级优先级控制。IP 中的每一位见表 3-3-6。

表 3-3-6　中断优先级控制寄存器 IP

B7	B6	B5	B4	B3	B2	B1	B0
PPCA	PLVD	PADC	PS	**PT1**	PX1	**PT0**	PX0

51 单片机中断系统有 2 级优先级，寄存器 IP 用于管理中断优先级。当 IP 中的位为 0 时，对应的中断源优先级为最低级，为 1 时为最高级。高优先级的中断源在中断嵌套中可以中断低优先级的中断源。

例如，PT1 为 1，PT0 为 0，T1 的溢出中断优先级比 T0 的溢出中断优先级高。假设 CPU 正在响应 T0 溢出中断，执行 T0 的中断函数时，T1 的溢出中断发生了。由于 T1 的溢出中断优先级比 T0 高，此时 T0 的中断函数会被中止执行，转而执行 T1 的中断函数。

如果中断源的优先级相同，或同为 0，或者同为 1，它们之间的优先级别依然存在。此时，优先级别由图 3-3-3 STC15 系列单片机中断源按自上向下的顺序决定。

6）T4、T3 控制寄存器 T4T3M（不可位寻址）

这个寄存器用于设置 T4、T3，T4T3M 中的每一位见表 3-3-7。

表 3-3-7　T4、T3 控制寄存器 T4T3M

B7	B6	B5	B4	B3	B2	B1	B0
T4R	T4_C/$\overline{T}$	T4x12	T4CLKO	T3R	T3_C/$\overline{T}$	T3x12	T3CLKO

这个寄存器的 B7～B4 位设置 T4,B3～B0 位设置 T3。T4、T3 只有工作模式 0,因此工作模式不需要设置。

T4R 和 T3R 用于启动和停止 T4、T3 的计数寄存器。以 T4 为例,当 T4R 为 1,T4 的计数寄存器启动计数；当 T4R 为 0,T4 的计数寄存器停止计数。

T4_C/$\overline{T}$ 和 T3_C/$\overline{T}$ 用于设置 T4、T3 的计数源。以 T4 为例,当 T4_C/$\overline{T}$ 为 0,计数源为内部系统时钟,T4 可看成定时器；T4_C/$\overline{T}$ 为 1,T4 计数源为引脚 T4/P0.7 的外部脉冲,T4 可看成计数器。T3 原理与 T4 类似,只不过 T3 的外部计数源为引脚 T3/P0.5 上的外部脉冲。

T4x12 和 T3x12 用于设置计数源是 12T 还是 1T 模式。以 T4 为例,当 T4x12 为 0,计数源为 12T 模式；当 T4x12 为 1,计数源为 1T 模式。

T4CLKO 和 T3CLKO 用于设置 T4、T3 对外输出脉冲信号。其中 T4 对应输出脉冲的引脚为 P0.6；T3 对应的输出脉冲的引脚为 P0.4。以 T4 为例,当 T4CLKO 为 1,允许在 P0.6 引脚输出脉冲,脉冲频率与 T4 工作模式有关,详细内容可参考技术手册。当 T4CLKO 为 0,禁止在 P0.6 上输出脉冲。

7) 定时器 T2、T3、T4 的中断控制寄存器 IE2(不可位寻址)

这个寄存器的作用类似 5)中的 IE 寄存器。IE 管理的对象是传统 51 单片机中的中断源,而 IE2 管理的对象是增强型 51 单片机新增的中断源。IE2 各位见表 3-3-8。

表 3-3-8　T2、T3、T4 中断控制寄存器 IE2

B7	B6	B5	B4	B3	B2	B1	B0
—	**ET4**	**ET3**	ES4	ES3	**ET2**	ESPI	ES2

以 T4 为例,如果想要使用它的溢出中断,必须让 ET4 位为 1,同时让 IE 中的 EA 位也为 1。再一次强调,虽然在 IE2 寄存器中,ET4 可被称为 T4 的溢出中断允许位,但是 ET4 依然是不可位寻址,直接写代码 ET4＝1 是不合法的。

8) 计数寄存器 THn 和 TLn(n＝0,1,2,3,4)

T0、T1、T2、T3 和 T4 这 5 个定时器/计数器都有 2 个计数寄存器。以 T1 为例,它的 2 个计数寄存器名称为 TH1 和 TL1。这 2 个计数寄存器一起构成了 1 个 16 位计数器,其中 TH1 为高 8 位,TL1 为低 8 位。当计数源每来一个脉冲,这个 16 位计数器会加 1,先加低位,加满之后进位到高位,如果高 8 位和低 8 位都加满之后,再加 1,就会发生溢出。

在使用定时器/计数器及其中断之前,必须先对其进行初始化。初始化的对象就是上述的特殊功能寄存器。在单片机应用系统中,很少会使用到全部的定时器,较为常用的通常为 T0、T1 和 T2。由于在后续的任务中,T0 和 T1 有其他用途,因此本任务选用 T2 产生 1ms 的溢出中断,并将这个溢出中断作为 1ms 时间基准。

在使用定时器/计数器之前,必须对定时器/计数器进行初始化。STC 官方提供了一个定时器/计数器软件模块，用户可以使用这个软件模块提供的变量和函数对响应的定时器/计数器进行初始化，这样就不需要与底层复杂的特殊功能寄存器打交道。该软件模块名为timer. c，已经在工程模板中预先存放在 fwlib 文件夹下。

【电路设计】

任务的电路原理与任务 3. 1 的电路原理一样(见图 3-1-5)。

【软件模块】

任务需要增加 timer. c 模块，以使用模块里函数和变量对定时器/计数器进行初始化。模块关系如图 3-3-4 所示。

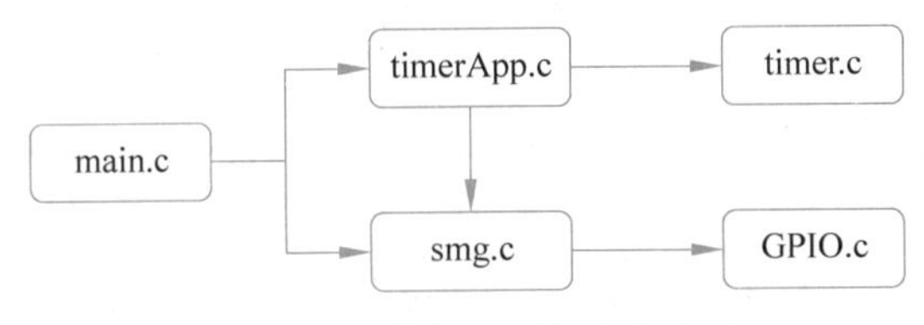

图 3-3-4 任务 3. 3 模块关系图

工程中需要增加自编模块 timerApp. c，这个模块将调用官方模块 timer. c 中的变量和函数对 T2 进行初始化，并产生 1ms 的基准时间，同时使用这个基准时间，产生数码管显示和计数需要的时间。

接下来简单了解一下官方模块提供什么变量和函数可供初始化使用。打开 fwlib 文件夹下的 timer. h 文件，代码如下：

```
#ifndef __TIMER_H
#define __TIMER_H

#include "config.h"

#define Timer0 0
#define Timer1 1
#define Timer2 2
#define Timer3 3
#define Timer4 4

#define TIM_16BitAutoReload 0
#define TIM_16Bit 1
#define TIM_8BitAutoReload 2
#define TIM_16BitAutoReloadNoMask 3

#define TIM_CLOCK_1T 0
#define TIM_CLOCK_12T 1
#define TIM_CLOCK_Ext 2

typedef struct
```

```
{
    u8 TIM_Mode;                    //工作模式 0,1,2,3
    u8 TIM_Polity;                  //优先级设置 PolityHigh,PolityLow
    u8 TIM_Interrupt;               //中断允许 ENABLE,DISABLE
    u8 TIM_ClkSource;               //时钟源 TIM_CLOCK_1T,TIM_CLOCK_12T,TIM_CLOCK_Ext
    u8 TIM_ClkOut;                  //可编程时钟输出,ENABLE,DISABLE
    u16 TIM_Value;                  //装载初值
    u8 TIM_Run;                     //是否运行 ENABLE,DISABLE
} TIM_InitTypeDef;

u8 Timer_Inilize(u8 TIM, TIM_InitTypeDef * TIMx);

#endif
```

这个头文件有 3 部分宏定义、1 个结构体和 1 个函数构成。结构体中有 7 个成员，每个成员对应定时器/计数器需要初始化的一个属性，见表 3-3-9。

表 3-3-9　TIM_InitTypeDef 结构体成员作用

成员名称	成员作用	本任务取值
TIM_Mode	选择工作模式	TIM_16BitAutoReload，16 位自动重装
TIM_Polity	设置定时器/计数器溢出中断优先级	PolityHigh，设置位高优先级
TIM_Interrupt	是否开启中断	ENABLE，开启
TIM_ClkSource	选择计数源	TIM_CLOCK_1T，系统时钟 1T 模式
TIM_ClkOut	是否对外输出脉冲信号	DISABLE，禁止
TIM_Value	计数寄存器初值	65536－11059
TIM_Run	是否启动定时器	启动，ENABLE

用户只需要使用 TIM_InitTypeDef 关键字声明一个结构体，然后按照表 3-3-9 对该结构体进行赋值，再调用 Timer_Inilize 函数将结构体成员赋值给 T2，就可以对 T2 进行初始化。初始化函数将在自编模块 timerApp. c 中实现。初始化完成后，由于开启了溢出中断，用户还需要在中断函数中进行处理，才能将基准的 1ms 时间变成任务中需要的 3ms 和 10ms。

【程序设计】

1. 定时器应用模块(timerApp. h 和 timerApp. c)

复制任务 3.2 的工程文件夹，改名为“任务 3.3　定时器实现数码管秒表计数”。在新工程文件夹的 board 文件下，新建一个名为 timerApp 的文件夹，并在文件夹中新建两个文件：timerApp. h 和 timerApp. c。打开新的工程，首先把 fwlib 文件夹下的 timer. c 文件加入工程的 fwlib 分组下，其次把 timerApp. c 文件加入工程的 board 分组下，最后把 timerApp. h 和 timerApp. c 两个文件所在的路径加入到工程编译路径。把工程编译一遍，保证上述操作没有出错。

打开 timerApp. h 文件，输入以下代码：

```
#ifndef __TIMER_APP_H_
#define __TIMER_APP_H_
//------------- 外部变量 ------------------
extern u8 uTimer10msFlag;              //10ms 任务标志位
//------------- 外部函数 -------------------
void initTimer2();                     //T2 定时器初始化,用于调度任务
#endif
```

这个头文件只有一个变量和一个函数。变量 uTimer10msFlag 是 10ms 时间到的标志位,如果它为 1,表示 T2 溢出中断 10 次,时间刚好 10ms,由 T2 的中断函数将这个标志位置 1,主模块中通过判断这个变量是否为 1,获知 10ms 间隔时间是否已到。如果 10ms 间隔时间已到,由主模块将这个变量置 0,并执行 10ms 间隔时间到时需要执行的代码(本任务需要执行数码管计数任务)。外部函数 initTimer2 用于初始化 T2,具体将在 timerApp. c 中实现。

打开文件 timerApp. c,输入以下代码:

```
#include "timer.h"
#include "smg.h"
#include "timerApp.h"

//---------------- 外部变量 ---------------
/**
 * @description:由定时器 2 的中断函数产成的 10ms 标志位。此变量供主函数使用
 * @author: gooner
 */
u8 uTimer10msFlag;                                    //10ms 标志变量
//---------------- 外部函数 ------------------
/**
 * @description:定时器 2 的初始化函数
 * @param { * }
 * @return { * }
 */
void initTimer2()
{
  TIM_InitTypeDef structInitTim;                      //结构体
  structInitTim.TIM_Mode = TIM_16BitAutoReload;       //16 位自动重装
  structInitTim.TIM_Polity = PolityHigh;              //高优先级
  structInitTim.TIM_Interrupt = ENABLE;               //开中断
  structInitTim.TIM_ClkSource = TIM_CLOCK_1T;         //下载软件指定的作时钟源
  structInitTim.TIM_ClkOut = DISABLE;                 //不对外输出信号
  structInitTim.TIM_Value = (65536 - 11059);          //产生 1ms 的中断
  structInitTim.TIM_Run = ENABLE;                     //开启定时器
  Timer_Inilize(Timer2, &structInitTim);              //调用函数进行初始化
```

```
}
//----------------- 中断函数 -----------------
/**
 * @description:定时器 2 的中断函数,此函数从 timer.c 复制而来,需要将原来的函数注释掉
 * @param { * }
 * @return { * }
 * @author: gooner
 */
void timer2_int(void) interrupt TIMER2_VECTOR
{
  static u8 uCnt1;                        //软定时器 1
  static u8 uCnt2;                        //软定时器 2
  if (++uCnt1 == 3)                       //3ms
  {
    uCnt1 = 0;
    disSmgAll();                          //3ms 执行一次数码管扫描函数
  }
  if (++uCnt2 == 10)                      //10ms
  {
    uCnt2 = 0;
    uTimer10msFlag = 1;                   //10ms 标志位置 1
  }
}
```

timerApp.c 文件中,除了 timerApp.h 文件外,需要包含官方的 timer.h 文件和自编的 smg.h 文件。这样才能在 timerApp.c 文件中使用 timer.c 和 smg.c 文件中的变量和函数。

initTimer2 函数使用关键字 TIM_InitTypeDef 定义一个结构体 structInitTim,然后按照表 3-3-9,对结构体成员进行赋值。最后使用语句:

```
Timer_Inilize(Timer2, &structInitTim);
```

把结构体的成员赋值给 T2,Timer_Inilize 函数具体实现由官方提供的 timer.c 文件完成,读者可暂时不需要理会它的原理。对于 T2 的初始化,重点可以先放在结构体 7 个成员的赋值上。

T2 每 1ms 发生一次中断,每一次中断到来,系统会自动调用中断函数,因此用户必须编写中断函数做出响应。在官方的 timer.c 文件的,已经写好了 T0、T1 和 T2 的中断函数框架,用户在 timerApp.c 中再次编写 T2 中断函数,则必须把 timer.c 文件中原来已经有的中断函数框架代码注释掉。这部分代码在 timer.c 文件中的第 13 行～第 29 行中。T2 中断函数的代码如下:

```
void timer2_int(void) interrupt TIMER2_VECTOR
{
  static u8 uCnt1;                  //软定时器 1
  static u8 uCnt2;                  //软定时器 2
```

```
    if (++uCnt1 == 3)                    //3ms
    {
      uCnt1 = 0;
      disSmgAll();                       //3ms 执行一次数码管扫描函数
    }
    if (++uCnt2 == 10) //10ms
    {
      uCnt2 = 0;
      uTimer10msFlag = 1;                //10ms 标志位置 1
    }
  }
```

Keil C51 中，中断函数有固定的写法。以这个 T2 的中断函数为例，首先是函数名：

```
void timer2_int(void)
```

这个函数不能有返回值，也不能有参数，但是函数名可以由用户自由指定，只要符合 C 语言的命令规则即可，此处为了简单易记，命名为 timer2_int。函数名后面空一格，接一个 interrupt 关键字，这个关键字指明前面这个函数是一个中断函数，这个 interrupt 关键字不能改变。interrupt 后空一格，跟一个宏 TIMER2_VECTOR，这个宏在官方头文件 STC15Fxxxx.h 中已经被定义，可使用右键跳转的方式跳转到宏定义所在的地方查看，如图 3-3-5 所示。

可以看到 TIMER2_VECTOR 的宏定义为数值 12，这个值术语上叫作中断的中断向量，也称为中断号。这个中断号指明前面的中断函数是哪个中断的中断函数，因此这个中断号必须写正确。中断函数对应哪个中断，与函数名无关，而由这个中断号决定。某个中断对应的中断号由厂家决定，用户所要做的仅仅是根据自己的实际需要，把中断号写正确。这个中断函数会在对应的中断发生后被自动调用执行。需要注意，中断函数不需要声明，直接写出函数定义即可。

```
/*    interrupt vector */
#define     INT0_VECTOR     0
#define     TIMER0_VECTOR   1
#define     INT1_VECTOR     2
#define     TIMER1_VECTOR   3
#define     UART1_VECTOR    4
#define     ADC_VECTOR      5
#define     LVD_VECTOR      6
#define     PCA_VECTOR      7
#define     UART2_VECTOR    8
#define     SPI_VECTOR      9
#define     INT2_VECTOR     10
#define     INT3_VECTOR     11
#define     TIMER2_VECTOR   12
#define     INT4_VECTOR     16
#define     UART3_VECTOR    17
#define     UART4_VECTOR    18
#define     TIMER3_VECTOR   19
#define     TIMER4_VECTOR   20
```

图 3-3-5 中断向量宏定义

中断函数内部声明了两个 static 变量 cnt1 和 cnt2，这两个变量用于记录中断的次数。

首先是 cnt1，每一次中断发生，中断函数被调用，cnt1 变量加 1，当 cnt1 等于 3，表示 3 个基准时间到，即 3ms 时间到。3ms 时间到之后，将 cnt1 重新置 0，并调用 disSmgAll 函数。disSmgAll 函数位与 smg.c 模块中，因此在 timerApp.c 文件中必须包含 smg.h。这个调用每 3ms 执行一次，因此不再需要延时函数，也就不会被延时函数占用 CPU 的使用权，只要执行完 disSmgAll 函数，CPU 的控制权就会被释放，这大大提高了 CPU 的执行效率。这里直接把 disSmgAll 函数放在中断函数中调用执行。这是因为 disSmgAll 函数如果放在主模块里调用，在某些情况下 disSmgAll 函数的调用和其他函数调用会出现冲突，数码管显示会闪烁。为了避免这种情况出现，将 disSmgAll 函数放在中断中调用，优先级别最高，不会与其他函数冲突，数码管显示稳定。

其次是cnt2，道理同cnt1，每一次中断发生，中断函数被调用，cnt2变量加1，当cnt2等于10表示10个基准时间到，即10ms时间到。10ms时间到之后，将cnt2重新置0，并将uTimer10msFlag标志位置1，通知主模块，10ms时间已到，让主模块可以执行计数任务（计数任务可以是一个函数，也可以是一段代码）。主模块执行完计数任务后，必须把uTimer10msFlag标志位重新置0。

2. 数码管模块（smg.h 和 smg.c）

数码管模块里应该增加小数点的显示代码。按照任务描述，小数点应该显示在左起第二位数码管上。很多时候，设计程序除了考虑当前的需求外，应该想得更远一些。比如说以后有一个新任务，任务里要求小数点显示在左起第一位数码管上，那么我们是否需要重新设计程序？还是在现在设计的程序里做一个简单的修改就可以应用在新任务里？很显然，当设计这个小数点显示程序的时候就要考虑到以后小数点会显示在其他位置，从而将程序设计得更为合理。

打开smg.h文件，输入以下代码：

```
#ifndef __SMG_H_
#define __SMG_H_
//----------------- 硬件连接宏定义 ----------------------
#define SH P43      //74HC595 的脉冲脚,上升沿 74HC595 数据移位寄存
#define ST P42      //74HC595 的脉冲脚,上升沿 74HC595 数据锁存进内部锁存器
#define OE P41      //74HC595 的使能脚,低电平有效
#define DAT P40     //74HC595 数据引脚
//----------------- 数码管位置宏定义 --------------------
#define SMG1 0x01  //左起第一位为 1
#define SMG2 0x02  //左起第二位为 2
#define SMG3 0x04  //左起第三位为 3
#define SMG4 0x08  //左起第四位为 4
//------------------------- 外部变量 --------------------
extern u8 uDot;                             //小数点显示位置指定变量
extern u8 uSmgDisBuf[4];                    //数码管显示缓冲区数组
//------------------------- 内部函数 -------------------------
static void disSmgOne(u8 uPos, u8 uNum);    //到对应位显示数字
//------------------------- 外部函数 ---------------------------
void initSmgPin();                          //初始化函数,开始时执行一次即可
void disSmgAll();                           //显示四位数码管
#endif
```

这部分代码仅仅增加以上一句加粗的代码，即声明一个外部变量uDot。这个变量等于SMG1时，将小数点显示在左起第一位数码管；等于SMG2小数点显示在左起第二位数码管；等于SMG3小数点显示在左起第三位数码管；等于SMG4小数点显示在左起第四位数码管。至于要显示在哪一位数码管上，由用户根据需要在主模块中赋值指定。

打开smg.c文件，修改两个地方的代码，第一个地方如下：

```
//------------------------ 外部变量 -------------------
                      /**
 * @description:用于指定小数点显示在哪位数码管上从左到右对应。SMG1、SMG2、SMG3 和 SMG4,
 *                其余则不显示小数点
```

```
 * @author: gooner
  */
u8 uDot;

/**
  * @description:用于缓存数码管显示内容的数组。第 1 个数组成员的值对应最左侧数码管显示
  *             内容。以此类推
  * @author: gooner
  */
u8 uSmgDisBuf[4];
```

在外部变量处增加了 uDot 变量的声明，与 smg.h 文件中呼应。

第二个地方是修改 disSmgOne 函数如下：

```
//------------------ 内部函数 ------------------
/**
  * @description: 在指定 1 位数码管显示 1 位数
  * @param {u8} uPos:指定数码管位
  * @param {u8} uNum:待显示数字
  * @return { * }
  * @author: gooner
  */
static void disSmgOne(u8 uPos, u8 uNum)
{
  u8 i;
  u16 u16Temp;              //送去 74HC595 输出端的值
  u16Temp = uPos;
  if(uPos == uDot)
    u16Temp = ((u16Temp << 8) | uDisCode[uNum])&0xff7f;
  else
    u16Temp = (u16Temp << 8) | uDisCode[uNum];
  //------------- 发送 u16Temp 到 74HC595 输出 --------------
  OE = 1;                   //OE = 1;
  for (i = 0; i < 16; i++)
  {
    if (u16Temp & 0x8000)
      DAT = 1;              //DAT = 1;
    else
      DAT = 0;              //DAT = 0;
    SH = 0;                 //SH = 0
    u16Temp = u16Temp << 1;
    SH = 1;                 //SH = 1
  }
  ST = 0;                   //ST = 0
  ST = 1;                   //ST = 1
  OE = 0;                   //OE = 0;
}
```

加粗部分是修改的代码。代码在函数里判断 uPos 与 uDot 是否相等，如果相等则最后把小数点的段码位与上去，执行如下代码：

```
u16Temp = ((u16Temp << 8) | uDisCode[uNum])&0xff7f;
```

位与上这个 0xff7f 会将连接小数点的 GPIO 电平置 0，这样小数点就亮起来。如果 uPos 与 uDot 不相等，则执行以下代码：

```
u16Temp = (u16Temp << 8) | uDisCode[uNum];
```

这样就跟原来一样，只显示数字，不显示小数点。

3. 主模块(main.c)

打开 main.c 文件，输入以下代码：

```
#include "config.h"
#include "smg.h"
#include "delay.h"
#include "timerApp.h"
//---------------- 内部函数 -------------------
void smgCnt(); //数码管计数函数
//---------------- 主函数 ----------------------
void main()
{
  initSmgPin();                    //初始化数码管引脚
  initTimer2();                    //初始化 T2
  EA = 1;
  uDot = SMG2;
  uSmgDisBuf[0] = 0;
  uSmgDisBuf[1] = 0;
  uSmgDisBuf[2] = 0;
  uSmgDisBuf[3] = 0;

  while (1)
  {
    if (uTimer10msFlag == 1)
    {
      smgCnt();
      uTimer10msFlag = 0;
    }
  }
}

void smgCnt()
{
  static u16 smgDis;               //送去数码管显示的数
  if (++smgDis == 10000)
    smgDis = 0;
  //----------- 将 smgDis 写进 uSmgDisBuf 数组 ----------
  uSmgDisBuf[0] = smgDis / 1000;
  uSmgDisBuf[1] = smgDis / 100 % 10;
  uSmgDisBuf[2] = smgDis / 10 % 10;
  uSmgDisBuf[3] = smgDis % 10;
}
```

工程里新增了 timerApp.c 模块，所以开头要把 timerApp.h 头文件包含进来。然后声明了一个内部函数 smgCnt。

smgCnt 函数里计算 smgDis 变量到 10000 后回 0，smgDis 必须是 u16 类型，这样才能计数到 10000 而不出界。计数完成后将 smgDis 拆成 4 个单独的数，每个数填进 uSmgDisBuf 数组里，这部分代码涉及除运算符“/”和取余数运算符“%”，读者可自行分析其运算结果。

在 main 函数里，初始化数码管引脚，初始化 T2，然后让 EA 等于 1 打开全局中断允许，这一步不能漏掉，否则 T2 的中断不会工作，程序运行不正常。接下来指定小数点显示在左起第二位数码管，将缓冲区初始化为 0。

在 while(1)循环里，判断 T2 中断函数里传递过来的 10ms 标志位 uTimer10msFlag 是否为 1，如果为 1，就调用 smgCnt 函数，并将标志位 uTimer10msFlag 位重新置 0。这样，每 10ms 就调用一次 smgCnt 函数，数码管计数内容就会加 1。

这样设计后，数码管显示放在 T2 中断函数里，而计数任务放在主函数里，逻辑就非常清楚，以后如果有新的其他任务要做，按照需要在 T2 中断函数里新增标志位，然后在主函数里通过判断标志位执行新任务的代码，思路简单清晰。

编译工程，把 hex 文件下载到“1＋X”训练考核套件上，就可以看到秒表计数器开始计数了。运行效果可扫描二维码观看。

任务 3.3 运行效果

【课后练习】

修改代码，小数点依然在左起第二位，小数点后二位显示秒，小数点前二位为分。秒每一秒加 1，加到 60 后进位到分，分加到 60 后全部回 0。

任务 3.4　按键控制的数码管秒表计数

【任务描述】

设计一个程序，程序使用按键控制数码管秒表计数。程序开始运行时，秒表停止，显示 00.00。按下 ASW1，秒表开始计数；按下 ASW2，秒表停止计数；按下 ASW3，秒表置位，重新显示 00.00，ASW3 必须在秒表停止计数时按下才能生效；按下 ASW4，可以从秒表最后一位手动调整计数初值，ASW4 必须在秒表清零后才能生效。

【知识要点】

1. 任务函数

在任务 3.3 的学习中，我们将任务 3.3 分割为 2 个子任务：数码管显示任务和数码管计数任务。数码管显示任务每 3ms 需要执行一次，而数码管计数任务每 10ms 执行一次。

因此,我们使用了定时器 T2 配合 T2 的溢出中断定时出了一个 3ms 时间和一个 10ms 时间。这里以数码管显示任务为例,把数码管显示任务看成是一个整体,这个整体具体体现其实就是 smg.c 模块中的 disSmgAll 函数。一般把这样的函数称为任务函数。

我们把单片机工程里需要完成的任务再细分为一个一个的子任务,那么这些任务大致可以分为以下三大类。

(1) 只执行一次,然后就再也不执行的任务。例如,单片机最开始执行的各种初始化函数就是属于这类任务。

(2) 按照固定的时间间隔不断执行的任务。例如,数码管计数任务要 10ms 执行一次,数码管显示任务要 3ms 执行一次,这种就属于要按照固定时间间隔不断执行的任务。

(3) 在某些特定条件成立的情况下会执行的任务。例如,有些任务,它需要在按键被按下后才执行,这种就属于特定条件成立的情况下会执行的任务。

不管是什么子任务,都体现为调用对应的任务函数,一个子任务可以对应一个任务函数,也可以对应多个任务函数。

2. 任务冲突

任务冲突简单说,就是在某个时间节点上,面临着同时需要执行 2 个或 2 个以上子任务的情况。任务冲突可细分为两种比较常见的情况。

第一种情况,以任务 3.3 中的数码管显示任务和数码管计数任务为例。数码管显示任务每 3ms 执行一次,数码管计数任务每 10ms 执行一次。很明显,3ms 和 10ms 的最小公倍数 30ms 及其倍数的时刻,就面临了同时执行两个子任务的问题了,这种情况就叫作任务冲突。

第二种情况,当 3ms 任务执行一次的时间特别长,假定足足执行了 8ms 的时间长度,那么当 10ms 时间到的时候,本应该执行 10ms 任务,但是 3ms 的任务还没执行完毕。这种情况也是任务冲突。在这种情况下,还会造成 3ms 任务执行次数不准确的情况:本来应该 3ms 执行一次的任务,8ms 都没执行完一次,这显然是不对的。

如果是第一种情况造成的任务冲突,多数情况下影响并不大。而第二种情况造成的任务冲突则需要尽可能地避免。如果完成一个任务需要的时间比较长,那么就应该把这个任务再分割成若干部分。此时任务的任务函数也会被分割了几个部分,每部分执行的时间都不超时,任务函数被调用若干次后,才完成任务。这样设计,第二情况造成的任务冲突就会大大减少。

3. 按键识别任务函数

在这个任务里,要加入一个新的模块——按键模块 key.c。这个模块在任务 2.4 里已经进行过简单的介绍。但是在任务 2.4 里,按键识别并没有做按键消抖动的处理,只能识别出按键是否被按下,无法识别准确识别出按键按下的次数。因此在这个任务里,将编写一个更为完善的按键识别任务函数,使函数可以准确识别出按键按下的次数。

从前面的知识了解到,按键按下发生抖动引起误识别的时间大约为 10ms。在任务 2.4 中,由于没有学习定时器/计数器及中断系统,因此想要处理这个按键抖动时间只能靠延时函数。由于在本任务中存在一个数码管计数的子任务,如果使用延时函数的方法处理按键抖动,必然会引起数码管计数任务计数不准确。因此,按键识别任务函数的实现,不能使用延时函数,必须借助定时器/计数器及中断系统的配合完成,避免对数码管计数任务造成影响。

现把一个完整的按键识别任务分割为 4 个步骤，把它对应的任务函数也分为 4 个部分，每部分描述如下。

(1) 每 10ms 判断一次是否有按键被按下，如果没有任何按键被按下，则以间隔 10ms 的时间再判断一次，直到发现有按键被按下则转入步骤(2)。

(2) 再次判断是否有按键被按下，如果判断结果为是，则转入步骤(3)，由于步骤(1)和步骤(2)之间间隔 10ms 的时间，刚好就绕开了按键抖动的那段时间，这样就消除了按键按下抖动的情况。

(3) 确认是哪个按键被按下，根据被按下的按键对按键键值进行赋值(任务 2.4 里 key.c 模块里有一个 uKeyMessage 变量，根据判别出不同按键被按下对 uKeyMessage 变量赋不同的值)。赋值完成后转步骤(4)。

(4) 判断按键是否抬起，如果按键没抬起，则每间隔 10ms 后再继续判断直至按键抬起。一旦按键抬起，则完成整个按键识别过程，任务函数转回步骤(1)，重新进行新一次按键识别。

正常情况下，如果没有按下按键的操作，那么任务函数只需要每 10ms 执行步骤(1)即可，执行代码的时间并不长，远远小于 1ms 的基准时间。一旦有按键被按下，任务函数每 10ms 执行步骤(2)、步骤(3)直到步骤(4)。如果按键没有抬起，任务函数则会每 10ms 执行步骤(4)直到按键抬起。这 4 个步骤代码量都不多，在间隔的 10ms 时间，系统可以在这段间隔时间完成系统里其他任务的工作。

这样设计按键识别任务函数，既不会对数码管计数任务造成影响，又消除了按键本身的抖动问题，一举两得。任务函数的具体代码将在程序设计部分给出。

【电路设计】

任务的电路原理图分两部分：数码管部分和按键部分。电路原理图如图 3-4-1 所示。

【软件模块】

本任务需要将 key.c 模块加入工程中，模块关系图如图 3-4-2 所示。

从模块关系图可以看到 timerApp.c 模块需要对 key.c 模块进行调用。这里会把按键识别函数放在 T2 的中断函数中执行，这一点同 smg.c 模块中的 disSmgAll 函数一样。在整个课程的学习中，只有 timerApp.c 模块需要调用 smg.c 和 key.c 中这两个任务函数，其他自编模块之间不会发生调用关系。

【程序设计】

1. 按键模块(key.h 和 key.c)

复制任务 3.3 的工程文件夹，改名为“任务 3.4　按键控制的数码管秒表计数”。key.c 模块在任务 2.4 中已经新建好，但是目前并没有加入工程中。打开新的工程，把 key.c 重新加入工程的 board 分组下，并设置好相应的编译路径。把工程编译一遍，保证上述操作没有出错。

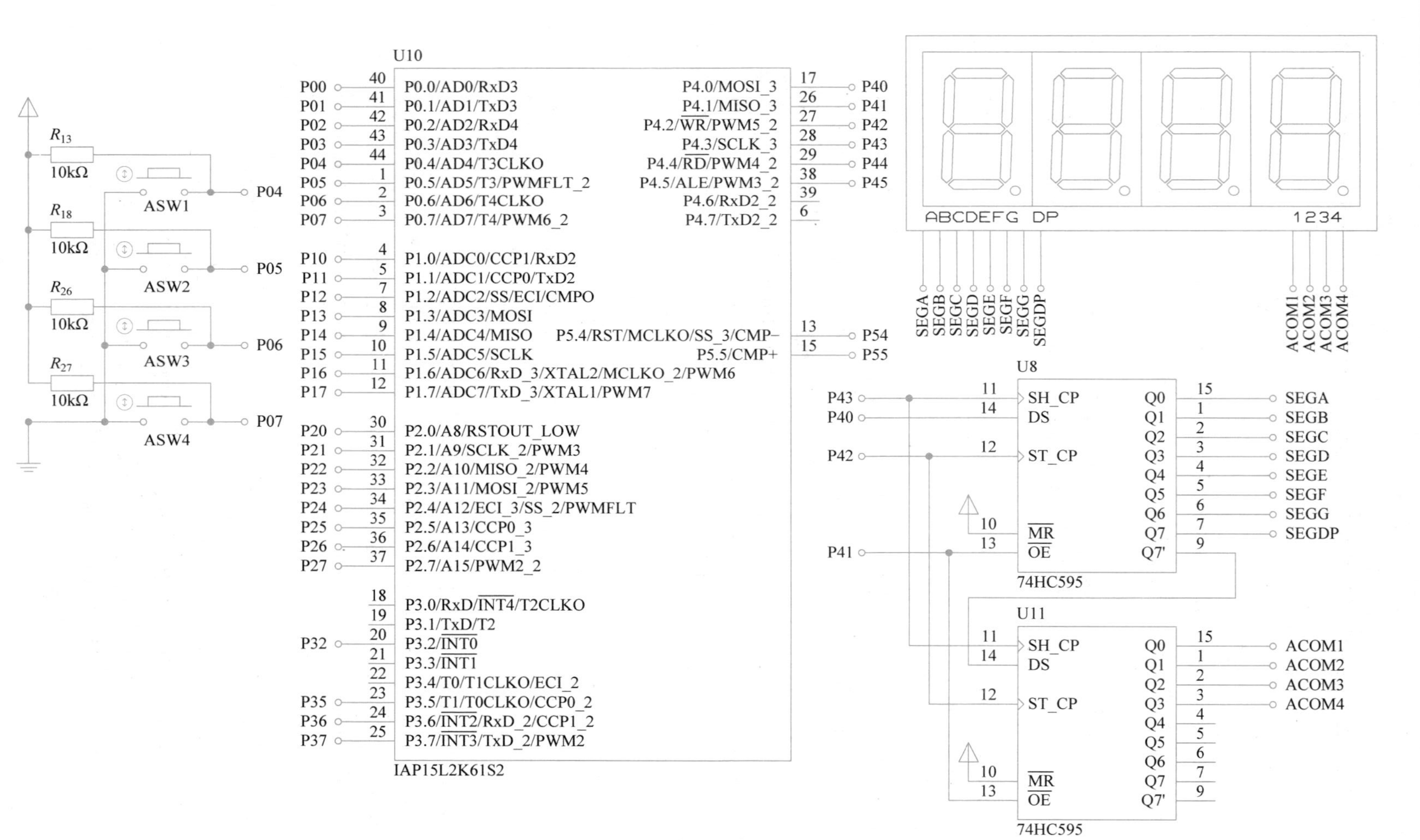

图 3-4-1 任务 3.4 电路原理图

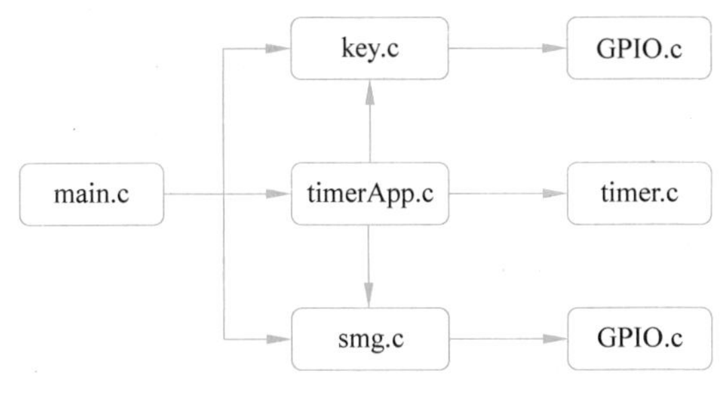

图 3-4-2　任务 3.4 模块关系图

打开 key.h 文件，输入以下代码：

```
#ifndef __KEY_H
#define __KEY_H
//---------------- 硬件连接宏定义 ----------------------
#define ASW1 P04 //ASW1 接在 P04
#define ASW2 P05 //ASW2 接在 P05
#define ASW3 P06 //ASW2 接在 P06
#define ASW4 P07 //ASW2 接在 P07
//---------------- 按键值传递宏定义 ----------------
#define ASW1_PRESS 1 //ASW1 被按下的宏值
#define ASW2_PRESS 2 //ASW2 被按下的宏值
#define ASW3_PRESS 3 //ASW3 被按下的宏值
#define ASW4_PRESS 4 //ASW4 被按下的宏值
//---------------- 按键状态宏定义 ------------------
#define KEY_STATE0 0 //状态 0
#define KEY_STATE1 1 //状态 1
#define KEY_STATE2 2 //状态 2
#define KEY_STATE3 3 //状态 3
//----------------- 外部变量 ----------------
//按键值变量,0 表示按键没被按下或者按下后事件处理完
//这个值如果等于 ASW1_PRESS,那说明 ASW1 被按下了
//这个值如果等于 ASW2_PRESS,那说明 ASW2 被按下了
//这个值如果等于 ASW3_PRESS,那说明 ASW3 被按下了
//这个值如果等于 ASW4_PRESS,那说明 ASW4 被按下了
extern u8 uKeyMessage;
//按键所处状态标识变量
extern u8 uKeyState;
//---------------- 外部函数 ----------------
void initKeyPin();              //按键引脚初始化,这个函数只需要在最开始被执行一次即可
void readKey();                 //读取按键值,每 10ms 执行一次,正常情况下不需要修改
#endif
```

头文件里增加了一部分代码，首先是 4 个宏：

```
#define KEY_STATE0 0 //状态 0
#define KEY_STATE1 1 //状态 1
#define KEY_STATE2 2 //状态 2
#define KEY_STATE3 3 //状态 3
```

这 4 个宏对应数字 0、1、2 和 3，分别对应按键识别的 4 个步骤。

其次是多了一个外部变量 uKeyState，这个外部变量可向其他模块传递按键识别函数目前处于哪个步骤，利用这个变量可完成一些相对复杂一点的按键识别，例如，按键长按识别。在以后的任务中，将会使用这个变量实现按键长按识别。

打开 key.c 文件，输入以下代码：

```
#include "GPIO.h"
#include "key.h"
//------------------外部变量----------------
/**
 * @description: 按键键值
 * @author: gooner
 */
u8 uKeyMessage;

/**
 * @description: //按键所处状态
 *                //0 处于判别状态,1 处于消除抖动状态
                  //2 处于赋值状态,3 处于等待按键抬起状态
 * @author: gooner
 */
u8 uKeyState = 0;

//------------------外部函数------------------
/**
 * @description: 初始化按键引脚函数
 * @param {*}
 * @return {*}
 * @author: gooner
 */
void initKeyPin()
{
  GPIO_InitTypeDef structKeyPin;
  structKeyPin.Mode = GPIO_PullUp;
  structKeyPin.Pin = GPIO_Pin_4 | GPIO_Pin_5 | GPIO_Pin_6 | GPIO_Pin_7;
  GPIO_Inilize(GPIO_P0, &structKeyPin);
}
/**
 * @description: 读取按键值,将键值赋值给 uKeyMessage
 * @param {*}
 * @return {*}
 * @author: Gooner
 */
void readKey()
{
  static u8 uKeyTemp;
  switch (uKeyState)
  {
```

```
    case KEY_STATE0:
      uKeyTemp = 0;
      if (ASW1 == 0 || ASW2 == 0 || ASW3 == 0 || ASW4 == 0)
        uKeyState = KEY_STATE1;
      break;
    case KEY_STATE1:
      if (ASW1 == 0 || ASW2 == 0 || ASW3 == 0 || ASW4 == 0) //再判断一次,消除抖动
      {
        uKeyState = KEY_STATE2;
        if (ASW1 == 0)
          uKeyTemp = ASW1_PRESS;
        if (ASW2 == 0)
          uKeyTemp = ASW2_PRESS;
        if (ASW3 == 0)
          uKeyTemp = ASW3_PRESS;
        if (ASW4 == 0)
          uKeyTemp = ASW4_PRESS;
      }
      break;
    case KEY_STATE2:
      uKeyMessage = uKeyTemp;
      uKeyState = KEY_STATE3;
      break;
    case KEY_STATE3:
      if (ASW1 != 0 && ASW2 != 0 && ASW3 != 0 && ASW4 != 0) //等待按键松开
        uKeyState = KEY_STATE0;                            //等待松开按键再回到0态
      break;
    default:
      break;
    }
  }
```

这部分代码新增了变量 uKeyState,并对 readKey 函数进行了改写。readKey 函数根据变量 uKeyState 不同的值执行不同分支的代码,每个分支对应前面分析的 4 个步骤之一。

当 uKeyState 等于宏 KEY_STATE0 时,执行步骤(1):

先让临时变量 uKeyTemp 等于 0,然后使用 if 语句,判断 4 只按键是否有任意一只被按下,如果有按键被按下,则对应的 GPIO 口至少有一个为 0,让 uKeyState 等于 KEY_STATE1,然后 break 跳出函数。如果没有按键被按下就直接 break 跳出函数,下次函数被调用时依然执行这个分支,判断是否有按键被按下。下面以有按键按下的情况分析问题。

当有按键被按下,uKeyState 等于宏 KEY_STATE1,则执行步骤(2):

使用 if 语句再判断一次是否有按键被按下,如果依然有按键被按下,则说明不是按键抖动,而是真正的按键按下操作。这个时候,判断是哪个按键接的 GPIO 口为 0,把对应的按键值赋值给临时变量 uKeyTemp,并让 uKeyState 等于 KEY_STATE2,然后 break 跳出函数。

uKeyState 等于宏 KEY_STATE2,则执行步骤(3):

把 uKeyTemp 赋值给 uKeyMessage,让 uKeyState 等于 KEY_STATE3。

uKeyState 等于宏 KEY_STATE3，则执行步骤(4)：

使用 if 语句判断 4 只按键所接的 GPIO 是否全部为 1，全部为 1 表示按键已松开(由于 if 语句判断全部 4 只按键对应的 GPIO 口，因此不管哪只按键被按下后松开，这个 if 语句都可以判断到)。如果按键松开，让 uKeyState 等于 KEY_STATE0，然后 break 跳出，下次调用这个函数时，就又回到了步骤 1。如果按键没松开，则直接 break 跳出，下次调用这个函数依然执行这个分支，判断按键是否松开。

2. 数码管模块(smg.h 和 smg.c)

这个模块的代码不需要修改，直接使用即可。

3. 定时器应用模块(timerApp.h 和 timerApp.c)

timerApp.h 文件的内容不需要修改，只需要对 timerApp.c 文件的两个地方进行修改即可。

timerApp.c 文件第一个需要修改的地方是头文件的包含，代码如下：

```
#include "timer.h"
#include "smg.h"
#include "key.h"
#include "timerApp.h"
```

为了能够使用 key.c 模块里的函数，必须把 key.h 文件包含进来。

第二个要修改的地方是 T2 的中断函数，代码如下：

```
//---------- 中断函数 ---------
/**
  * @description:定时器 2 的中断函数,此函数从 timer.c 复制而来,需要将原来的函数注释掉
  * @param { * }
  * @return { * }
  * @author: gooner
  */
void timer2_int(void) interrupt TIMER2_VECTOR
{
  static u8 uCnt1;                    //软定时器 1
  static u8 uCnt2;                    //软定时器 2
  if (++uCnt1 == 3)                   //3ms
  {
    uCnt1 = 0;
    disSmgAll();                      //3ms 执行一次数码管扫描函数
  }
  if (++uCnt2 == 10) //10ms
  {
    uCnt2 = 0;
    readKey();
    uTimer10msFlag = 1;               //10ms 标志位置 1
  }
}
```

在产生 10ms 标志位的 if 语句内部，调用了 readKey 函数，对按键进行识别，如果有按

键按下,在这里就修改 uKeyMessage 的值。但是 T2 的中断函数里,不对按键按下操作进行响应处理,响应处理将在主模块中进行。

在 timerApp. c 模块中,一共调用了两个其他自编模块的函数,一个是 smg. c 模块里的 disSmgAll 函数,另一个是 key. c 模块里的 readKey 函数。timerApp. c 模块在以后的任务里使用频率非常高,如果在任务中,只有 timerApp. c 模块而没有 smg. c 模块和 key. c 模块,那么用户必须将 timerApp. c 模块里 disSmgAll 函数和 readKey 函数的调用代码注释掉,否则编译会报错。

4. 主模块(main. c)

打开 main. c 文件,输入以下代码:

```
#include "config.h"
#include "smg.h"
#include "timerApp.h"
#include "key.h"
//---------------- 内部函数 -------------------
void taskState(void);                          //任务状态机函数
//---------------- 主函数 ---------------------
void main()
{
  initSmgPin();                                //初始化数码管引脚
  initTimer2();                                //初始化定时器 T0
  initKeyPin();                                //初始化按键引脚
  EA = 1;                                      //开全局中断
  uDot = SMG2;                                 //小数点位置在第二位数码管
  while (1)
  {
    if (1 == uTimer10msFlag)
    {
      uTimer10msFlag = 0;
      taskState();                             //执行任务状态机函数
    }
  }
}
/**
 * @description: ASW1 按下计数,ASW2 按下停止,ASW3 按下清零。清零按键必须在停止状态下才
 *               能生效
 * @param {*}
 * @return {*}
 * @author: gooner
 */
void taskState(void)
{
  static u8 uTaskState = 1;                    //初始化停止并清零
  static u16 iSmgCnt;                          //数码管计数值
  if (uKeyMessage == ASW1_PRESS)
    uTaskState = 0;
  /*将数码管计数值存入数码管显示缓存区*/
```

```
    uSmgDisBuf[0] = iSmgCnt / 1000;
    uSmgDisBuf[1] = (iSmgCnt % 1000) / 100;
    uSmgDisBuf[2] = (iSmgCnt % 100) / 10;
    uSmgDisBuf[3] = iSmgCnt % 10;
    switch (uTaskState)
    {
    case 0:                                  //开始计数
      if (++iSmgCnt == 10000)                //每 0.01s 计数 1 次共 10000 次
        iSmgCnt = 0;
      if(uKeyMessage == ASW2_PRESS)
        uTaskState = 1;
      break;
    case 1:                                  //不执行任何指令,即停止计数
      if(uKeyMessage == ASW3_PRESS)
        uTaskState = 2;
      break;
    case 2:                                  //清零
      iSmgCnt = 0;                           //清零计数值
      uTaskState = 3;
      break;
    case 3:                                  //调整
      if(uKeyMessage == ASW4_PRESS)
      {
        uKeyMessage = 0;
        if(++iSmgCnt == 10000)
          iSmgCnt = 0;
      }
      break;
    default:
      break;
    }
}
```

在 main.c 里,任务主要功能全部在 taskState 函数里实现。taskState 函数是一个任务状态函数,它将任务描述需要完成的功能再细分为 5 个任务,包括 1 个公共任务和 4 个分支任务。函数内部使用 uTaskState 变量作为函数当前处理执行某个分支任务的标志变量。

公共任务由 taskState 函数每次被调用都会执行到的那部分代码完成。这部分代码使用一个 if 语句,判断 uKeyMessage 是否等于 ASW1_PRESS,即判断 ASW1 是否被按下,如果被按下,则让 uTaskState 变量为 0,切换到 uTaskState 为 0 的分支任务,然后把数码管计数值变量 iSmgCnt 分离后存入数码管显示缓存区。

uTaskState 为 0 表示函数处于计数分支任务,这个分支的代码需要计数 iSmgCnt 值,并判断它是否大于 9999,如果大于 9999 则重新让 iSmgCnt 等于 0。由于函数每 10ms 被调用一次,那么只要函数处于计数分支任务,每次最低位计数就是每 10ms 加 1。另外,计数分支任务还需要判断 ASW2 是否被按下,如果被按下,应该切换到 uTaskState 为 1 的分支任务,停止计数。

uTaskState 为 1 表示函数处于停止计数分支任务,这个分支的代码只需要判断 ASW3

是否被按下，如果被按下，则应该切换到 uTaskState 为 2 的分支任务，清零计数值。如果 ASW3 没被按下，则什么都不做，计数自然而然就停止了。

uTaskState 为 2 表示函数处于清零计数值分支任务，这个分支将 iSmgCnt 值清零，然后直接切换到 uTaskState 为 3 的分支任务，手动调整计数值。

uTaskState 为 3 表示函数处于手动调整计数值分支任务，这个分支任务判断 ASW4 是否被按下，如果按下，则让 iSmgCnt 的值加 1，如果 iSmgCnt 的值大于 9999，则清零 iSmgCnt。这里需要注意，这个分支里 ASW4 是每按下一次加 1，也就是说要识别出按键按下的次数，那么代码不能简单地判断 uKeyMessage 的值是否等于 ASW4_PRESS，否则 ASW4 按键的功能就等同于 ASW1。假设 ASW4 被按下，在使用 if 语句判断完 uKeyMessage 的值与 ASW4_PRESS 相等之后，则需要把 uKeyMessage 的值置 0，这样才能使 ASW4 按键按下只生效一次。

在主函数里，初始化各个模块，打开全局中断，确定数码管小数点，然后在 while(1)中每 10ms 调用一次 taskState 函数。

编译工程，将 hex 文件烧写进“1＋X”训练考核套件，按照任务描述操作按键，观察结果是否与任务描述一致。运行效果可扫描二维码观看。

任务 3.4 运行效果

【课后练习】

在本任务的基础上修改代码，使 ASW4 的功能变为只能调整数码管计数值小数点前两位(也即数码管左起第一位和第二位，从左起第二位调整，需要进位时再进位到左起第一位)，其他按键的功能不变。

项目4

可控制亮度的LED灯设计

任务 4.1　CCP/PCA 模块输出方波信号

【任务描述】

使用 STC15 系列单片机内部的 CCP/PCA 模块，编写代码在单片机引脚上产生 1 个 1kHz 的方波信号，信号的频率可以通过修改代码在一定范围内改变。

【知识要点】

1. CCP/PCA 模块

CCP/PCA 模块是单片机内部一个较为常见的功能模块。它主要包括两部分：PCA 和 CCP。PCA 是 Programmable Counter Array 的缩写，其中文全称为可编程计数阵列。CCP 是英文 Capture（捕获）、Compare（比较）、PWM（脉宽调制）的缩写，主要指的是 PCA 的三种主要工作模式。

STC15 系列单片机的 CCP/PCA 模块是指单片机内部一个可编程的 16 位定时器/计数器（PCA），这个定时器/计数器除了作为一个普通的 16 位定时器/计数器模式使用外，还可以工作在 Capture（捕获）、Compare（比较）、PWM（脉宽调制）三种模式下（CCP）。因此，STC15 系列单片机的 CCP/PCA 模块总共四种工作模式。

在本任务中，使用的是 Compare（比较）这种工作模式来产生一个方波信号。

2. CCP/PCA 模块的工作原理

模块的结构框图如图 4-1-1 所示。

CCP/PCA 模块内部有 1 个特殊的 16 位 PCA 定时器/计数器，有 3 个 16 位的捕获/比较模块与之相连。每个 16 位的捕获/比较模块可以与外部的 GPIO 口连接。通过编程，每个捕获/比较模块连接的 GPIO 口都可以在不同的引脚上切换。其中模块 0 可在 P1.1、P3.5 和 P2.5 三只引脚之间切换；模块 1 对应的是 P1.0、P3.6 和 P2.6；模块 2 对应的是 P3.7 和 P2.7。如果需要在单片机引脚上输出 1 个方波信号，假定使用模块 0，那么输出方波信号的引脚必须在模块 0 对应的三只引脚里选择。引脚的切换通过对特殊功能寄存器 P_SW1 设

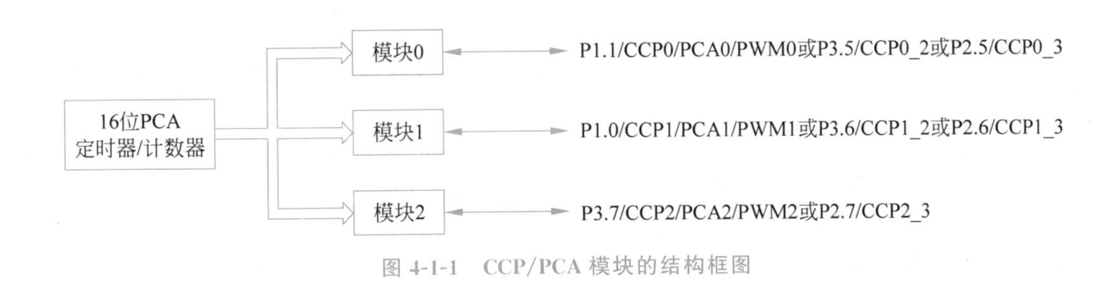

图 4-1-1 CCP/PCA 模块的结构框图

置完成。特殊功能寄存器 P_SW1 的结构见表 4-1-1。

表 4-1-1 P_SW1 寄存器

B7	B6	B5	B4	B3	B2	B1	B0
S1_S1	S1_S0	CCP_S1	CCP_S0	SPI_S1	SPI_S0	—	DPS

CCP/PCA 模块的外接引脚只由 CCP_S1 和 CCP_S0 决定，其他位同 CCP/PCA 模块无关，STC 单片机型号众多，具体的引脚选择在细节上还有点不同，详细请查阅技术手册。

大多数情况下 CCP/PCA 工作时，必须是 1 个 16 位 PCA 定时器/计数器、1 个 16 位的捕获/比较模块，1 只 GPIO 口共同协作完成。下面分别介绍这前 2 部分的构成和工作原理。

1）16 位 PCA 定时器/计数器

16 位 PCA 定时器/计数器是 3 个捕获/比较模块共同的计数基准，它由 2 个 8 位寄存器组成，这两个寄存器被命名为 CH 和 CL，显然 CH 为高 8 位，CL 为低 8 位。这个 16 位计数器为递增计数器，它的计数源一共有 8 种选择，见表 4-1-2。

表 4-1-2 PCA 定时器/计数器的计数源

序号	计数源	序号	计数源	序号	计数源	序号	计数源
0	SYSclk/12	2	定时器 0 溢出率	4	SYSclk	6	SYSclk/6
1	SYSclk/2	3	ECI 引脚输入	5	SYSclk/4	7	SYSclk/8

SYSclk 指的是在 STC 单片机工作时的主频率，如果单片机系统有外接晶振，那 SYSclk 为外接晶振的频率。如果单片机系统没有外接晶振，那么 SYSclk 为下载程序时，在 STC-ISP 软件中选择的内部 RC 振荡频率。用户通过对特殊功能寄存器 CMOD 编程赋值，可以选择这 8 种计数源中的任意一个作为 CCP/PCA 的计数源。特殊功能寄存器 CMOD 的构成见表 4-1-3。

表 4-1-3 CMOD 寄存器

B7	B6	B5	B4	B3	B2	B1	B0
CIDL	—	—	—	CPS2	CPS1	CPS0	ECF

CMOD 寄存器中的 CPS2、CPS1 和 CPS0 组合的值共同决定了计数源，如果三者组合为 000，则选择序号为 0 的频率作为计数源，以此类推。剩下两位是 CIDL 和 ECF，它们也

各有作用。

当 CIDL＝0 时，在单片机处于空闲模式，PCA 计数器继续工作；当 CIDL＝1 时，在单片机处于空闲模式，PCA 计数器停止工作。

当 ECF＝1，允许 PCA 计数器溢出中断，其中断标志位为 CF，在特殊寄存器 CCON 中；当 ECF＝0，禁止 PCA 计数器溢出中断。当允许 PCA 计数器溢出中断时，PCA 计数器就不需要配合捕获/比较模块和 GPIO 口，而能够独立工作，相当于 T0、T1 一样的普通定时/计数器。PCA 计数器溢出中断的中断函数编号为 7，标志位 CF 可以由硬件自动置位也可以由软件置位，但进入中断函数后，必须使用软件清零。

PCA 计数器的溢出中断标志位 CF 位于特殊功能寄存器 CCON 中，特殊功能寄存器 CCON 的构成见表 4-1-4。

表 4-1-4　CCON 寄存器

B7	B6	B5	B4	B3	B2	B1	B0
CF	CR	—	—	—	CCF2	CCF1	CCF0

除了 CF 位外，CR 位为 PCA 计数器的启动位，当 CR＝1 时，PCA 计数器开始计数；当 CR＝0 时，PCA 计数器停止计数。而 CCF2、CCF1 和 CCF0 是 3 个捕获/比较模块的匹配中断标志位，在讲解捕获/比较模块时再详细展开。

下面列出使用 PCA 计数器前的初始化流程。

(1) 设置 P_SW1 寄存器。

设置这个寄存器，确定与 CCP/PCA 模块连接的 GPIO 口。

(2) 设置 CMOD 寄存器。

设置这个寄存器，确定空闲时，PCA 计数器在空闲模式下是否工作，确定计数源，确定是否允许溢出中断，一般情况下，很少开启 PCA 计数器的溢出中断。

(3) 设置 CCON 寄存器。

设置这个寄存器，让 CR＝1，使 PCA 计数器开始计数。计数值在 CH 和 CL 这两个 8 位寄存器中依照计数源的频率递增。

2) 捕获/比较模块

整个 CCP/PCA 模块里，一共有 3 个捕获/比较模块，这 3 个捕获/比较模块的结构和工作原理是一样的。这里以捕获/比较模块中的模块 0 为例，介绍其结构和工作原理。

捕获/比较模块中有一个 16 位的比较寄存器，这个 16 位寄存器同样由 2 个 8 位寄存器构成。在模块 0 中两个 8 位寄存器的名称为 CCAP0L 和 CCAP0H。如果是模块 1，那么这 2 个 8 位寄存器的名称即为 CCAP1L 和 CCAP1H；如果是模块 2，那么这 2 个 8 位寄存器的名称即为 CCAP2L 和 CCAP2H。

模块 0 中还有一个特殊寄存器 CCAPM0（模块 1 和模块 2 则为 CCAPM1 和 CCAPM2）。这个寄存器的结构见表 4-1-5。

这个特殊功能寄存器中的每 1 个位都跟 CCP/PCA 模块的工作模式密切相关。

表 4-1-5　CCAPM0 寄存器

B7	B6	B5	B4	B3	B2	B1	B0
—	ECOM0	CAPP0	CAPN0	MAT0	TOG0	PWM0	ECCF0

ECOM0＝1 时，允许捕获/比较模块工作；ECOM0＝0 时，禁止捕获/比较模块工作。这个位原理比较简单，就是捕获/比较模块的使能位。

CAPP0＝1 时，允许捕获/比较模块对外接引脚的上升沿信号进行捕获；CAPP0＝0 时，不允许捕获/比较模块对外接引脚的上升沿信号进行捕获。CAPN0＝1 时，允许捕获/比较模块对外接引脚的下降沿信号进行捕获；CAPN0＝0 时，不允许捕获/比较模块对外接引脚的下降沿信号进行捕获。这两个位用于捕获模式，CCP/PCA 模块在捕获工作模式下，会对外部引脚的信号进行捕获。假定这两个位都为 1，则对外部引脚的上升沿或者下降沿都进行捕获。假设使用模块 0 进行引脚信号捕获，当捕获事件发生时，CCP/PCA 模块会自动将 PCA 计数器中的 CH 寄存器和 CL 寄存器的值分别复制到模块 0 的 CCAP0H 寄存器和 CCAP0L 寄存器中。捕获功能经常用于测量外部信号的频率，或者测量外部信号的某种电平的持续时间。本项目并没有使用到捕获功能，也就不再展开。

MAT0＝1 时，当 PCA 的计数值和模块 0 的比较寄存器值匹配时，将置位表 4-1-4 的 CCON 寄存器中的 CCF0 位。MAT0＝0 时，则匹配时不置位。CCF0 称为模块 0 的匹配标志位。当 MAT0＝1 时，只是在匹配时让 CCF0＝1，可以引发匹配中断，但并不必然发生中断。用户在使用匹配功能前，必须往模块 0 的比较寄存器 CCAP0L 和 CCPA0H 中写入一个预设值，这里假设用户写入的值为 10。那么用户设置好 PCA 计数器，选择好计数源，清零 CH 和 CL，然后启动 PCA 计数器，PCA 计数器从 0 开始递增计数。当 CH 和 CL 计数到 10 时，即和模块 0 发生了匹配。如果 MAT0 设置为 1，那么发生匹配后，CCF0＝1，再根据具体情况，看看是否引发匹配中断。

TOG0＝1 时，当 PCA 计数器和模块 0 的比较寄存器发生匹配时，硬件会自动将对应的外部引脚取反；TOG0＝0 时，功能失效。本任务就是使用这个自动取反功能，在引脚上输出 1 个方波信号。

PWM0＝1 时，允许在对应引脚上输出 PWM 信号；PWM0＝0 时，不允许。

ECCF0＝1 时，允许 CCF0＝1 时引发模块 0 的匹配中断；ECCF0＝0 时，不允许。引发中断后 CCF0 必须在中断响应函数中使用软件清零。模块 0、模块 1 和模块 2 都可以引发匹配中断，而且中断号和 PCA 计数器的溢出中断一样都为 7，即 4 个中断共用 1 个中断响应函数。所以 CCP/PCA 模块发生中断进入中断响应函数时，并不能完全确定是发生了什么中断，需要通过判断对应的中断标志位进一步确认。

3. CCP/PCA 比较匹配工作模式

本任务需要使用 CCP/PCA 比较匹配工作模式在 STC 单片机引脚上输出 1 个 1kHz 的方波信号。下面举例说明 CCP/PCA 比较匹配工作模式输出方波信号的原理。

1）确定捕获/比较模块和输出信号引脚

这里使用模块 0 来产生方波信号，模块 0 可以在 P1.1、P3.5 和 P2.5 中选择 1 只引脚作为信号输出引脚，这里选择 P1.1。

2）初始化 PCA 计数器

空闲模式下 PCA 是否工作与本任务没什么关联，可以不管。但必须禁止 PCA 计数器的溢出中断，然后设置 PCA 计数器的计数源。这里将计数源频率设置为 SYSclk，即由下载软件 STC-ISP 设定的振荡频率决定，假设振荡频率为 12MHz。

3）初始化捕获/比较模块 0

将模块 0 的捕获功能和 PWM 功能禁止，让模块 0 发生匹配时，CCF0 置位并允许引发中断。同时令模块 0 发生匹配时自动翻转 P1.1 引脚，作为方波信号输出。重点在于往模块 0 的匹配寄存器中写入一个初始值，用于和 PCA 计数器的 CH 和 CL 寄存器进行比较匹配。这个寄存器的值由 PCA 信号源频率值和需要输出的方波信号频率值决定。

$$\text{匹配寄存器的初始化值}=\frac{\text{PCA 信号源频率}}{2*\text{方波信号频率值}}$$

设匹配寄存器的初始化值为 V，PCA 信号源频率为 12MHz，输出方波信号频率为 1kHz，则

$$V=\frac{12000000}{2\times 1000}=6000$$

V 值需要分离成低 8 位和高 8 位，分别赋值给 CCAP0L 和 CCAP0H。

4）启动 PCA 计数器

PCA 计数器开始计数，由于之前的设置，PCA 计数器计数 6000 个计数源信号就会和捕获/比较模块 0 发生第 1 次匹配，而计数源频率为 12MHz，即每 12 个计数源为 1μs，6000 个计数源则为 500μs。此时模块 0 由于发生匹配会将 P1.1 的电平值取反。假定第一次会从高电平变成低电平，那么只需要想办法令其不断发生第 2 次匹配、第 3 次匹配，并不断取反 P1.1 就可以产生一个周期为 1ms 的方波信号，即 1kHz。

5）响应匹配中断

有两种方法可以令 PCA 计数器和模块 0 不断发生匹配。这两种方法都需要在匹配中断的中断响应函数中做出响应。

（1）清零法。

当发生第 1 次匹配后，模块 0 产生一个中断信号，用户需要在响应中断的中断函数中把 PCA 计数器清零，即把 CH 和 CL 清零即可。CH 和 CL 清零后，PCA 计数器重新从 0 开始递增，必然会和模块 0 发生第 2 次匹配，以此类推可以发生第 3 次、第 4 次匹配。这种方法存在一定缺陷，当系统中使用多个捕获/比较模块时，这种方法只能匹配初始值最小的捕获/比较模块。而且这种方法由于需要在中断中对 PCA 计数器的计数寄存器进行清零后再重新计数，会导致每一次相邻的匹配有几个操作语句的误差，生成的输出信号频率误差也会有误差，而且输出信号的频率越高，误差会越大。因此，在大多数情况下会使用第 2 种方法。

（2）增量法。

当发生第 1 次匹配后，模块 0 产生一个中断信号，用户需要在响应中断的中断函数中把模块 0 的匹配寄存器的初始化值作为增量，再次赋值给模块 0 的匹配寄存器，那么就可以让 CCP/PCA 模块发生第 2 次匹配。然后照猫画虎，可以再发生第 3 次、第 4 次……例如，第 1 次发生匹配，模块 0 的匹配寄存器的值为 6000，那么进入匹配中断函数后，把 6000 作为增量赋值给匹配寄存器，即匹配寄存器为 12000。此时 PCA 计数器从 6000 开始计数，当计数到 12000 时必然发生第 2 次匹配。这种方法改变的是捕获/比较模块的匹配寄存器的值，即使有多个捕获/比较模块同时工作，也不会相互影响。而且不需要让 PCA 计数器的计数寄存器重新计数，减少了相邻 2 次匹配互相影响产生的误差。增量法必须禁止 PCA 计数器的溢出中断，否则，当 PCA 计数器计数溢出，会额外产生一次中断，导致不确定后果。

在本任务中,采用方法(2)输出波形。

【电路设计】

任务需要在单片机的P1.1口上外接一个示波器,用于观察输出的方波信号,如图4-1-2所示。

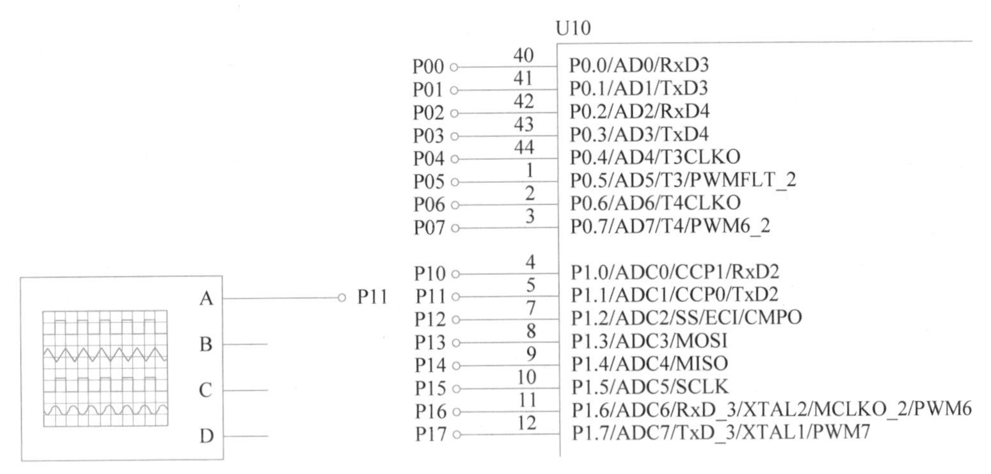

图4-1-2　任务4.1电路原理图

在实验平台上,需要使用2根两头公口的杜邦线,将P1.1和GND引出,然后把示波器的正极端接在P1.1上,示波器的地端接线接在GND上,如图4-1-3所示。

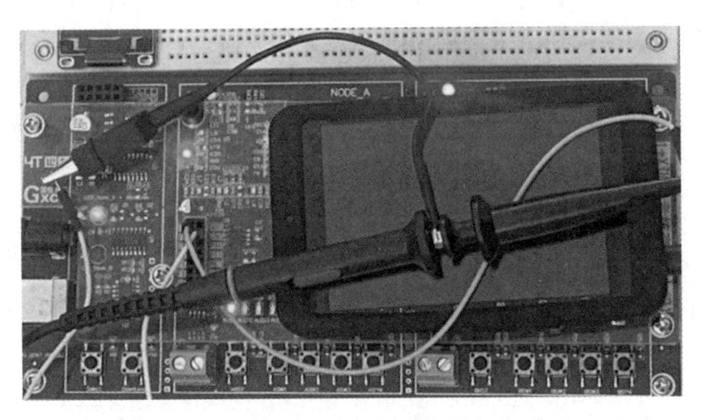

图4-1-3　实物连接图

【软件模块】

前面已经对CCP/PCA模块的工作原理进行了分析。可以看到CCP/PCA模块涉及的特殊功能寄存器比较多,在编程时如果直接操作特殊寄存器难度会比较大。STC官方提供了一个PCA.c模块,该模块可以用于对CCP/PCA进行配置,使用起来相对简单,不需要记住一大堆特殊功能寄存器。所以在任务中,直接使用PCA.c模块进行初始化配置,然后再新建一个模块pcaApp.c作为用户应用程序。模块关系图如图4-1-4所示。

使用PCA.c模块的代码对单片机内部的CPP/PCA硬件进行初始化之前,必须先分析一下PCA.c模块的代码。打开PCA.h文件,里面有一个结构体:

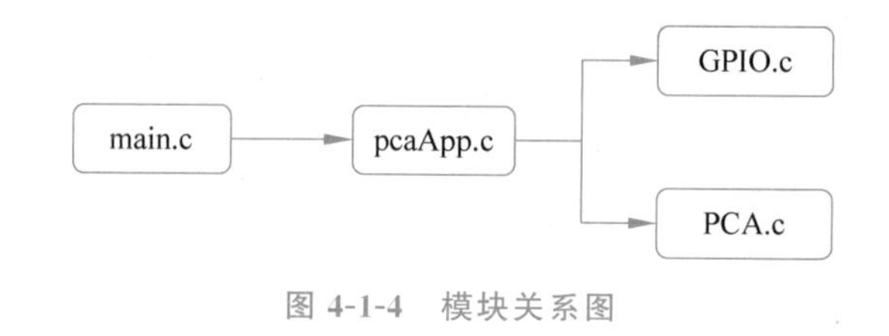

图 4-1-4　模块关系图

```
typedef struct
{
    u8 PCA_IoUse;
    u8 PCA_Clock;
    u8 PCA_Mode;
    u8 PCA_PWM_Wide;
    u8 PCA_Interrupt_Mode;
    u8 PCA_Polity;
    u16PCA_Value;
} PCA_InitTypeDef;
```

这个结构体有 7 个成员，每个成员的作用及取值范围见表 4-1-6。

表 4-1-6　PCA_InitTypeDef 结构体成员作用

成员名称	成员作用	本任务取值
PCA_IoUse	选择 PCA 模块的输出 I/O 口	PCA_P12_P11_P10_P37
PCA_Clock	选择 PCA 模块的计数时钟源	PCA_Clock_1T
PCA_Mode	选择 PCA 模块的工作模式	PCA_Mode_HighPulseOutput
PCA_PWM_Wide	选择 PCA 模块输出 PWM 的位数	本任务不输出 PWM，此值与本任务无关
PCA_Interrupt_Mode	选择 PCA 模块的中断模式	禁止 PCA 计数器溢出中断(DISABLE) 使能捕获/匹配模块中断(ENABLE)
PCA_Polity	选择 PCA 模块的中断优先级	PolityHigh
PCA_Value	捕获/比较模块匹配寄存器初值	如果输出为 1kHz 的方波，此值为 6000

除了这个结构体，PCA.h 文件还定义了以下几个可供用户端使用的变量和函数：

```
extern bit B_Capture0,B_Capture1,B_Capture2;
extern u8 PCA0_mode,PCA1_mode,PCA2_mode;
extern u16 CCAP0_tmp,PCA_Timer0;
extern u16 CCAP1_tmp,PCA_Timer1;
extern u16 CCAP2_tmp,PCA_Timer2;
void PCA_Init(u8PCA_id, PCA_InitTypeDef * PCAx);
void updatePwm(u8PCA_id, u8pwm_value);
void PWMn_Update(u8PCA_id, u16high);
```

在本任务里，只需要使用 PCA_Init 函数进行初始化即可，其他函数都不需要使用。PCA_Init 函数有 2 个参数，第一个参数 PCA_id 取值 PCA_Counter、PCA0、PCA1 或者 PCA2。每 1 次初始化都必须调用 2 次 PCA_Init 函数，第 1 次参数固定为 PCA_Counter，表示为 PCA 的计数器进行初始化。第 2 次调用 PCA_Init 函数时，则根据具体使用了哪一个捕获/比较模块来确定参数,例如,任务里使用捕获/比较模块 0,则参数为 PCA0。PCA_Init 函数的第 2 个参数则是用户自己定义的 PCA_InitTypeDef 结构体的地址。

至于变量方面,需要在中断响应函数中使用 CCAP0_tmp 变量,对捕获/比较模块匹配寄存器进行赋值,并计算增量。

【程序设计】

1. CCP/PCA 模块初始化(pcaApp.h 和 pcaApp.c)

复制任务 3.4 的工程文件夹,改名为"任务 4.1　CCP/PCA 模块输出方波信号",它的 board 文件夹下新建一个名称为 pcaApp 的文件夹。然后再新建 pcaApp.c 和 pcaApp.h 两个文本文件。打开工程,把 pcaApp.c 加入工程的 board 分组里,并把 pcaApp.h 文件加到工程的编译路径下,按照模块关系图移除其他不需要的模块。如果移除了 key.c 和 smg.c 模块,需要在 timerApp.c 文件里的 T2 中断函数内部把 disSmgAll 函数和 readKey 函数注释掉。

打开 pcaApp.h 文件,输入以下代码:

```
#ifndef _PCA_APP_H
#define _PCA_APP_H
#include "config.h"
//---------------- 系统频率、输出信号频率宏定义 ------------
#define SYS_CLOCK 12000000L
#define OUT_SIGNAL_FREQ 1000                           //输出频率
#define PCA_INIT_VALUE ((SYS_CLOCK)/2/OUT_SIGNAL_FREQ)
//---------------- 外部函数 ----------------
void pcaPinInit();                                     //初始化 pca 模块的输出引脚为输出模式
void pcaConfig();                                      //配置 PCA
#endif
```

这段代码有 3 个宏定义和 2 个函数。第 1 个宏定义了 SYS_CLOCK 为 12000000,这个频率当下载程序时在 stc-ip 软件里设置,宏定义了 SYS_CLOCK 为 12000000,那么下载时就要选择芯片内部的 RC 振荡器为 12MHz。第 2 个宏定义输出信号的频率,这里的频率为 1000Hz。第 3 个宏定义了 PCA 模块里捕获/比较模块匹配寄存器初始值,这个值由 SYS_CLOCK/2/OUT_SIGNAL_FREQ 计算得到。将 12000000/2/1000 代入计算可以得到这个初始化值为 6000。这个 6000 会在初始化时赋值给结构体的成员 PCA_Value。

函数 pcaPinInit 用来给输出信号的引脚初始化,需要把对应的引脚初始化为输出模式。函数 pcaConfig 完成 PCA 模块的配置,配置完成后,1kHz 的信号会由硬件自动在对应的引脚上产生,不再需要软件介入。

接下来打开 pcaApp.c 文件,输入以下代码:

```
#include "pcaApp.h"
#include "GPIO.h"
#include "PCA.h"
/**
  * @description:将 P1.1 初始化为推挽输出
  * @param {*}
```

```
 * @return { * }
 * @author: gooner
 */
void pcaPinInit()
{
  GPIO_InitTypeDef structTypeDef;
  structTypeDef.Mode = GPIO_OUT_PP;                         //输出模式
  structTypeDef.Pin = GPIO_Pin_1;                           //1号脚
  GPIO_Inilize(GPIO_P1, &structTypeDef);                    //初始化P11
}
/**
 * @description:把PCA模块配置为高速输出模式,并输出1kHz的信号
 * @param { * }
 * @return { * }
 * @author: gooner
 */
void pcaConfig()
{
  PCA_InitTypeDef structTypeDef;
  structTypeDef.PCA_IoUse = PCA_P12_P11_P10_P37;
  structTypeDef.PCA_Clock = PCA_Clock_1T;
  structTypeDef.PCA_Mode = PCA_Mode_HighPulseOutput; //高速输出模式
  structTypeDef.PCA_Interrupt_Mode = DISABLE;        //禁止溢出中断
  structTypeDef.PCA_Polity = PolityHigh;
  structTypeDef.PCA_Value = PCA_INIT_VALUE;          //初始化匹配寄存器
  PCA_Init(PCA_Counter, &structTypeDef);             //初始化PCA计时器
  structTypeDef.PCA_Interrupt_Mode = ENABLE;         //允许匹配中断
  PCA_Init(PCA0, &structTypeDef);                    //初始化捕获/比较模块0-PCA0
}
/**
 * @description: PCA模块的中断函数
 * @param { * }
 * @return { * }
 * @author: gooner
 */
void PCA_Handler(void) interrupt PCA_VECTOR
{
  if (CCF0 == 1)
  {
    CCF0 = 0;                                        //清中断标志
    CCAP0L = CCAP0_tmp;
    CCAP0H = CCAP0_tmp >> 8;
    CCAP0_tmp = CCAP0_tmp + PCA_INIT_VALUE;          //累加递增
  }
}
```

这里包含3个需要使用的头文件。除了pcaApp.h文件外,需要使用到的GPIO模块的初始化库和PCA模块的初始化库,因此需要包含GPIO.h和PCA.h文件。

先看pcaPinInit函数:

```
void pcaPinInit()
{
  GPIO_InitTypeDef structTypeDef;
  structTypeDef.Mode = GPIO_OUT_PP;                         //输出模式
  structTypeDef.Pin = GPIO_Pin_1;                           //1 号脚
  GPIO_Inilize(GPIO_P1, &structTypeDef);                    //初始化 P1
}
```

这段代码很简单，就是把 P1.1 引脚初始化为推挽输出的模式。接下来是 pca 配置函数 pcaConfig 的代码：

```
void pcaConfig()
{
  PCA_InitTypeDef structTypeDef;
  structTypeDef.PCA_IoUse = PCA_P12_P11_P10_P37;
  structTypeDef.PCA_Clock = PCA_Clock_1T;
  structTypeDef.PCA_Mode = PCA_Mode_HighPulseOutput;        //高速输出模式
  structTypeDef.PCA_Interrupt_Mode = DISABLE;               //禁止溢出中断
  structTypeDef.PCA_Polity = PolityHigh;
  structTypeDef.PCA_Value = PCA_INIT_VALUE;                 //初始化匹配寄存器
  PCA_Init(PCA_Counter, &structTypeDef);                    //初始化 PCA 计时器
  structTypeDef.PCA_Interrupt_Mode = ENABLE;                //允许匹配中断
  PCA_Init(PCA0, &structTypeDef);                           //初始化捕获/比较模块 0 - PCA0
}
```

这里的初始值基本都是使用表 4-1-6 里的参数进行赋值。但有一点非常重要，这个初始化过程不但需要对 PCA 计数器进行初始化，还要对捕获/匹配模块进行初始化。PCA_Init(PCA_Counter，&structTypeDef)是对 PCA 计数器初始化，此时成员 PCA_Interrupt_Mode 的初始值是 DISABLE，初始化会禁止掉 PCA 计数器的溢出中断。而如果调用的函数形式是 PCA_Init(PCA0，&structTypeDef)，则是对捕获/匹配模块 0 进行初始化，这时 PCA_Interrupt_Mode 的初始值是 ENABLE，也就是允许捕获/匹配模块 0 的匹配中断。

发生了匹配中断，意味着需要编写对应的中断响应函数。在 fwlib 模块下加入 PCA.c 库函数，位于 fwlib 文件夹中。在 PCA.c 文件里，官方已经提供了一个 PCA 模块的中断函数，如果用户需要自己编写 PCA 模块的中断函数，则需要去 PCA.c 文件里把中断函数注释掉。官方的中断响应函数位于 PCA.c 文件里的第 147 行到第 191 行，将其注释掉，然后在 pcaApp.c 里自己编写一个中断函数，代码如下：

```
void PCA_Handler (void) interrupt PCA_VECTOR
{
    if(CCF0 == 1)
    {
      CCF0 = 0;                                      //清中断标志
      CCAP0L = CCAP0_tmp;
      CCAP0H = CCAP0_tmp >> 8;
      CCAP0_tmp = CCAP0_tmp + PCA_INIT_VALUE;        //累加递增
    }
}
```

这个中断函数的函数名使用官方的函数名，内容也不算复杂。PCA 模块一共有 4 个中断，包含 1 个 PCA 计数器的溢出中断和 3 个捕获/匹配模块的匹配中断，这 4 个中断共用了 1 个中断响应函数，因此发生中断进到中断响应函数后，必须先判断是 4 个中断中的哪一个。这里进了中断响应函数后，先判断 CCF0 是否为 1，这个值是 PCA0 的匹配中断标志位，如果为 1，则说明 PCA 计数器和捕获/匹配模块 1 发生了匹配，那么清零标志位后使用前面介绍的增量法将捕获/比较模块的匹配寄存器的 CCAP0L 和 CCAP0H 寄存器赋值，并以它们的初值作为增量进行累加，以产生下一次匹配。

2. 主程序模块(main. c)

编写好 pcaApp. c 后就需要编写 main. c 了，main. c 的代码如下：

```
#include "config.h"
#include "pcaApp.h"
//---------------- 主函数 --------------------
void main()
{
  pcaPinInit();
  pcaConfig();
  EA = 1;
  CR = 1;
  while (1);
}
```

主函数就是调用 pcaPinInit 函数和 pcaConfig 函数对引脚和 PCA 模块进行初始化，然后使用 EA=1 语句打开全局中断即可。CR=1 语句用于开启 PCA 模块中的 PCA 计数器，这句语句不是必需的，它已经在 pcaConfig 函数中调用库函数 PCA_Init(PCA_Counter, &structTypeDef)时被执行。这里写上 CR=1 只是为了格式上的统一。如果想要停止波形输出，可以使用 CR=0 语句停止 PCA 计数器计数，这样引脚就无法输出波形。配置好以后 PCA 模块会自动工作，在 P1.1 口上产生一个 1kHz 的信号。

写好代码后编译工程，这个工程里由于存在一个库函数没有被调用，因此编译后会有 1 个警告，这不影响运行结果。将编译后的 hex 文件烧写进“1+X”训练考核套件，烧写时，注意要把 STC-ISP 里的运行频率修改为 12MHz，如图 4-1-5 所示。

用杜邦线把 P1.1 口引出并接上示波器，观察示波器的输出波形，如图 4-1-6 所示。

可以看到频率 1.00kHz 的方波，其 $V_{p\text{-}p}$ 为 3.6V，这是因为单片机系统使用的是 3.3V 的电压，因此高电平为 3.3V，测量出来有一定的纹波误差属于正常现象。示波器面板中另外有一个参数为 Duty，这个参数叫作占空比，指的是一个周期信号里高电平所占的时间。普通方波信号的高电平和低电平的时间比为 1∶1，这样占空比就为 50%。如果方波信号的这个占空比可以改变，就被称为脉冲宽度可调制，简称 PWM。在接下来一个任务里，将会学习如何使用 PCA 模块产生一个 PWM 信号。运行效果可扫描二维码观看。

任务 4.1 运行效果

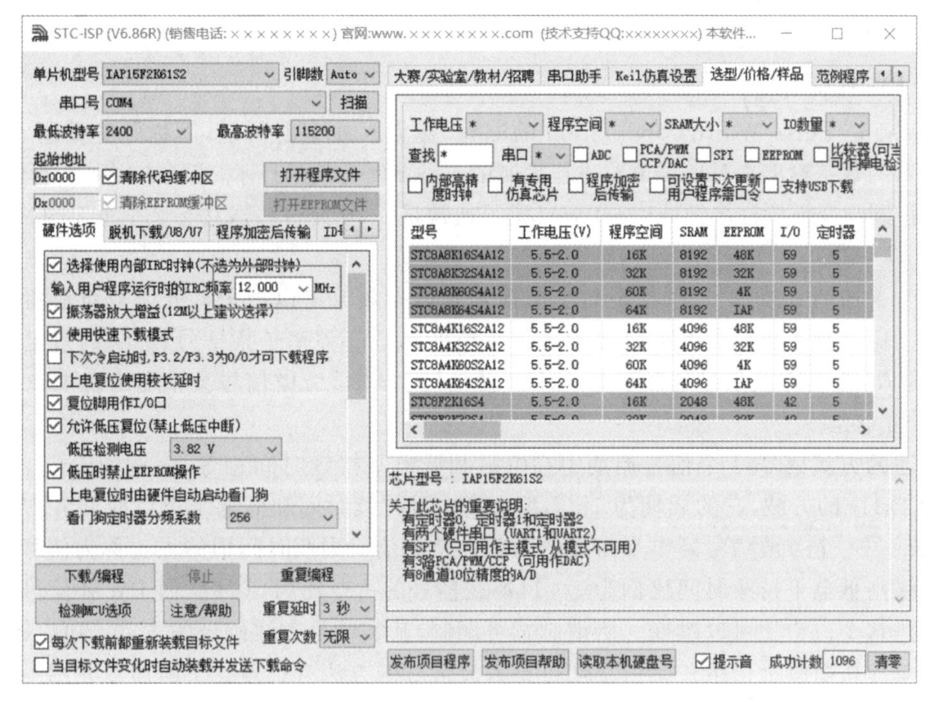

图 4-1-5　修改单片机运行频率

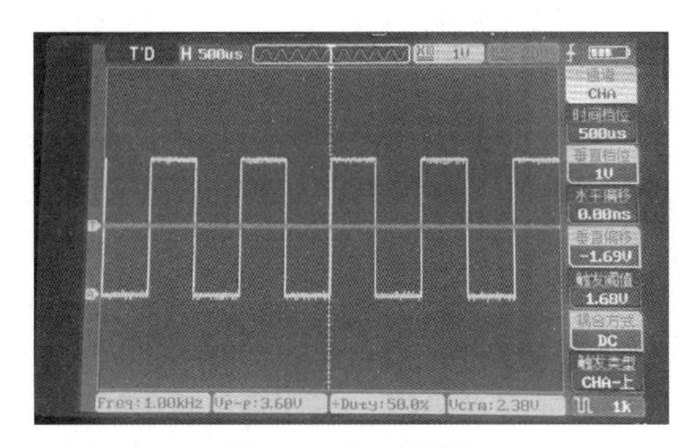

图 4-1-6　输出波形图

【课后练习】

使用 STC15 系列单片机内部的 PCA/CCP 模块，编写代码在单片机的 P1.0 和 P1.1 引脚上产生 2 个方波信号，其中一个信号频率为 1kHz，另一个信号的频率为 2kHz。

任务 4.2　PCA 模块输出 PWM

【任务描述】

使用 STC15 系列单片机内部的 PCA/CCP 模块，编写代码在单片机引脚上产生一个 1kHz 的方波信号，信号的占空比为 87.5%。

【知识要点】

1. PWM 信号

PWM 是 Pulse Width Modulation 的缩写，称为脉冲宽度调制，简称脉宽调制，是利用微处理器的数字输出来对模拟电路进行控制的一种非常有效的技术，广泛应用在从测量、通信到功率控制与变换的许多领域中。PWM 信号通常是一个方波信号，它有 2 个重要的参数。

1）频率

对于普通的方波信号，频率也是一个最重要的参数。可以把 PWM 信号看成特殊的方波信号。因此频率也是 PWM 信号的一个重要的参数。频率是指信号在 1s 内重复出现的次数。例如，1 个方波信号的频率为 1kHz，就是指 1s 内该方波信号会重复出现 1000 次。

2）占空比

普通的方波信号，1 个信号周期中高电平和低电平持续时间相等，比例为 1∶1。例如，频率为 1kHz 的方波，它的周期为 1ms，那么高电平持续时间和低电平持续时间各占一半即为 0.5ms。一个方波信号高电平持续的时间在整个信号周期时间中的占比称为信号的占空比。如果高低电平持续时间比例为 1∶1，那么信号的占空比为 50%。而 PWM 信号最大的特点就是这个占空比可以改变。所谓脉宽可调制，其实就是方波信号的占空比可以被改变。

在单片机引脚上产生一个占空比可调方波信号的方法有很多。下面简单介绍一下几种方法。

(1) 通过延时函数实现占空比可调。

这种方法拉高、拉低单片机的引脚，并在两个操作之间插入可用参数控制延时时长的延时函数，即可实现占空比。如下面的代码：

```
while (1)
{
  P11 = 1;
  delayUs(875);
  P11 = 0;
  delayUs(125);
}
```

这几句代码就可以在 P1.1 口上产生一个高电平 875μs，低电平 125μs 的周期信号，周期为(875+125)μs，即 1ms，频率为 1kHz。按照占空比的定义，这个周期信号的占空比为 875/1000，为 87.5%。很明显，在保证两次延时函数的延时时间总和为 1ms 的前提下，改变拉高电平后的延时时间，就可以改变占空比的大小。

使用这种方法产生 PWM 信号编程虽然简单，但不实用。延时函数完全占据了单片机 CPU 的使用权，使得单片机除了延时产生 PWM 信号外，几乎无法完成其他任务。在传统的 51 单片机应用里，通常使用定时/计数器中断的方法来产生 PWM 信号。

(2) 通过定时器中断实现占空比可调。

假定将单片机定时/计数器的每次中断时间设置为 1μs。设置 1 个变量 uSec 用于记录中断次数。同时设置 1 个变量 pwmValue 用于控制占空比，并将 pwmValue 初始化为 875。再设置 1 个变量 HzValue 用于控制信号频率，并将 HzValue 初始化为 1000。每次发生中断进入中断响应函数，将 uSec+1，同时与 pwmValue 比较，如果 uSec<pwmValue，将对应

输出方波信号的引脚电平值拉高，如果 uSec＞pwmValue，则将对应引脚电平值拉低，如果 uSec＞HzValue，则清零 uSec。

可以看出，由于 HzValue 的值为 1000，而 pwmValue 的值为 875，因此 1000 次中断中有 875 次中断输出方波信号的引脚电平值为高电平，剩下的 125 次为低电平，而当中断次数超过 1000 次后，uSec 清零，一切又重新开始。因此，修改 pwmValue 的值即可改变信号高电平的占比，实现占空比可调。改变 HzValue 的值则可以改变信号的频率。

用这种方法编程相对比较复杂，而且由于传统 51 指令最快也需要 1μs，加上中断函数内部的一些指令损耗，信号会出现一些误差。但是在单片机功能还不是十分完善的年代，并没有更好的方案，因此这种方法是产生 PWM 信号的最主要方法。

(3) 单片机内部专用硬件实现占空比可调。

随着电子技术的发展，单片机的集成度越来越高，功能也越来越强大。有一些单片机内部直接集成了专门的 PWM 信号发生器电路。用户只需要编程初始化 PWM 信号发生器，PWM 信号就由硬件直接产生。

另外有一些单片机内部使用专用的匹配/捕获计数器对方波信号的占空比进行调节，并产生 PWM 信号。这种方案是对方法(2)的改进，例如，任务 4.1 中使用的 CCP/PCA 模块就具备产生 PWM 信号的功能。

2. CCP/PCA 模块的 PWM 工作模式

在前面的知识介绍中我们已经知道，CCP/PCA 模块内部有 1 个特殊的 16 位 PCA 定时器/计数器，有 3 个 16 位的捕获/比较模块与之相连。3 个 16 位的捕获/比较模块内部各有一个特殊寄存器 CCAPM*n*(*n*=0,1,2)。以模块 0 为例，这个寄存器的结构见表 4-2-1。

表 4-2-1　CCAPM0 寄存器

B7	B6	B5	B4	B3	B2	B1	B0
—	ECOM0	CAPP0	CAPN0	MAT0	TOG0	PWM0	ECCF0

这个寄存器各位的作用在任务 4.1 的知识要点中有详细介绍，这里就只说明与 PWM 相关的位，不再赘述其他位。与 PWM 相关的只有 B6 位 ECOM0 和 B1 位 PWM0。

当 PWM0=1 时，允许在对应引脚上输出 PWM 信号；PWM0=0 时，不允许。

ECOM0=1 时，允许捕获/比较模块工作；ECOM0=0 时，禁止捕获/比较模块工作。

CCP/PCA 模块工作在 PWM 模式下时，如果使用的是模块 0，则需要把 PWM0 初始化为 1。同时把 ECOM0 也初始化为 1，让捕获/比较模块工作。

3. CCP/PCA 模块产生 PWM 信号的原理

当 CCP/PCA 模块工作在 PWM 模式时，它的内部有 3 个专门用于管理 PWM 的寄存器。这 3 个寄存器分别对应 3 个捕获/比较模块，下面依然以模块 0 的 PCA_PWM0 寄存器为例说明其工作原理，见表 4-2-2。

表 4-2-2　PCA_PWM0 寄存器

B7	B6	B5	B4	B3	B2	B1	B0
EBS0_1	EBS0_0	—	—	—	—	EPC0H	EPC0L

EBS0_1、EBS0_0：当 CCP/PCA 模块工作于 PWM 模式时，模块 0 的功能选择位。

当为 0,0 时：模块 0 工作在 8 位 PWM 模式。

当为 0,1 时：模块 0 工作在 7 位 PWM 模式。

当为 1,0 时：模块 0 工作在 6 位 PWM 模式。

当为 1,1 时：无效，模块 0 工作在 8 位 PWM 模式。

这里所说的 n 位 PWM 模式主要是指 PWM 的精度，即 PWM 信号可以被细分为 2^n 方等份。例如，8 位 PWM 模式，意味着这个 PWM 信号可以被细分为 2^8 等份，即 256 等份，其占空比最小为 1/256。

EPC0H：在 PWM 模式下，与 CCAP0H 组成 9 位数。

EPC0L：在 PWM 模式下，与 CCAP0L 组成 9 位数。

如果只产生 8 位精度的 PWM 信号，这两个位为 0 即可。

当 CCP/PCA 模块工作在 8 位 PWM 模式时，3 个捕获/比较模块共用 PCA 计数器，因此，即使产生 3 路 PWM 信号，其频率也是相等的。但是每 1 路 PWM 信号的占空比是独立变化的。

PCA/CCP 模块产生 PWM 信号的原理及流程如下。

(1) 将 CCP/PCA 模块设置在 PWM 工作模式。

CCP/PCA 模块只能产生 3 路 PWM 信号，选择适合的一路，设置对应的捕获/比较模块寄存器。在本任务里假定为捕获/比较模块 0。

(2) 设置 PWM 信号的精度。

本任务中将精度设置为 8 位，256 位分辨率。

(3) 确定 PWM 信号的频率。

PWM 信号的频率与用户选择的 PCA 计数器计数频率和 PWM 的分辨率有关。PCA 计数器计数频率可在任务 4.1 中的表 4-1-2 中的 8 种中选择 1 种：SYSclk、SYSclk/2、SYSclk/4、SYSclk/6、SYSclk/8、SYSclk/12、定时器 0 的溢出、ECI/P1.2 的输入。

PWM 信号频率＝PCA 计数器计数频率/分辨率

本任务中 PWM 信号频率为 1kHz，分辨率为 256，则 PCA 计数器计数频率必须为 256kHz。几个与 SYSclk 有关的 PCA 计数器频率都无法满足这个要求，只有选用定时器 0 的溢出作为 PCA 计数器频率才能满足这个要求。

(4) 确定占空比。

必须先了解 CCP/PCA 模块产生 PWM 信号的原理。PCA 计数器本身由 2 个 8 位计数寄存器 CH 和 CL，而对应的捕获/比较模块（以模块 0 为例）有 2 个 8 位匹配寄存器 CCAP0L 和 CCAP0H。在产生 PWM 信号前，用户将一个值写入 CCAP0H 和 CCAP0L，然后启动 PCA 计数器开始计数，CL 开始递增计数，当 CL＜CCAP0L 时，对应输出信号的引脚为低电平，当 CL＞＝CCAP0L 时，输出信号的引脚为高电平，当 CL 的值从 0xFF 变为 0x00 发生溢出时，CCAP0H 值会自动加载到 CCAP0L 里。因此，修改 CCAP0H 的值就可以修改占空比。

本任务中，占空比固定为 87.5%，即 CCAP0H 只在程序最开始进行 1 次初始化后就不再改变，那么这个初始值应该为多大？87.5%的占空比意味着高电平占整个信号周期的 7/8，即低电平占 1/8。PCA 计数器的 CL 寄存器满值为 256 个计数值，其中 1/8 计数值引脚必须输出低电平 256/8＝32。即初始化值为 32，把这个值写入 CCAP0H 和 CCAP0L 中，当 CL＜32 时，引脚输出低电平，当 CL＞＝32 时引脚输出高电平。

按照以上流程，对单片机内部 CPP/PCA 模块进行初始化后，单片机就可以在对应的引脚上输出 1 个频率为 1kHz，占空比为 87.5％的方波信号。

【电路设计】

任务需要在单片机的 P1.1 口上外接一个示波器，用于观察输出的 PWM 信号，如图 4-2-1 所示。

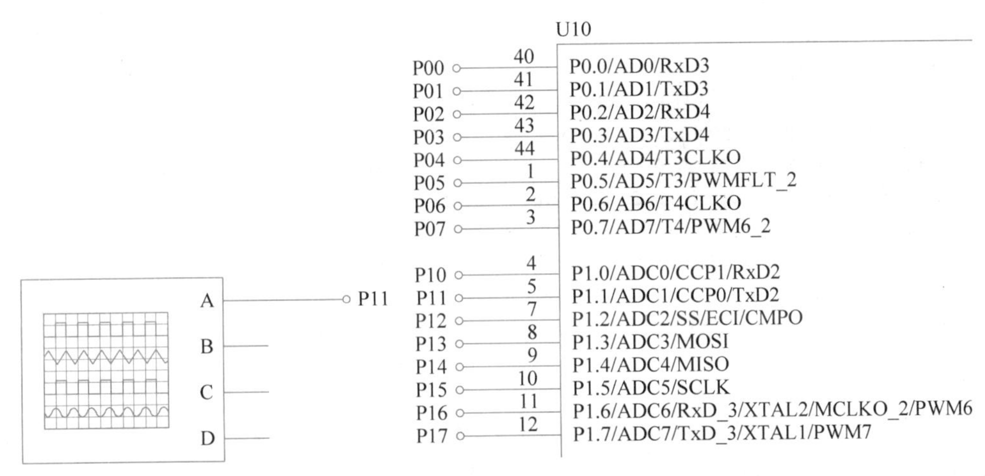

图 4-2-1　任务 4.2 电路原理图

【软件模块】

前面已经对 CCP/PCA 模块 PWM 模式工作原理进行了分析。与任务 4.1 类似，编程时都使用 STC 官方提供的 PCA.c 程序模块对 CCP/PCA 进行初始化配置。在编程中，用户需要建立 pcaApp.c 模块对 PCA.c 模块进行调用。由于本任务中需要使用定时器 T0 的溢出率作为 PCA 计数器的计数源，因此，需要把之前任务中的 timerApp.c 模块加入工程中，并按照需求进行初始化。本任务的模块关系图，如图 4-2-2 所示。

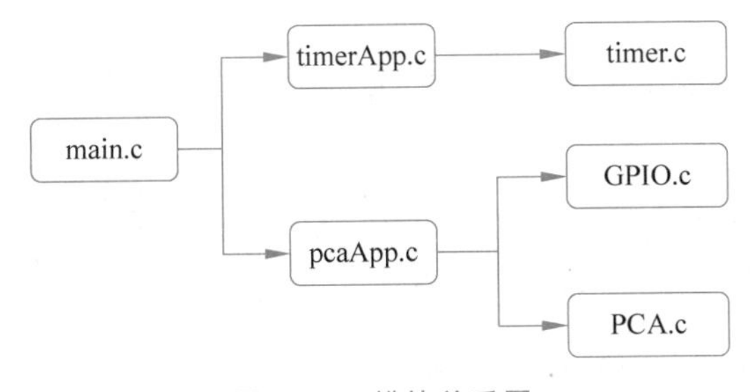

图 4-2-2　模块关系图

从模块关系图里可以看到，timer.c、GPIO.c 和 PCA.c 是官方提供的模块。timerApp.c 和 pcaApp.c 是自编模块。timerApp.c 用于配置定时器 T0，产生 PCA 计数器需要的频率，而 main.c 只需要直接调用 timerApp.c 和 pcaApp.c 模块。

【程序设计】

1. CCP/PCA 模块初始化(pcaApp. h 和 pcaApp. c)

复制任务 4.1 工程,改名为“任务 4.2　PCA 模块输出 PWM”。把任务 3.3 的工程下的 board 文件夹下的 timerApp 文件夹整个复制到任务 4.2 的工程中的 board 文件夹下。打开工程,把 timerApp. c 加进工程的 board 分组下,并将 timerApp. h 的路径加入工程的编译路径中。打开 pcaApp. h 文件,输入以下代码:

```
#ifndef _PCA_APP_H
#define _PCA_APP_H
#include "config.h"
//---------------- 系统频率、输出信号频率宏定义 ------------
#define SYS_CLOCK 12000000L
#define OUT_SIGNAL_FREQ 1000                                  //输出频率
#define PCA_INIT_VALUE ((SYS_CLOCK)/2/OUT_SIGNAL_FREQ)
//---------------- 外部函数 ----------------
void pcaPinInit();                                            //初始化 PCA 模块的输出引脚为输出模式
void pcaConfig();                                             //配置 PCA
void updatePwm(u8 pcaID, u8 pwmValue);                        //更新 PWM 的占空比
#endif
```

这段代码里的 3 个宏只在任务 4.1 里使用,本任务不需要使用。3 个外部函数里,函数 pcaPinInit 负责初始化 PCA 模块的输出引脚,PWM 信号从哪只引脚输出跟匹配/比较模块的选择有关,也跟初始化的设置有关。本任务选择的匹配/比较模块是模块 0,引脚只能在 P1.1、P3.5 和 P2.5 里选择,初始化的时候,将引脚初始化到 P1.1 上。pcaPinInit 函数会把 P1.1 初始化为输出模式。

pcaConfig 函数将完成 CCP/PCA 模块的初始化工作。初始化的具体内容在 pcaApp. c 文件中再具体详述。updatePwm 函数负责对应的匹配/比较模块的匹配寄存器赋值。updatePwm 函数有 2 个参数,第 1 参数指定匹配/比较模块,第 2 个参数指定要赋值的参数。在本任务里,第 1 个参数取值 PCA0,第 2 个参数取值 32,输出的 PWM 信号占空比为 87.5%。如果要动态改变 PWM 信号的占空比,调用 updatePwm 函数并改变它的第 2 个参数即可。

接下来打开 pcaApp. c 文件,输入以下语句:

```
#include "GPIO.h"
#include "pcaApp.h"
#include "PCA.h"
/**
 * @description:将 P1.1 初始化为推挽输出
 * @param {*}
 * @return {*}
 * @author: gooner
 */
void pcaPinInit()
```

```
{
  GPIO_InitTypeDef structTypeDef;
  structTypeDef.Mode = GPIO_OUT_PP;                     //输出模式
  structTypeDef.Pin = GPIO_Pin_1;                       //1 号脚
  GPIO_Inilize(GPIO_P1, &structTypeDef);                //初始化 P11
}
/**
  * @description:把 PCA 模块配置为 PWM 模式,并设置频率与 T0 溢出率有关
  * @param { * }
  * @return { * }
  * @author: gooner
  */
void pcaConfig()
{
  PCA_InitTypeDef structTypeDef;
  structTypeDef.PCA_IoUse = PCA_P12_P11_P10_P37;        //设置输出引脚
  structTypeDef.PCA_Clock = PCA_Clock_Timer0_OF;        //PCA 时钟为 T0 的溢出率
  structTypeDef.PCA_Mode = PCA_Mode_PWM;                //PWM 模式
  structTypeDef.PCA_Interrupt_Mode = DISABLE;           //关闭匹配模块 0 的匹配中断
  structTypeDef.PCA_Polity = PolityLow;
  structTypeDef.PCA_Value = PCA_INIT_VALUE;             //初始化值
  PCA_Init(PCA0,&structTypeDef);                        //初始化匹配/比较模块-PCA0
  structTypeDef.PCA_Interrupt_Mode = DISABLE;           //关闭 PCA 计数器溢出中断
  PCA_Init(PCA_Counter,&structTypeDef);                 //初始化 PCA 计时器
}
/**
  * @description:修改对应 PCA 模块的匹配值
  * @param { * } pcaID:取值 PCA0、PCA1、PCA2,对应 3 个匹配模块
  * @return { * } pwmValue:匹配值,在本任务中取值 32
  * @author: gooner
  */
void updatePwm(u8 pcaID, u8 pwmValue)
{
  if(pcaID == PCA0) CCAP0H = pwmValue;
  else if(pcaID == PCA1) CCAP1H = pwmValue;
  else if(pcaID == PCA2) CCAP2H = pwmValue;
}
```

这段代码其实就是 pcaApp.h 中定义的 3 个函数的具体实现。pcaPinInit 函数非常简单,其功能就是把 P1.1 初始化为推挽输出。

pcaConfig 函数的功能是设置信号输出引脚,请注意 structTypeDef.PCA_IoUse＝PCA_P12_P11_P10_P37 这句语句,是指 CCP/PCA 模块里的 3 个匹配/比较模块的信号输出引脚为 P1.1、P1.0 和 P3.7,如果任务里选择使用模块 0,那么信号输出引脚就在 P1.1 上。structTypeDef.PCA_Clock＝PCA_Clock_Timer0_OF 这句语句设置 PCA 计数器的计数源为 T0 定时器的溢出率。然后关闭掉匹配中断,并调用 PCA.c 模块的官方函数 PCA_Init 对 PCA0 进行初始化。最后再调用 1 次 PCA_Init 函数对 PCA 计数器进行初始化。

updatePwm 函数根据参数 pcaID 的取值,将 pwmValue 赋值给对应的匹配寄存器。如

果 pcaID 取值为 PCA0，那么就将 pwmValue 赋值给 CCAP0H。在前面的知识要点中已经知道，当 PCA 计数器开始计数的时候，计数寄存器的低 8 位 CL 开始递增，然后与 CCAP0L 进行比较，如果 CL<CCAP0L，P1.1 输出低电平；如果 CL>=CCAP0L，则输出为高电平。如果 CL 发生溢出，则 CCAP0H 会赋值给 CCAP0L。现在把 CCAP0H 赋值为 32，则每次 CL 在计数的时候，都会和 32 比较，比 32 小 P1.1 就输出低电平，如果大于或者等于 32，P1.1 就输出高电平。这样 P1.1 上就输出了一个占空比为 87.5%的方波。

2. 定时器模块初始化（timerApp.h 和 timerApp.c）

在 CCP/PCA 模块的初始化中，选择了使用定时器 T0 的溢出率为 CCP/PCA 模块的 PCA 计数器的计数频率，因此，用户必须根据输出信号的频率，对 T0 进行初始化，确定对应溢出率的初值。本任务中输出信号的频率为 1kHz，根据知识要点分析，PCA 计数器的计数频率为 256kHz。简而言之，就是要让 T0 每 1s 溢出 256k 次。另外一个决定 T0 溢出率的因素是系统使用的主频率，这里假定使用的 STC15 系列单片机内部 1T 模式、11.0592MHz 的 RC 振荡器作为系统主频率，这个主频率也是 T0 的计数频率。请注意，这个主频率并不能使用代码修改，而是在烧写程序的时候，在 STC 单片机烧写软件的界面里选择。

接下来就按照 T0 的计数频率和 1s 的溢出次数，来确定 T0 的初值是多少。T0 每 1s 溢出 256k 次，那么意味着每间隔 $\frac{1}{256\text{k}}$s 溢出 1 次，即溢出周期为

$$T_1 = \frac{1}{256 \times 10^3}(\text{s})$$

1T 模式下，T0 的计数频率 11.0592MHz，那么 T0 的计数周期为

$$T_2 = \frac{1}{11.0592 \times 10^6}(\text{s})$$

如果溢出频率为 256kHz，设 T0 需要计 N 个数后发生溢出，则

$$N = \frac{T_1}{T_2} = \frac{11.0592 \times 10^6}{256 \times 10^3} = 43.2 \approx 43$$

T0 的初值由两个寄存器 TH0 和 TL0 构成，那么可以使用下面 C 语句为 T0 的初值寄存器赋值：

```
TH0 = (65536 - 43)/256;
TL0 = (65536 - 43) % 256;
```

也可以使用官方库函数，将(65536−43)这个值直接赋值给对应的结构体成员，再由库函数进行初始化。任务中采用的是库函数进行初始化的方法。

打开 timerApp.h 文件，输入以下代码：

```
#ifndef __TIMER_APP_H_
#define __TIMER_APP_H_
//-------------- 外部变量 ------------------
extern u8 uTimer10msFlag;            //正常情况下不要修改，可以增加任务标志位
//-------------- 外部函数 -------------------
void initTimer0();                   //T0 定时器初始化，用于调度任务
#endif
```

这部分代码就是声明一个任务标志的外部变量 uTimer10msFlag 和一个 T0 初始化的外部函数 initTimer0。外部标志变量在这个任务里不需要用到，放着先不管。timeeApp. c 里根据需求，实现 initTimer0 函数。

打开 timerApp. c 文件，输入以下代码：

```
#include "timer.h"
#include "smg.h"
#include "timerApp.h"

//---------------- 外部函数 ------------------
/**
  * @description:定时器 0 的初始化函数
  * @param { * }
  * @return { * }
  */
void initTimer0()
{
  TIM_InitTypeDef structInitTim;
  structInitTim.TIM_Mode = TIM_16BitAutoReload;          //16 位自动重装
  structInitTim.TIM_Polity = PolityHigh;                 //高优先级
  structInitTim.TIM_Interrupt = ENABLE;                  //开中断
  structInitTim.TIM_ClkSource = TIM_CLOCK_1T;            //下载软件指定的作时钟源
  structInitTim.TIM_ClkOut = DISABLE;                    //不对外输出信号
  structInitTim.TIM_Value = (65536 - 43);                //产生 256kHz 的频率
  structInitTim.TIM_Run = ENABLE;                        //开启定时器
  Timer_Inilize(Timer0, &structInitTim);                 //调用函数进行初始化
}
//---------------- 中断函数 ----------------
/**
  * @description:定时器 0 的中断函数,此函数从 timer.c 复制而来,需要将原来的函数注释掉
  * @param { * }
  * @return { * }
  * @author: gooner
  */
void timer0_int(void) interrupt TIMER0_VECTOR
{
  TL0 = (65536 - 43) % 256;                              //设置定时初值
  TH0 = (65536 - 43) / 256;                              //设置定时初值
}
```

initTimer0 函数里，把 T0 的工作模式 structInitTim. TIM_Mode 设定在了自动重装、T0 计数源 structInitTim. TIM_ClkSource 设定为 1T 模式，初始化值 structInitTim. TIM_Value 为(65536－43)。最后调用函数 Timer_Inilize 对 T0 进行初始化。

初始化完成后，T0 每计 43 个数就发生一次溢出，溢出频率为 256kHz，这个 256kHz 会被作为 PCA 计数器的计数频率。由于 T0 的工作模式初始化为初值自动重装，正常情况每发生 1 次溢出后，(65536－43)这个初值是由内部硬件自动重装的，这个知识点在使用定时器 T0 产生中断的任务里已经学习过。但是 T0 定时器溢出率在作为 PCA 计数器的计数频率时，会发现 T0 定时器的初值自动重装不正常，官方技术手册也没有说明原因。解决初值不会自动重装的方法是初始化时开启 T0 的溢出中断，当 T0 发生溢出后，执行中断函数，在

中断函数里用代码把 T0 的初值再写入，进行初值重装。T0 的中断函数如下：

```
void timer0_int(void) interruptTIMER0_VECTOR
{
  TL0 = (65536 - 43) % 256;          //设置定时初值—低 8 位
  TH0 = (65536 - 43) / 256;          //设置定时初值—高 8 位
}
```

注意：这里不能对结构体的成员 structInitTim. TIM_Value 赋值进行初值重装，必须直接操作底层两个寄存器 TL0 和 TH0，重置 T0 的计数初始值。

3. 主模块(main. c)

上面 2 个模块的代码写好之后，打开 main. c 文件，输入以下代码：

```
#include "config.h"
#include "pcaApp.h"
#include "pca.h"
#include "timerApp.h"
//---------------- 主函数 ---------------------
void main()
{
  initTimer0();
  pcaPinInit();
  pcaConfig();
  EA = 1;
  updatePwm(PCA0, 32);
  while (1)
    ;
}
```

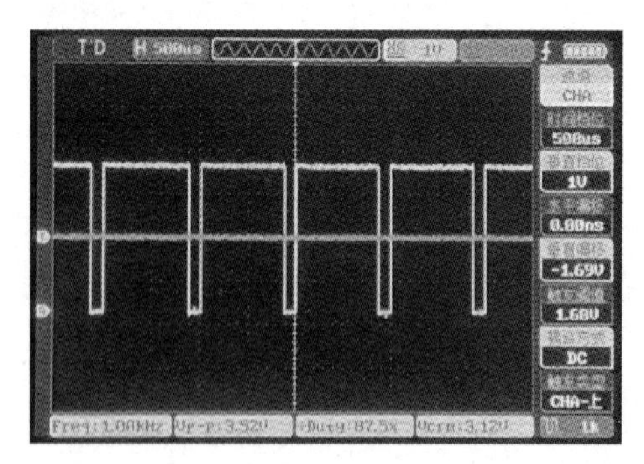

图 4-2-3　PWM 信号输出波形

主函数非常简单，只需要调用其他模块写好的初始化函数和配置函数，并开启全局中断即可。配置完成后，产生 PWM 信号的工作由 STC 单片机自动完成。

将编译后的 hex 文件烧写进“1+X”训练考核套件，并用杜邦线把 P1. 1 口引出并接上示波器，观察示波器的输出波形。注意，在 STC-ISP 软件界面里，芯片的主频率必须使用 11. 0592MHz 的内部 RC 振荡器。示波器的波形，如图 4-2-3 所示。

可以清楚地看到，频率 Freq 读数为 1kHz，占空比 Duty 读数为 87. 5%。这个占空比在程序运行过程中是无法改变的，只能通过改变源代码里 UpdatePwm 函数的第 2 个参数的值，然后再次编译并下载到考核套件上运行来改变这个占空比。假设 UpdatePwm 函数第 2 个参数为 M，那么 PWM 信号占空比的计算公式：

$$\text{Duty} = \frac{256 - M}{256} \times 100\%$$

运行效果可扫描二维码观看。

任务 4.2 运行效果

【课后练习】

修改任务 4.2 的源码，让 P1.1 输出一个频率为 100Hz，占空比为 25%的方波信号。

任务 4.3　自动控制亮度的 LED 灯

【任务描述】

使用 STC15 系列单片机内部的 CCP/PCA 模块，在 P1.1 接口上采用推挽输出方式驱动 1 只 LED 灯，编写代码在 P1.1 引脚上产生 1 个 100Hz 的方波信号，信号的占空比可从 0、12.5%、25%、37.5%、50%、62.5%、75%、87.5%、100%这 9 个挡位自动递增后再自动递减，并不断循环，递增/递减的间隔时间为 1s。在此过程中，LED 灯的亮度会跟随挡位的变化而变化，实现 PWM 信号自动控制 LED 亮度的效果。

【知识要点】

1. PWM 数字模拟转换

在任务 4.2 中已经学习到如何产生 1 个 PWM 信号。使用 PWM 信号，可以实现数字模拟信号转换，这种转换可以应用在多个方面。下面简单解释 PWM 信号的数字模拟转换原理。

以“1+X”训练考核套件上的单片机型号为例，其 I/O 口只能输出高电平和低电平。假设高电平为 3.3V、低电平则为 0V，那么要输出不同的模拟电压就可以得到 PWM 信号。利用 PWM 信号，通过改变 I/O 口输出方波的占空比，从而获得使用数字信号模拟成的模拟电压信号。

I/O 口的电压是以一种脉冲序列被加到模拟负载上去的，接通时是高电平 1，断开时是低电平 0。接通时直流供电输出，断开时直流供电断开。通过对接通和断开时间的控制，理论上来讲，可以输出任意不大于最大电压值 3.3V 的模拟电压。例如，占空比 50%就是一半时间高电平，一半时间低电平，在一定频率下，就可以在 I/O 口得到 1.65V 的模拟电压。那么如果是 87.5%的占空比，得到的模拟电压就是 2.88V。由此可以得到：

I/O 口模拟电压＝I/O 口最高电压 × 占空比

注意：I/O 口的最高电压可能是 3.3V，也可能是 5V，具体需要看单片机系统是工作在哪一种电压下。但不管是工作在哪种电压下，其 PWM 数字模拟转换的原理不变。

2. PWM 信号控制 LED 灯亮度

将一只 LED 灯接入单片机的 I/O 口，如图 4-3-1 所示。

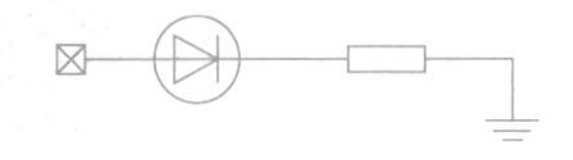

图 4-3-1　LED 灯与单片机 I/O 口连接

在 I/O 口输出一定频率的 PWM 信号，如果 PWM 信号的占空比不同，I/O 口上得到的模拟电压就不同，LED 灯的亮度也就不一样。PWM信号的占空比越小，I/O上的模拟电压就越小，单位时间内LED灯消耗的功率就越低，LED灯的亮度就越低。反之，PWM信号的占空比越大，LED灯的亮度就越高。PWM信号的占空比会影响LED灯的亮度，频率对LED灯的状态也有影响。人眼对80Hz以上的刷新频率完全没有闪烁感，一般LED灯刷新频率50Hz以上，人眼就会产生视觉暂留效果，基本看不到闪烁，认为LED灯是常亮。因此在任务中，PWM信号频率不能过低，过低的话LED灯会闪烁，任务中将PWM信号设定为100Hz。同时将PWM信号的占空比平均分为9挡，每次递增/递减1挡，间隔时间为1s。因此，对应的LED灯亮度也为9挡，对应从熄灭到亮度最大。

【电路设计】

任务需要在单片机的P1.1口上串联一只LED灯和电阻，电路原理图如图4-3-2所示。

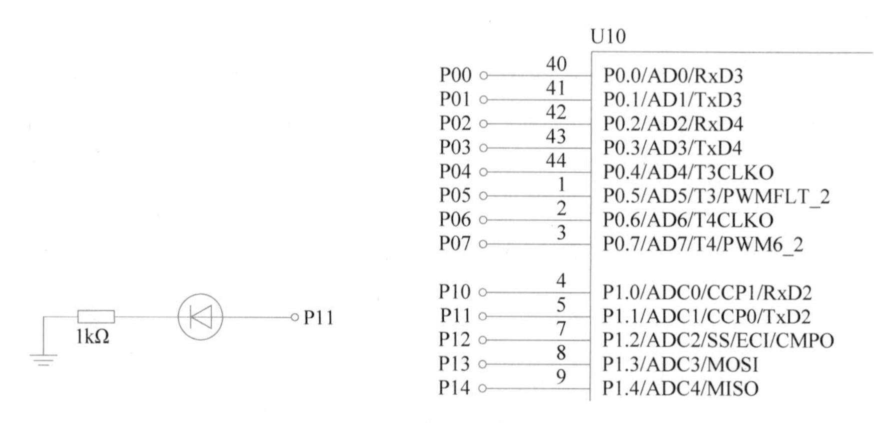

图4-3-2 任务4.3电路原理图

按照电路图，在“1+X”训练考核套件面包板上将电阻和LED灯按照电路图串联连接后，再用杜邦线将LED等的正极接入单片机的P1.1口，电阻的一端接入“1+X”训练考核套件上的地，其实物连接如图4-3-3方框内所示。

图4-3-3 实物连接图

【软件模块】

这个任务的软件模块与任务 4.2 基本一致，为了简单起见，任务中间隔 1s 直接使用官方库里的延时函数实现，不另外使用定时器实现。因此需要把官方的 delay. c 模块加入任务 4.3 的工程里，模块关系如图 4-3-4 所示。

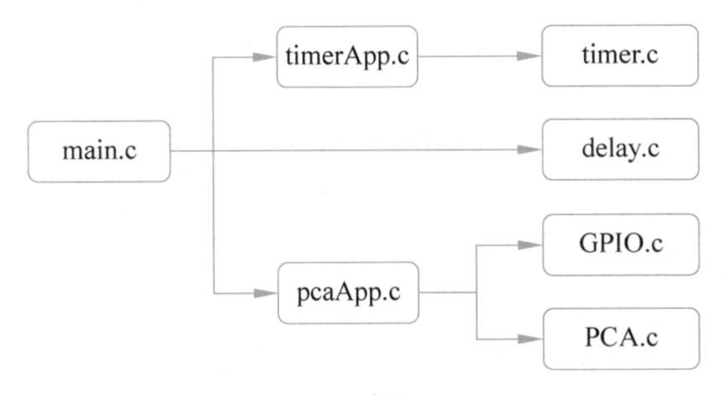

图 4-3-4　模块关系图

从模块关系图里可以看到，timer. c、delay. c、GPIO. c 和 PCA. c 是官方提供的模块。timerApp. c、pcaApp. c 是自编模块，自编模块相互之间没有发生调用。main. c 调用 timerApp. c、pcaApp. c 和 delay. c 模块。

【程序设计】

1. CCP/PCA 模块(pcaApp. h 和 pcaApp. c)

复制任务 4.2，改名为"任务 4.3　自动控制亮度的 LED 灯"，打开任务 4.3 工程，把 delay. c 加入工程的 fwlib 分组下。而 pcaApp. h 和 pcaApp. c 这两个文件可以直接沿用任务 4.2 的内容，不需要做任何修改。

2. 定时器模块初始化(timerApp. h 和 timerApp. c)

timerApp. h 文件的内容不需要修改，直接沿用任务 4.2 的内容即可。而 timerApp. c 文件由于任务 4.3 里 PWM 信号的频率发生了改变，需要做出一点修改。打开 timerApp. c 文件，输入以下代码：

```
#include "timer.h"
#include "smg.h"
#include "timerApp.h"

//----------------- 外部函数 -------------------
/**
  * @description:定时器 0 的初始化函数
  * @param { * }
  * @return { * }
  */
void initTimer0()
{
  TIM_InitTypeDef structInitTim;
  structInitTim.TIM_Mode = TIM_16BitAutoReload;          //16 位自动重装
  structInitTim.TIM_Polity = PolityHigh;                 //高优先级
```

```
    structInitTim.TIM_Interrupt = ENABLE;                  //开中断
    structInitTim.TIM_ClkSource = TIM_CLOCK_1T;            //下载软件指定的作时钟源
    structInitTim.TIM_ClkOut = DISABLE;                    //不对外输出信号
    structInitTim.TIM_Value = (65536 - 432);               //产生 25.6kHz 的频率
    structInitTim.TIM_Run = ENABLE;                        //开启定时器
    Timer_Inilize(Timer0, &structInitTim);                 //调用函数进行初始化
}
//---------------- 中断函数 ----------------
/**
  * @description:定时器 0 的中断函数,此函数从 timer.c 复制而来,需要将原来的函数注释掉
  *
  * @param {*}
  * @return {*}
  * @author: gooner
  */
void timer0_int(void) interrupt TIMER0_VECTOR
{
    TL0 = (65536 - 432) % 256;                             //设置定时初值
    TH0 = (65536 - 432) / 256;                             //设置定时初值
}
```

这段代码只修改了 1 个地方，就是定时器的初值。任务里 PWM 信号的频率是 100Hz，PWM 信号的频率由 T0 的溢出率决定，而 T0 的溢出率就由 T0 的初值决定，因此，必然需要修改 T0 的初值。可以从上面的代码看出，在初始化的结构体中，T0 的初值 structInitTim.TIM_Value 被修改成(65536－432)，至于为什么是减去 432，读者可以结合任务 4.2 里的讲解自行分析。这里还必须注意，T0 的初始值修改了，在 T0 中断函数里重装的初始值也必须跟着修改。

3. 主模块(main.c)

接下来打开 main.c 文件，输入以下代码：

```
#include "config.h"
//#include "smg.h"
#include "pca.h"
#include "pcaApp.h"
#include "timerApp.h"
#include "delay.h"

u8 pwmDuty[9] = {255, 224, 192, 160, 128, 96, 64, 32, 0};

//-------------- 主函数 --------------------
void main()
{
    u8 pwmDutyLevel = 0;
    u8 pwmTaskState;
    u8 delayTimer;
    initTimer0();
    pcaPinInit();
    pcaConfig();
    EA = 1;
```

```
    updatePwm(PCA0, pwmDuty[pwmDutyLevel]);
    while (1)
    {
      switch (pwmTaskState)
      {
      case 0:
        if (++pwmDutyLevel > 8)
        {
          pwmDutyLevel -- ;
          pwmTaskState = 1;
          break;
        }
        else
        {
          updatePwm(PCA0, pwmDuty[pwmDutyLevel]);
        }
        break;
      case 1:
        if ( -- pwmDutyLevel == 0)
        {
          updatePwm(PCA0, pwmDuty[pwmDutyLevel]);
          pwmTaskState = 0;
          break;
        }
        else
        {
          updatePwm(PCA0, pwmDuty[pwmDutyLevel]);
        }
        break;
      default:
        break;
      }
      for (delayTimer = 0; delayTimer < 4; delayTimer++)
        delay_ms(250);
    }
  }
```

main.c 里先声明了 1 个数组 pwmDuty[9]，这个数组里有 9 个成员，每个成员都可以为 UpdatePwm 函数的第 2 个参数，可将 PWM 信号占空比设置为对应的挡位。这里需要注意，第 1 个成员为 255，而不是 256，对应的 PWM 信号占空比为 0%。其他参数对应的 PWM 信号占空比读者可自行分析。

在主函数里，声明了 3 个变量，pwmDutyLevel、pwmTaskState、delayTimer。pwmDutyLevel 变量用于去 pwmDuty 数组里读取值，这个值递增对应 PWM 信号占空比增加；这个值递减对应的 PWM 信号占空比减少。pwmTaskState 作为一个状态指定变量，当 pwmTaskState 变量为 0 时，pwmDutyLevel 递增；当 pwmTaskState 变量为 1 时，pwmDutyLevel 递减。delayTimer 变量用于延时时间统计，由于官方的延时库函数最长只能延时 255ms，如果要实现延时 1s，必须累计 4 次延时才能实现。

在 while(1)里，使用 1 个 switch/case 结构实现了 PWM 信号占空比的递增和递减。case 的对象是 pwmTaskState 变量，当 pwmTaskState＝0 时，执行 case 0 分支的代码，代码如下：

```
if (++pwmDutyLevel > 8)
{
    pwmDutyLevel --;
    pwmTaskState = 1;
    break;
}
else
{
    updatePwm(PCA0, pwmDuty[pwmDutyLevel]);
}
break;
```

case 0 里先把 pwmDutyLevel 加 1，然后判断 pwmDutyLevel 是否大于 8，如果大于 8，那么将 pwmDutyLevel 减去 1，然后把 pwmTaskState 变量置 1，并跳出分支。那么下 1 次这个 switch/case 结构再次被执行的时候，就会执行到 case 1 里的代码。如果 pwmDutyLevel 小于 8，那么就调用 UpdatePwm 函数，根据 pwmDutyLevel 变量把 pwmDuty 数组里的值更新给 PCA0，这样就只要 pwmDutyLevel 小于或等于 8，每一次 pwmDutyLevel 的值都会递增，并更新给 PCA0，PWM 信号的占空比也就会递增。case 1 分支的代码是减少 PWM 信号的占空比，其原理同 case 0 分支的代码原理基本相同，留给读者自行分析。

最后是 1 个延时 1s 的 for 循环，代码如下：

```
for (delayTimer = 0; delayTimer < 4; delayTimer++)
    delay_ms(250);
```

while(1)里执行 switch/case 分支 1 次，就会执行这个延时 1s 的循环 1 次。不管是 PWM 信号占空比递增还是递减，都是如此。

编写完 main.c 里的代码后，编译工程，将 hex 文件烧写进“1+X”训练考核套件上运行，就可以看到 LED 灯逐渐变亮然后再逐渐熄灭，并不断循环。运行效果可扫描二维码观看。

任务 4.3 运行效果

【课后练习】

由于 PWM 信号的占空比设置为 9 挡，中间有几个挡位的亮度差异并不明显，现要求编写程序，把挡位减少为 5 挡，再运行程序观察 LED 灯的亮度变化情况。

任务 4.4　按键控制亮度的 LED 灯

【任务描述】

在任务 4.3 的基础，将 LED 灯的亮度挡位修改为 5 挡。同时编写程序，设计 2 只按键

ASW1 和 ASW2 控制 LED 灯的亮度。每次按下 ALED1 时，LED 灯的亮度增加；按下 ALED2 时，LED 灯的亮度减少。

【知识要点】

任务 4.4 里需要新增 1 个按键模块，按键模块的原理和使用方法在任务 3.4 里已经有过讲解，任务 4.4 里只需要直接使用按键模块里的代码即可。完成任务 4.4 的关键是如何在 main.c 文件里用代码实现按键和 PWM 信号占空比的逻辑关系。接下来介绍一种基于有限状态机的编程方法，用于编程实现按键和 PWM 信号占空比的逻辑关系。

1. 有限状态机

有限状态机(finite state machine，FSM)是数字逻辑系统设计中一个重要的概念。它通常被定义为包含一组状态集、一个起始状态、一组输入符号集、一个映射输入符号和当前状态到下一状态转换函数的计算模型。在数字电路系统中，通过建立有限状态机模型可以准确地描述时序逻辑电路的当前状态与下一状态、输入变量、输出变量之间的关系。在多数情况下，可以把单片机系统看成数字电路系统，因此，有限状态机模型同样可以很方便地描述单片机系统中各种任务关系。

2. 有限状态机四要素

有限状态机模型包含以下四个要素。

(1) 状态：包括当前状态和下一状态，是指电路或系统所处的一种暂时稳定的阶段，在这一阶段，电路和系统必须执行特定的动作且等待某些事件发生之后进行状态迁移。当前状态即电路或系统目前所处阶段，下一状态即发生迁移之后电路和系统所处状态。当前状态和下一状态不是绝对的，而是相对的，而且状态的个数必须是有限个。

(2) 迁移：从当前状态切换到下一状态的过程，迁移需要事件驱动。

(3) 事件：能够让电路或系统状态发生迁移的外部或内部特定条件或因素变化。

(4) 动作：电路或系统发生状态迁移时需要进行的一系列操作。

3. 有限状态机模型

根据实际任务的情况，使用有限状态机表示实际任务的逻辑关系，就称为有限状态机模型。接下来以本任务为例，结合有限状态机的四个要素，建立一个描述本任务逻辑关系的有限状态机模型。

1) 状态

本任务中，任务状态可以描述为 3 个。

(1) 等待按键按下的状态。如果任务处于这个状态，则把它称为任务的 0 态。

(2) PWM 信号占空比递增 1 次状态。如果任务处于这个状态，把它称为任务的 1 态。

(3) PWM 信号占空比递减 1 次状态。如果任务处于这个状态，把它称为任务的 2 态。

2) 迁移

(1) 当识别到 ASW1 被按下，任务会从 0 态迁移到 1 态；执行完 1 态的任务后，会从 1 态迁移回 0 态。

(2) 当识别到 ASW2 被按下，任务会从 0 态迁移到 2 态；执行完 2 态的任务后，会从 2 态迁移回 0 态。

3）事件

0 态切换到 1 态的事件是 ASW1 被按下。1 态切换回 0 态的事件是 1 态的任务完成。0 态切换到 2 态的事件是 ASW2 被按下。2 态切换回 0 态的事件是 2 态的任务完成。

4）动作

（1）在任务 0 态时判断按键是否被按下，如果 ASW1 被按下，任务状态切换到 1 态；如果 ASW2 被按下，任务状态切换到 2 态。

（2）在任务 1 态时，增加 1 次 PWM 信号的占空比，并将任务切换回 0 态。

（3）在任务 2 态时，减少 1 次 PWM 信号的占空比，并将任务切换回 0 态。

任务有限状态机模型可用图 4-4-1 表示。

图 4-4-1　任务有限状态机模型

在图 4-4-1 中，圆圈表示状态，箭头表示状态迁移，箭头上对应的文字表示事件，圆圈对应的方框表示状态对应的动作。

针对这个状态机模型，可以使用一个 switch/case 函数来描述这个模型，假设使用 pwmTaskState 变量来表示任务所在的状态，状态机模型的函数代码框架如下：

```
switch(pwmTaskState)
{
  case 0:
            //识别按键,如 ASW1 按下让 pwmTaskState = 1;如 ASW2 按下,则 pwmTaskState = 2
            break;
  case 1:
            //PWM 信号占空比增加 1 挡,然后让 pwmTaskState = 0
            break;
  case 2:
            //PWM 信号占空比减少 1 挡,然后让 pwmTaskState = 0
            break;
  default:
            break;
}
```

编写代码实现具体任务时，只需要在这个框架里写入对应代码即可。可以看出，使用有限状态机描述单片机编程任务，对理清编程思路非常有帮助。初学者在学习单片机编程时，遇到的最大困难就是如何理清编程的思路。很多初学者掌握了 C 语言的语法，也理解了单片机硬件的工作原理，但是面对一个具体的单片机任务时，还是感觉无从下手，不知道从哪里入手编写代码，实现任务。这个时候就可以借助有限状态机，把具体的单片机任务转化成一个有限状态机模型，根据模型写出框架代码，最后在框架里写出具体实现任务的代码。

【电路设计】

这个任务的电路是在任务 4.3 的基础上，接上 2 只按键，在“1＋X”训练考核套件上，已经有现成的 4 只按键可供选择使用，根据任务要求，可选择 ASW1 和 ASW2，其电路原理图如图 4-4-2 所示。

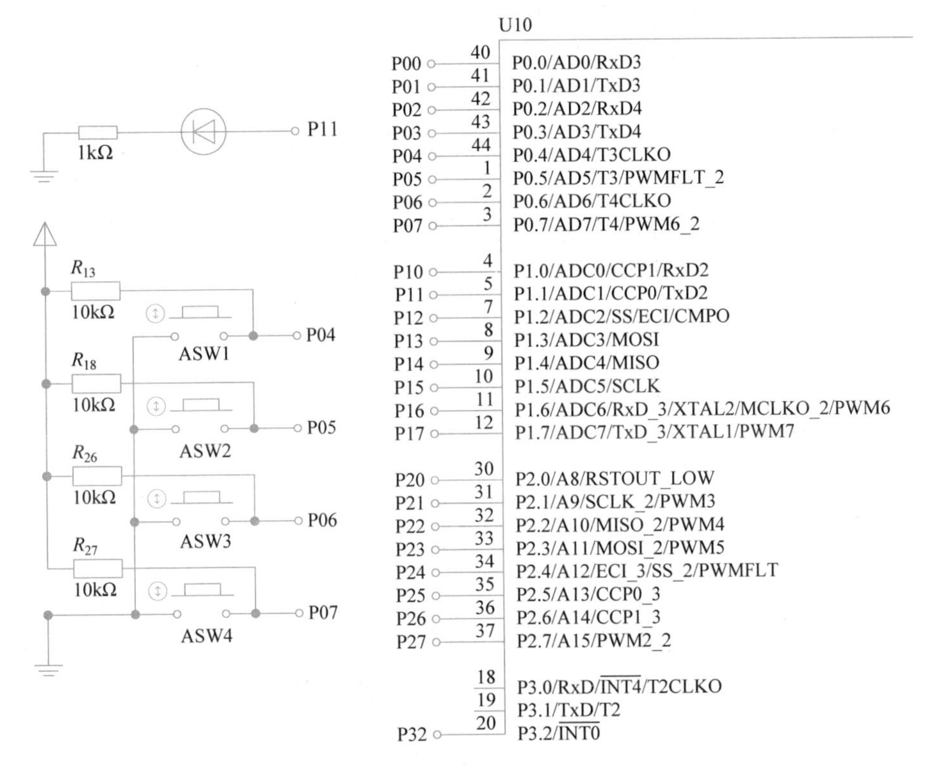

图 4-4-2　任务 4.4 电路原理图

任务的实物连接如图 4-3-3 方框内所示。

【软件模块】

这个任务的软件模块可以在任务 4.3 的基础上，去掉延时模块，增加按键模块得到。因此需要把任务 3.4 里完成的按键模块加入新工程里，其模块关系图，如图 4-4-3 所示。

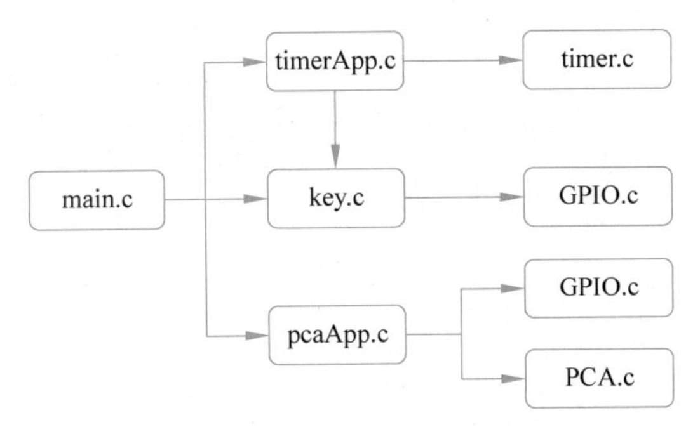

图 4-4-3　模块关系图

从模块关系图可以看出，timer.c、GPIO.c 和 PCA.c 是官方提供的模块，而 timerApp.c、key.c 和 pcaApp.c 是自编模块，timerApp.c 模块需要调用 key.c 模块里的函数。main.c 调用 timerApp.c、key.c 和 pcaApp.c 模块，并协调各模块之间的逻辑关系。

【程序设计】

1. CCP/PCA 模块(pcaApp.h 和 pcaApp.c)

复制任务 4.3 文件夹，改名为"任务 4.4 按键控制亮度的 LED 灯"。打开任务 4.4 工程，把 delay.c 从工程的 fwlib 分组下移除，同时把 key.c 加入 board 分组下，并把 key.h 文件的存放路径加入工程的编译路径下。pcaApp.h 和 pcaApp.c 这两个文件可以直接沿用任务 4.3 的内容，不需要做任何修改。

2. 定时器模块(timerApp.h 和 timerApp.c)

打开 timerApp.h 文件，输入以下代码：

```
#ifndef __TIMER_APP_H_
#define __TIMER_APP_H_
//-------------- 外部变量 -------------------
extern u8 uTimer10msFlag;                    //增加任务标志位
//-------------- 外部函数 --------------------
void initTimer0();                           //T0 定时器初始化,用于产生 PWM
void initTimer2();                           //T2 定时器初始化,用于调度任务
#endif
```

与任务 4.3 比较，需要将 T2 初始化函数 initTimer2 的注释去掉。同时也把 timerApp.c 中的 T2 对应注释去掉。timerApp.c 的代码如下：

```
#include "timer.h"
#include "smg.h"
#include "key.h"
#include "timerApp.h"

//----------------- 外部变量 ----------------
/**
  * @description:由定时器的中断函数产成的 10ms 标志位。此变量供主函数使用
  *
  * @author: gooner
  */
u8 uTimer10msFlag;                                         //10ms 标志变量
//----------------- 外部函数 -------------------
/**
  * @description:定时器 0 的初始化函数
  * @param { * }
  * @return { * }
  */
void initTimer0()
{
  TIM_InitTypeDef structInitTim;
```

```
    structInitTim.TIM_Mode = TIM_16BitAutoReload;          //16 位自动重装
    structInitTim.TIM_Polity = PolityHigh;                 //高优先级
    structInitTim.TIM_Interrupt = ENABLE;                  //开中断
    structInitTim.TIM_ClkSource = TIM_CLOCK_1T;            //下载软件指定的作时钟源
    structInitTim.TIM_ClkOut = DISABLE;                    //不对外输出信号
    structInitTim.TIM_Value = (65536 - 43);                //产生 256kHz 的频率
    structInitTim.TIM_Run = ENABLE;                        //开启定时器
    Timer_Inilize(Timer0, &structInitTim);                 //调用函数进行初始化
}
/**
  * @description:定时器 2 的初始化函数
  * @param { * }
  * @return { * }
  * @author: gooner
  */
void initTimer2()
{
    TIM_InitTypeDef structInitTim;
    structInitTim.TIM_Mode = TIM_16BitAutoReload;          //16 位自动重装
    structInitTim.TIM_Polity = PolityHigh;                 //高优先级
    structInitTim.TIM_Interrupt = ENABLE;                  //开中断
    structInitTim.TIM_ClkSource = TIM_CLOCK_1T;            //下载软件指定的作时钟源
    structInitTim.TIM_ClkOut = DISABLE;                    //不对外输出信号
    structInitTim.TIM_Value = (65536 - 11059);             //产生 1ms 的中断
    structInitTim.TIM_Run = ENABLE;                        //开启定时器
    Timer_Inilize(Timer2, &structInitTim);                 //调用函数进行初始化
}
//----------------- 中断函数 -----------------
/**
  * @description:定时器 0 的中断函数,此函数从 timer.c 复制而来,需要将原来的函数注释掉
  * @param { * }
  * @return { * }
  * @author: gooner
  */
void timer0_int(void) interrupt TIMER0_VECTOR
{
    TL0 = (65536 - 43) % 256;                              //设置定时初值
    TH0 = (65536 - 43) / 256;                              //设置定时初值
}
/**
  * @description:定时器 2 的中断函数,此函数从 timer.c 复制而来,需要将原来的函数注释掉
  *
  * @param { * }
  * @return { * }
  * @author: gooner
  */
void timer2_int(void) interrupt TIMER2_VECTOR
{
    static u8 uCnt1;                                       //软定时器 1
```

```
    static u8 uCnt2;                              //软定时器 2
    if (++uCnt1 == 3)                             //3ms
    {
      uCnt1 = 0;
      //disSmgAll();                              //3ms 执行一次数码管扫描函数
    }
    if (++uCnt2 == 10) //10ms
    {
      uCnt2 = 0;
      uTimer10msFlag = 1;                         //10ms 标志位置 1
      readKey();                                  //读取按键
    }
  }
```

timerApp.c 文件里关于 T0 的初始化和中断函数都不需要修改，但必须增加 T2 的初始化函数，并把 T2 的初值初始化为(65536－11059)，这样 T2 每 1ms 会中断 1 次。由于 T2 被初始为初值自动重装模式，因此，中断函数不需要再次赋初值。在 T2 的中断函数中，使用了 1 个计数变量 uCnt1 作为软计数器，计数 10 次后将 10ms 标志变量 uTimer10msFlag 置 1(这个变量在任务中没有使用到，但还是从形式上将其置 1)，然后调用了按键识别函数 readKey，这样就保证了按键识别函数每 10ms 被调用 1 次。关于按键识别程序的相关知识在任务 3.4 中已经讲解过，这里就不再展开，直接在 main.c 中使用就可以。

3. 按键模块(key.h 和 key.c)

按键模块的 2 个文件内容不需要修改，直接使用之前已经编写好的现成代码就可以。

4. 主函数模块(main.c)

main.c 的代码如下：

```
#include "config.h"
#include "key.h"
#include "pcaApp.h"
#include "PCA.h"
#include "timerApp.h"
u8 pwmDuty[5] = {255,192,128,64,0};
//---------------- 主函数 --------------------
void main()
{
  u8 pwmDutyLevel = 0;
  u8 pwmTaskState = 0;
  initKeyPin();                                 //初始按键引脚
  initTimer0();                                 //初始化 T0
  initTimer2();                                 //初始化 T2
  pcaPinInit();                                 //初始化 PCA
  pcaConfig();                                  //配置 PCA
  EA = 1;                                       //开全局中断
CR = 1;                                         //开启 PCA 计数器
  updatePwm(PCA0,pwmDuty[pwmDutyLevel]);        //将占空比设置为 0
```

```
while(1)
{
  switch(pwmTaskState)
  {
   case0:
       if(uKeyMessage == ASW1_PRESS)
       {
         uKeyMessage = 0;
         pwmTaskState = 1;
         break;
       }
       if(uKeyMessage == ASW2_PRESS)
       {
         uKeyMessage = 0;
         pwmTaskState = 2;
         break;
       }
       break;
   case1:
       if(pwmDutyLevel == 4)                    //判断是否加到最大挡
       {
         pwmTaskState = 0;
         break;
       }
       ++pwmDutyLevel;
       updatePwm(PCA0,pwmDuty[pwmDutyLevel]);
       pwmTaskState = 0;
       break;
   case2:
       if(pwmDutyLevel == 0)                    //判断是否在最小挡
       {
         pwmTaskState = 0;
         break;
       }
       --pwmDutyLevel;
       updatePwm(PCA0,pwmDuty[pwmDutyLevel]);
       pwmTaskState = 0;
       break;
   default: break;
  }
 }
}
```

任务中 PWM 信号占空比的挡位为 5 挡，因此将数组 pwmDuty 修改为 5 个成员，每个成员步进为 64。在 main 函数中，先调用各个初始化函数，把需要使用的相关硬件初始化，然后打开全局中断。最关键的代码是 while(1)中的 switch/case 结构，在前面的分析中已经知道 case 0 分支里实现的是识别按键的功能，先看识别 ASW1 的代码：

```
if(keyMessage == ASW1_PRESS)
{
  ukeyMessage = 0;
  pwmTaskState = 1;
  break;
}
```

这个 if 结构判断 ukeyMessage 是否等于 ASW1_PRESS，如果是，说明 ASW1 被按下，那么将 keyMessage 置 0，pwmTaskState 置 1，然后跳出分支。当这个 switch/case 下一次被执行到，它就会跳转到 case 1 分支，case1 分支的代码如下：

```
if(pwmDutyLevel == 4) //判断是否加到最大挡
{
    pwmTaskState = 0;
    break;
}
++pwmDutyLevel;
updatePwm(PCA0,pwmDuty[pwmDutyLevel]);
pwmTaskState = 0;
break;
```

这部分代码先使用 1 个 if 语句判断是否加到最大挡位，如果是，直接让 pwmTaskState 等于 0，并跳出分支，下一次 switch/case 被执行到，会直接跳回 case 0 分支，继续识别按键。如果还没有加到最大挡位，那么把挡位变量加 1，并根据挡位变量设置占空比，然后让 pwmTaskState 等于 0，并跳出分支，下一次 switch/case 被执行到，依然会跳回 case 0 分支，继续识别按键。

在 case 0 分支里，同时也识别按键 ASW2 是否被按下，代码如下：

```
if(ukeyMessage == ASW2_PRESS)
{
  ukeyMessage = 0;
  pwmTaskState = 2;
  break;
}
```

这个 if 结构判断 keyMessage 是否等于 ASW2_PRESS，如果是，说明 ASW2 被按下，那么将 keyMessage 置 0，pwmTaskState 置 2，然后跳出分支。当这个 switch/case 下一次被执行到，它就会跳转到 case 2 分支，case2 分支的代码如下：

```
if(pwmDutyLevel == 0) //判断是否在最小挡
{
  pwmTaskState = 0;
  break;
}
--pwmDutyLevel;
updatePwm(PCA0,pwmDuty[pwmDutyLevel]);
pwmTaskState = 0;
break;
```

这部分代码先使用1个if语句判断是否减到最小挡位，如果是，直接让pwmTaskState等于0，并跳出分支，下一次switch/case被执行到，会直接跳回case 0分支，继续识别按键。如果还没有减到最小挡位，那么把挡位变量减1，并根据挡位变量设置占空比，然后让pwmTaskState等于0，并跳出分支，下一次switch/case被执行到，依然会跳回case 0分支，继续识别按键。

可以看到，这部分代码都是在前面讨论到的有限状态机框架上进一步细化得来的。编程者根据实际任务，使用有限状态机建立1个模型，用代码写出这个模型的框架，然后根据任务细节在框架里进一步完善代码实现任务，这种编写代码的模式在单片机开发过程中非常常见，效率也比较高。初学者应该掌握这种从整体到局部的编写代码方法，形成相对固定的编程思路和编程模式，这样才能不断进步。

编写完main.c的代码后，编译整个工程，并把hex文件下载到“1＋X”训练开发套件上，按下开发套件上的ASW1和ASW2，可以看到LED灯的亮度会发生变化。值得注意的是，通过观察实验现象可知，即使读取pwmDuty数组第1个元素的值255，LED灯也会微微发光，无法完全关断熄灭。如果要将LED灯关断熄灭，必须在这个挡位停止PWM输出，并将GPIO口电平拉低。读者可自行思考如何关断PWM的输出。运行效果可扫描二维码观看。

任务4.4运行效果

【课后练习】

把数码管模块加入到任务4.4里，编写代码，把PWM信号占空比的挡位实时显示在数码管上。例如，PWM信号的占空比挡位是0，那么数码管显示内容就为0。

项目5

单片机通信技术

任务5.1 UART接口通信

【任务描述】

任务分以下两部分内容。

(1) 利用实验板A节点与B节点两套电路,编程实现如下通信:A节点每隔0.5s通过UART1向B节点发送10个数字(0~9)的数据,B节点收到的时候,显示在B节点数码管的后两位上;A节点数码管前两位显示发送的数字。

(2) 利用实验板A节点和计算机端的串口调试助手实现如下通信:A节点每隔0.5s通过UART1向PC端串口助手发送10个数字(0~9)的数据,串口助手接收到数据后显示在串口助手的显示区;A节点数码管前两位显示发送的数字。同时,串口助手可向A节点发送数据(限0~9,10个数字),A节点接收到数据后,将数字显示在数码管的后2位。

【知识要点】

1. 串行通信的基础知识

1) 什么是串行通信

在计算机网络和嵌入式系统里,系统之间、设备之间和元器件之间都需要进行数据与信息的交换,称为通信。它们之间的通信一般分为以下两种形式。

(1) 以字节为最小单位进行通信,称为并行通信。

(2) 以位为最小单位进行通信,称为串行通信。

并行通信是多位同时传输,速度快但距离近,而串行通信是逐位传输,速度慢但距离远,两种方式分别通过并行接口和串行接口实现。

串行通信又分为异步通信和同步通信两种方式,异步串行通信接口不要求有严格的时钟同步,常用的是UART(通用异步收发器);同步串行通信接口要求有严格的时钟同步,常用的是SPI和I^2C等。分辨同步通信和异步通信的最主要方式是看通信双方是否有共同的时钟。例如,SPI属于同步通信,那么参与通信双方除了1根发送线和1根接收线连接外,另外需要有增加一根时钟线互相连接。而RS-232属于异步通信,那么参与通信双方只需要 1 根发送线、1 根接收线相互连接即可，不需要额外的时钟线。

串行接口 UART 的物理接口标准有 RS-232C、RS-449 和 RS-485 等，其中 RS-232C 和 RS-485 最为常用。

2）RS-232 串口通信

RS-232 是一种串行通信的标准。最早的 RS-232 标准规定使用 25 针的标准接口，但在大多数场合下只使用了其中的 9 只引脚，于是后来就简化了 RS-232 标准的接口，使用 9 针标准接口，即相对比较常见的 DB-9 接口。在个人计算机中，通常把实现 RS-232 通信功能的专用芯片称为通用异步接收发生器（universal asynchronous receiver transmitter，UART）。随着技术的发展，有的单片机芯片里，集成了通用的同步/异步接收发生器（universal synchronous/asynchronous receiver transmitter，USART）。USART 和 UART 在进行异步的 RS-232 通信时一样，USART 比 UART 多了一个同步的功能。接下来统一将其写为 UART，称为串口通信。

RS-232 电气采用负逻辑，和 TTL 器件通信时必须进行电平转换。RS-232 采用单端输出和单端输入，最大通信距离约为 30m，通信速率低于 20kb/s。

2. 单片机与 PC 的串口通信

PC 上的 RS-232 接口是 DB9，DB9 是 9 针口，而通常单片机内部集成的 UART 只有 3 只引脚：RxD、TxD 和 GND。RxD 是接收引脚，TxD 是发送引脚，GND 则是地线（发送和接收都是针对单片机而言的）。两个 UART 连接时，TxD 和 RxD 必须交叉连接。在 RS-232 标准中，分别定义了逻辑 1 和逻辑 0 的电压范围。

（1）逻辑 1 的电压范围为－15～－3V。

（2）逻辑 0 的电压范围为＋3～＋15V。

单片机和 PC 的电气标准中，逻辑 1 和逻辑 0 的标准是不一样的，因此如果 PC 和单片机进行 RS-232 标准的串行通信，则需要在两者之间使用电平转换芯片进行电平的逻辑转换，以前比较常用的电平逻辑转换芯片是 MAX232。但在目前最新的 PC 和笔记本电脑中，这种 DB9 接口几乎看不到了，尤其是笔记本电脑中，只提供 USB 接口。用户必须使用 USB 转串口的芯片，才能在笔记本电脑中虚拟出一个 RS-232 串行接口。常见的转换芯片型号有 CH340、PL2303、CP2102 和 FT232 等。通常使用的实验板用的就是这款 CH340 转换芯片实现 STC15 系列单片机和笔记本电脑之间的串口通信。通信主要有两种应用。

（1）实现程序下载。

（2）实现 PC 与单片机之间的通信。

转换电路的电路原理图可参考附录 1 的电路原理图（电源和下载部分）。

3. STC15 系列单片机的 UART 接口

STC 公司的 15 系列单片机最多有 4 个 UART 接口，但常用的只有 2 个，“1＋X”训练考核套件上的主控芯片 IAP15L2K61S2 就只有 2 个 UART 接口，UART1 和 UART2。接下来以 UART1 为例介绍 IAP15L2K61S2 芯片的 UART 接口编程应用。在学习编程应用之前，需要先了解几个基本概念。

1）UART 引脚

集成在单片机内部的 UART 硬件需要对应 2 只引脚，RxD 和 TxD，其中 RxD 用于接收数据，TxD用于发送数据。传统51单片机的这两只引脚固定不变，位于P30和P31。而STC15系列单片机，这两只引脚可以在一定范围内由编程人员自由配置，称为引脚重映射。UART1可以映射到3组引脚，分别是P30和P31、P36和P37、P16和P17。"1+X"训练考核套件连接CH340芯片默认是P30和P31。如果是实现单片机和PC之间的UART通信，那就必须将引脚配置在P30和P31。如果是实现A节点和B节点之间的UART通信，那么不需要使用CH340进行电平转换，直接将A节点和B节点的RxD和TxD交叉连接即可。由于"1+X"训练考核套件上的P30和P31没有用排针或者排座引出，但P16和P17就有使用排座引出，因此需要实现A节点和B节点通信时，就必须将UART1的引脚配置在P16和P17。另外，由于A节点和B节点在设计的时候已经共地处理，因此不需要再进行共地连接。如果是两块没有共地的实验板的UART接口互相连接，除了交叉连接RxD和TxD外，还需要把两块实验板的GND进行共地连接，这样才能正常进行通信。

2）波特率

在电子通信领域，波特率(baud)即调制速率，指的是有效数据信号调制载波的速率，即单位时间内载波调制状态变化的次数。在串行通信里，可以简单理解成通信双方约定好的传输速率，这个速率必须要一致，通信才能正常进行。PC端的波特率由PC端产生，而单片机端的波特率由单片机内部的定时器产生。其中UART1的波特率可以使用T1或者T2产生，而UART2的波特率只能使用T2产生。T1和T2可选择工作在1T模式或者12T模式，在本任务中，使用官方库对UART工作模式进行配置，默认T1和T2作为波特率发生器时，都工作在1T模式。

3）UART的工作模式

STC15系列单片机的UART有4种工作模式，4种模式见表5-1-1。

表5-1-1　UART的工作模式

工作模式	功能说明	波特率
模式0	同步移位串行方式	当UART_M0x6=0时，波特率是SYSclk/12 当UART_M0x6=1时，波特率是SYSclk/2
模式1	8位UART，波特率可变	串行口1用定时器1作为其波特率发生器且定时器1工作于模式0(16位自动重装载模式)或串行口用定时器2作为其波特率发生器时，波特率=(定时器1的溢出率或定时器2的溢出率)/4。注意，此时波特率与SMOD无关。当串行口1用定时器1作为其波特率发生器且定时器1工作于模式0(8位自动重装模式)时，波特率=(2^{SMOD}/32)×(定时器1的溢出率)
模式2	9位UART	(2^{SMOD}/64)×SYSclk系统工作时钟频率
模式3	9位UART，波特率可变	当串行口1用定时器1作为其波特率发生器且定时器1工作于模式0(16位自动重装载模式)或串行口用定时器2作为其波特率发生器时，波特率=(定时器1的溢出率或定时器T2的溢出率)/4。注意：此时波特率与SMOD无关。当串行口1用定时器1作为其波特率发生器且定时器1工作于模式0(8位自动重装模式)时，波特率=(2^{SMOD}/32)×(定时器1的溢出率)

这张表看着很复杂，但目前只需要记住一点：接下来涉及的内容，UART 都工作在模式 1。

4) UART 相关的 SFR

UART 涉及两部分 SFR，一部分是产生 UART 波特率的定时器的 SFR，另一部分是管理 UART 本身的 SFR。这两部分涉及的 SFR 非常多，这里不单独一一列出。定时器部分的寄存器可在《STC 单片机的器件手册》的第 7 章查阅，UART 部分的寄存器可以在《STC 单片机的器件手册》的第 8 章查阅。在任务的编程里，依然还是使用官方提供的 UART 模块函数库，尽可能绕开底层复杂的寄存器。UART 模块函数库将在软件模块部分中讲解。

【电路设计】

电路原理图如图 5-1-1 所示（原理图省略了最小系统，同时默认共地），把 A 节点的 P17 端口用一条导线连接到 B 节点的 P16 端口，就完成了本实验的电路。

实物图连接如图 5-1-2 所示。

【软件模块】

本任务需要用到的模块以及它们之间的关系，如图 5-1-3 所示。

USART. c、timer. c 和 GPIO. c 是官方提供的。timerApp. c、uartApp. c 和 smg. c 是自编模块。其中 uartApp. c 需要在工程中新建并加入工程里，它的功能是调用官方提供的 USART 模块（STC 公司官方的文件名就是 USART. c 和 USART. h，命名有问题，但不影响模块使用，这里不修改文件名）对单片机内部的 UART1 进行初始化和数据的发送和接收。main. c 模块负责调用 timerApp、uartApp 和 smg 模块。

由于使用了官方提供的 USART 模块，因此需要先分析这个新模块的使用原理。这里不分析模块功能如何实现，只分析模块提供的变量和函数，掌握它们的使用方法。

首先打开工程里 fwlib 文件夹下的 USART. h 文件，源代码如下：

```
#ifndef __USART_H
#define __USART_H

#include "config.h"

#define COM_TX1_Lenth 128
#define COM_RX1_Lenth 128
#define COM_TX2_Lenth 128
#define COM_RX2_Lenth 128

#define USART1 1
#define USART2 2

#define UART_ShiftRight 0                    //同步移位输出
#define UART_8bit_BRTx (1 << 6)              //8 位数据,可变波特率
#define UART_9bit (2 << 6)                   //9 位数据,固定波特率
#define UART_9bit_BRTx (3 << 6)              //9 位数据,可变波特率

#define UART1_SW_P30_P31 0
#define UART1_SW_P36_P37 (1 << 6)
```

```
#define UART1_SW_P16_P17 (2 << 6)              //必须使用内部时钟
#define UART2_SW_P10_P11 0
#define UART2_SW_P46_P47 1

#define TimeOutSet1 5
#define TimeOutSet2 5

#define BRT_Timer1 1
#define BRT_Timer2 2

typedef struct
{
  u8 id; //串口号

  u8 TX_read;                                  //发送读指针
  u8 TX_write;                                 //发送写指针
  u8 B_TX_busy;                                //忙标志

  u8 RX_Cnt;                                   //接收字节计数
  u8 RX_TimeOut;                               //接收超时
  u8 B_RX_OK;                                  //接收块完成
} COMx_Define;

typedef struct
{
  u8 UART_Mode;                                //模式,模式 0、1、2、3 可选
  u8 UART_BRT_Use;                             //使用波特率的定时器 BRT_Timer1,BRT_Timer2
  u32 UART_BaudRate;                           //波特率,ENABLE,DISABLE
  u8 Morecommunicate;                          //多机通信允许,ENABLE,DISABLE
  u8 UART_RxEnable;                            //允许接收,ENABLE,DISABLE
  u8 BaudRateDouble;                           //波特率加倍,ENABLE,DISABLE
  u8 UART_Interrupt;                           //中断控制,ENABLE,DISABLE
  u8 UART_Polity;                              //优先级,PolityLow,PolityHigh
  u8 UART_P_SW;                                //切换端口,引脚重映射
  u8 UART_RXD_TXD_Short;                       //内部短路 RXD 与 TXD,做中继,ENABLE,DISABLE

} COMx_InitDefine;

extern COMx_Define COM1, COM2;
extern u8 xdata TX1_Buffer[COM_TX1_Lenth];     //发送缓冲
extern u8 xdata RX1_Buffer[COM_RX1_Lenth];     //接收缓冲
extern u8 xdata TX2_Buffer[COM_TX2_Lenth];     //发送缓冲
extern u8 xdata RX2_Buffer[COM_RX2_Lenth];     //接收缓冲

u8 USART_Configuration(u8 UARTx, COMx_InitDefine * COMx);
void TX1_write2buff(u8 dat);                   //写入发送缓冲,指针 + 1
void TX2_write2buff(u8 dat);                   //写入发送缓冲,指针 + 1
void PrintString1(u8 * puts);                  //串口 1 发送 1 个字符串
void PrintString2(u8 * puts);                  //串口 2 发送 1 个字符串

#endif
```

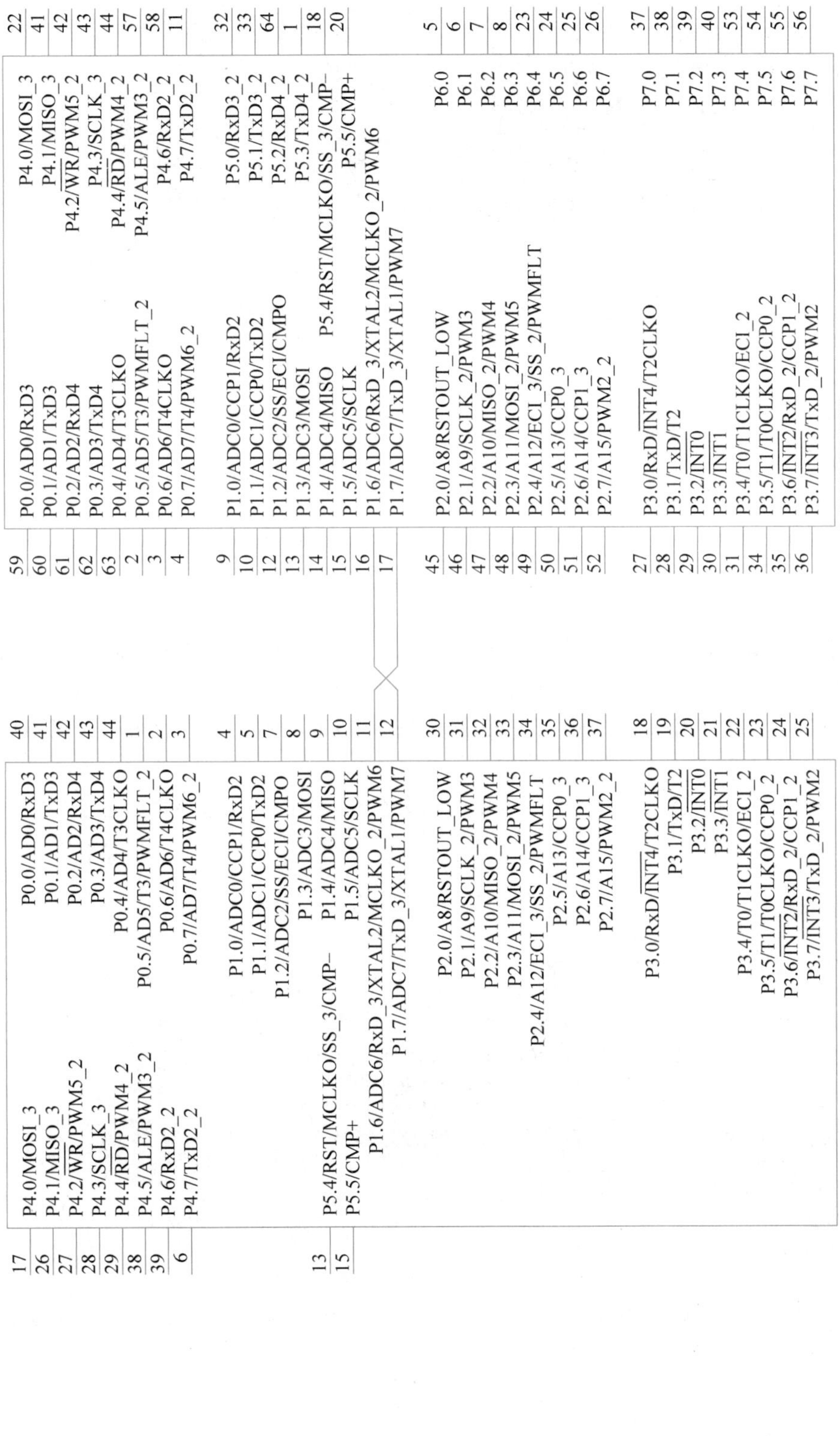

17 P4.0/MOSI_3 — P0.0/AD0/RxD3 40
26 P4.1/MISO_3 — P0.1/AD1/TxD3 41
27 P4.2/WR/PWM5_2 — P0.2/AD2/RxD4 42
28 P4.3/SCLK_3 — P0.3/AD3/TxD4 43
29 P4.4/RD/PWM4_2 — P0.4/AD4/T3CLKO 44
38 P4.5/ALE/PWM3_2 — P0.5/AD5/T3/PWMFLT_2 1
39 P4.6/RxD2_2 — P0.6/AD6/T4CLKO 2
6 P4.7/TxD2_2 — P0.7/AD7/T4/PWM6_2 3
P1.0/ADC0/CCP1/RxD2 4
P1.1/ADC1/CCP0/TxD2 5
P1.2/ADC2/SS/ECI/CMPO 7
P1.3/ADC3/MOSI 8
13 P5.4/RST/MCLKO/SS_3/CMP− — P1.4/ADC4/MISO 9
15 P5.5/CMP+ — P1.5/ADC5/SCLK 10
P1.6/ADC6/RxD_3/XTAL2/MCLKO_2/PWM6 11
P1.7/ADC7/TxD_3/XTAL1/PWM7 12
P2.0/A8/RSTOUT_LOW 30
P2.1/A9/SCLK_2/PWM3 31
P2.2/A10/MISO_2/PWM4 32
P2.3/A11/MOSI_2/PWM5 33
P2.4/A12/ECI_3/SS_2/PWMFLT 34
P2.5/A13/CCP0_3 35
P2.6/A14/CCP1_3 36
P2.7/A15/PWM2_2 37
P3.0/RxD/INT4/T2CLKO 18
P3.1/TxD/T2 19
P3.2/INT0 20
P3.3/INT1 21
P3.4/T0/T1CLKO/ECI_2 22
P3.5/T1/T0CLKO/CCP0_2 23
P3.6/INT2/RxD_2/CCP1_2 24
P3.7/INT3/TxD_2/PWM2 25
IAP15L2K61S2

59 P0.0/AD0/RxD3 — P4.0/MOSI_3 22
60 P0.1/AD1/TxD3 — P4.1/MISO_3 41
61 P0.2/AD2/RxD4 — P4.2/WR/PWM5_2 42
62 P0.3/AD3/TxD4 — P4.3/SCLK_3 43
63 P0.4/AD4/T3CLKO — P4.4/RD/PWM4_2 44
2 P0.5/AD5/T3/PWMFLT_2 — P4.5/ALE/PWM3_2 57
3 P0.6/AD6/T4CLKO — P4.6/RxD2_2 58
4 P0.7/AD7/T4/PWM6_2 — P4.7/TxD2_2 11
9 P1.0/ADC0/CCP1/RxD2 — P5.0/RxD3_2 32
10 P1.1/ADC1/CCP0/TxD2 — P5.1/TxD3_2 33
12 P1.2/ADC2/SS/ECI/CMPO — P5.2/RxD4_2 64
13 P1.3/ADC3/MOSI — P5.3/TxD4_2 1
14 P1.4/ADC4/MISO — P5.4/RST/MCLKO/SS_3/CMP− 18
15 P1.5/ADC5/SCLK — P5.5/CMP+ 20
16 P1.6/ADC6/RxD_3/XTAL2/MCLKO_2/PWM6
17 P1.7/ADC7/TxD_3/XTAL1/PWM7
45 P2.0/A8/RSTOUT_LOW — P6.0 5
46 P2.1/A9/SCLK_2/PWM3 — P6.1 6
47 P2.2/A10/MISO_2/PWM4 — P6.2 7
48 P2.3/A11/MOSI_2/PWM5 — P6.3 8
49 P2.4/A12/ECI_3/SS_2/PWMFLT — P6.4 23
50 P2.5/A13/CCP0_3 — P6.5 24
51 P2.6/A14/CCP1_3 — P6.6 25
52 P2.7/A15/PWM2_2 — P6.7 26
27 P3.0/RxD/INT4/T2CLKO — P7.0 37
28 P3.1/TxD/T2 — P7.1 38
29 P3.2/INT0 — P7.2 39
30 P3.3/INT1 — P7.3 40
31 P3.4/T0/T1CLKO/ECI_2 — P7.4 53
34 P3.5/T1/T0CLKO/CCP0_2 — P7.5 54
35 P3.6/INT2/RxD_2/CCP1_2 — P7.6 55
36 P3.7/INT3/TxD_2/PWM2 — P7.7 56
IAP15L2K61S2

图 5-1-1　任务 5.1 电路原理图

图 5-1-2 任务 5.1 实物图

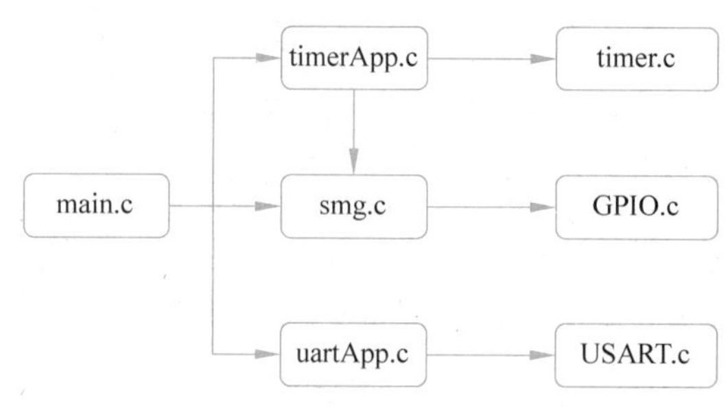

图 5-1-3 模块关系图

这是官方提供的 USART 模块的头文件，这个头文件不但提供了供用户调用的初始化结构体和初始化函数，同时为用户搭建了 1 个 UART1 和 UART2 发送和接收信息的框架。配合 USART.c 中的 2 个串口中断响应函数，用户只需要编写少量代码，就可以完成串口通信的编程。

首先看一下可供用户使用，并用于初始化的部分代码，下面是对 UART 进行初始化的结构体：

```
typedef struct
{
  u8 UART_Mode;                  //模式
  u8 UART_BRT_Use;               //使用波特率的定时器 BRT_Timer1,BRT_Timer2
  u32 UART_BaudRate;             //波特率
  u8 Morecommunicate;            //多机通信允许,ENABLE,DISABLE
  u8 UART_RxEnable;              //允许接收,ENABLE,DISABLE
  u8 BaudRateDouble;             //波特率加倍,ENABLE,DISABLE
  u8 UART_Interrupt;             //中断控制,ENABLE,DISABLE
  u8 UART_Polity;                //优先级,PolityLow,PolityHigh
  u8 UART_P_SW;                  //切换端口
  u8 UART_RXD_TXD_Short;         //内部短路 RxD 与 TxD,做中继,ENABLE,DISABLE
} COMx_InitDefine;
```

这个结构体里的成员就是在使用 UART 前需要初始化的属性。这个结构体的成员通过下面这个函数指定使用的串口、进行赋值初始化：

```
u8 USART_Configuration(u8 UARTx, COMx_InitDefine * COMx);
```

这个函数有2个参数，第1个参数是指明要对哪个UART进行初始化，一共有2个对象可选，USART1和USART2。第2个参数则是用户自己使用COMx_InitDefine关键字自行定义的结构体的地址。用户先定义1个结构体，然后根据需求，对结构体的成员进行赋值，赋值完成后调用UART_Configuration函数将结构体赋值给对应的UART即可。底层的初始化过程由UART_Configuration函数完成，用户不需要理会，也不需要去关心初始化过程中需要操作哪些寄存器。

这里有一个需要注意的地方，官方为两个UART定义的宏名为USART1和USART2，同时初始化函数也命名为USART_Configuration，都多了字母S。但是所有参数和结构体的成员又都使用UART字段进行命名，命名规则有点混乱，但不影响USART模块的使用。用户在使用时需要把USART和UART看成一样的，官方库里用USART，调用时就使用USART；官方库里用UART，调用时就使用UART。而在自编的代码里，则统一使用UART字段进行命名。

这个结构体一共有10个成员，每个成员对应UART的1个属性，其作用及取值见表5-1-2。

表5-1-2　UART属性结构体

成员名称	成员作用	本任务取值
UART_Mode	设置UART工作模式	UART_8bit_BRTx，模式1
UART_BRT_Use	选用哪个定时器产生波特率	BRT_Timer1，定时器T1
UART_BaudRate	波特率的值	可变，由参数传递控制，任务取值9600
Morecommunicate	是否允许多机通信	DISABLE，不允许
UART_RxEnable	是否开启接收	ENABLE，允许
BaudRateDouble	波特率是否加倍	DISABLE，不允许
UART_Interrupt	是否允许开启串口中断	ENABLE，允许
UART_Polity	中断优先级	PolityHigh，高级
UART_P_SW	引脚映射	UART1_SW_P30_P31、UART1_SW_P16_P17
UART_RXD_TXD_Short	是否作为中继	DISABLE，不允许

用户需要使用关键字COMx_InitDefine定义一个结构体，然后根据需要，对结构体内部这10个成员进行赋值，最后调用USART_Configuration函数对指定的UART进行初始化。这个结构体会在用户自编的uartApp.c模块中被使用到，到时再展开讲解。

官方的USART模块里还定义了另外一个结构体，用于UART数据发送和接收，结构体如下：

```
typedef struct
{
    u8 id;                    //串口号

    u8 TX_read;               //发送读指针
```

```
    u8 TX_write;                    //发送写指针
    u8 B_TX_busy;                   //忙标志

    u8 RX_Cnt;                      //接收字节计数
    u8 RX_TimeOut;                  //接收超时
    u8 B_RX_OK;                     //接收块完成
} COMx_Define;
```

这个结构体共有 7 个成员，其作用及取值如表 5-1-3 所示。

表 5-1-3　UART 数据发送接收结构体

成员名称	成员作用	本任务取值
id	区分 USART1 或 USART2	USART1，但可不赋值
TX_read	UART 发送时读取缓冲区的指针变量	需要在发送中断中实时处理
TX_write	UART 发送时写入缓冲区的指针变量	需要在发送中断中实时处理
B_TX_busy	发送标志位，为 1 表示正在发送，为 0 表示发送结束	需判断此值，从而判断 UART 的发送状态
RX_Cnt	UART 接收时，接收缓冲区的指针变量	接收时需要根据实际情况处理这个变量
RX_TimeOut	UART 接收超时变量，表示 RX_TimeOut 个时间单位	本任务不使用接收超时机制，不使用这个成员
B_RX_OK	接收标志位，为 1 表示接收完成，为 0 表示接收未完成	需判断此值，从而判断 UART 的接收状态

IAP15 单片机 UART 的数据发送和接收，一般都使用中断系统完成。UART 中断分为发送中断和接收中断，但共同使用一个中断号，以 USART1 为例，它的中断号为 4。不管发送中断还是接收中断，都执行同一个中断响应函数。在中断响应函数里，通过区分发送中断标志位 TI 和接收中断标志位 RI 哪个为 1 来确定发生的是哪一种中断。响应中断后，标志位必须写入清零。

以 USART1 为例，它通过发送接收寄存器 SBUF 进行 1 字节的数据发送和接收(USART2 对应的发送接收寄存器名为 S2BUF)。

发送时，用户将要发送的 1 字节数据写入 SBUF，USART1 按照初始化中的 UART 工作模式，自动将这个字节进行封装后通过 TxD 引脚发送出去。发送完成后，由硬件将 TI 位置 1，引发中断，用户必须响应中断，清零 TI 位，这样才能继续发送新的 1 字节。这个过程类似现实生活中的发快递，用户将快递交给快递员，快递员将快递送达目的地后再通知用户，这样用户才能继续发送新的快递。

接收时，当 SBUF 寄存器接收到第 8 位数据，单片机内部硬件会自动将 RI 位置 1，引发中断，用户必须响应这个中断，将 SBUF 的内容读取走，并将 RI 位清零，这样才能继续接收数据。这个过程同样类似现实生活中的收快递，快递员收到快递后，会通知用户，用户将快递取走，才算真正完成快递接收，快递员才能帮助用户接收下一件快递。

对于 UART 的发送和接收，用户其实都不必过多了解底层的工作过程，其重点应放在接收和发送的数据是否正确，以及数据如何处理上。正如人们在发快递和收快递时，往往并不需要知道快递具体的运送过程，但却必须关注发送的快递是否正确到达对方手里，收到的快递是否是自己想要的。

了解完 UART 的数据发送和接收过程，再进一步分析官方提供的 UART 数据发送和接收机制。USART.h 有关发送和接收的变量和函数定义如下：

```
extern COMx_Define COM1, COM2;
extern u8 xdata TX1_Buffer[COM_TX1_Lenth];            //发送缓冲
extern u8 xdata RX1_Buffer[COM_RX1_Lenth];            //接收缓冲
extern u8 xdata TX2_Buffer[COM_TX2_Lenth];            //发送缓冲
extern u8 xdata RX2_Buffer[COM_RX2_Lenth];            //接收缓冲

void TX1_write2buff(u8 dat);                          //USART1 写入发送缓冲,指针 + 1
void TX2_write2buff(u8 dat);                          //USART2 写入发送缓冲,指针 + 1
void PrintString1(u8 * puts);                         //USART1 发送 1 个字符串
void PrintString2(u8 * puts);                         //USART2 发送 1 个字符串
```

首先使用 COMx_Define 关键字定义了 2 个对象 COM1 和 COM2，分别对应 USART1 和 USART2。每个结构体都如表 5-1-3 中一样有 7 个成员供用户使用。然后又定义了 4 个缓冲区，USART1 和 USART2 各 1 个发送缓冲区和接收缓冲区。4 个缓冲区的长度都使用宏定义定义为 128 字节。由于缓冲区长度较长，因此必须使用 xdata 关键字修饰，将缓冲区设置在单片机内部的扩展内存区，否则编译时会出错。最后是 4 个函数，USART1 和 USART2 各 1 个发送 1 字节函数和发送 1 个字符串函数。

在官方的 UART 数据发送和接收机制下，用户使用 UART 发送数据非常简单，如果需要发送 1 字节，例如，数字 1，那么只需要进行如下调用：

```
TX1_write2buff("1");
```

如果需要发送 1 个字符串，例如，字符串 0123456789，那么只需要进行如下调用：

```
PrintString1("0123456789");
```

发送依然是通过中断进行，在 USART.c 文件里有 1 个 UART 中断响应函数，内部已经写好发送部分的代码，代码使用到表 5-1-3 UART 数据发送接收结构体部分的 3 个成员 TX_read、TX_write、B_TX_busy。用户可以暂时不管其实现的原理，只需要掌握上面 2 个函数的使用方法即可。

接收和发送一样通过中断实现，但是接收相对比较复杂，需要用户根据需要编写代码。代码需要使用表 5-1-3UART 数据发送接收结构体部分的 3 个成员：RX_Cnt、RX_TimeOut、B_RX_OK。在自编的 UART 应用模块里，会进一步对发送部分的代码进行讲解。

【程序设计】

1. UART 应用模块(uartApp.h 和 uartApp.c)

复制任务 4.4 的工程文件夹，改名为“任务 5.1　UART 接口通信”，打开文件夹下的 board 文件夹，查看是否有 smg 文件夹，如果有就不需要管，如果没有就需要去之前的工程中复制1份到此。新建1个文件夹 uart，在 uart 文件下新建2个文件 uartApp.h 和 uartApp.c。打开这个工程，根据图5-1-3模块关系图，将工程需要的模块加入工程中，同时把对应文件路径加入工程编译路径下，同时移除不需要的模块。打开 uartApp.h 文件，输入以下代码：

```
#ifndef __usartApp_H
#define __usartApp_H

#include "config.h"
#include "USART.h"
//---------------- 硬件连接宏定义 ----------------------
//------------------------ 外部变量 --------------------
extern COMx_Define COM1, COM2;
extern u8 xdata TX1_Buffer[COM_TX1_Lenth];          //发送缓冲
extern u8 xdata RX1_Buffer[COM_RX1_Lenth];          //接收缓冲
extern u8 xdata TX2_Buffer[COM_TX2_Lenth];          //发送缓冲
extern u8 xdata RX2_Buffer[COM_RX2_Lenth];          //接收缓冲
//------------------------ 内部函数 -------------------
//------------------------ 外部函数 -------------------

void rs232Uart1Init(u32 baudrate);                  //USART1 初始化,baudrate 波特率

void rs232Uart1SendChar(u8 c);                      //USART1 发送 1 个字符

#endif
```

这个头文件内容引用了 USART.h 定义的结构体变量和接收发送缓冲区，并定义了2个外部函数，用于初始化 USART1 和从 USART1 发送1个字符(1字节)。初始化函数如下：

```
void rs232Uart1Init(u32 baudrate);
```

这个初始化函数有1个参数，这个参数被定义为 u32 类型，双击 u32 跳转到定义处，u32 被定义为：

```
typedef unsigned long u32;
```

unsigned long 是32位无符号整型，之所以需要定义这么长的数据类型，是因为这个参数是 USART1 的波特率，这个波特率最大可以到115200，如果参数设置为 u16 的类型，115200是超过 u16 类型的范围，因此，必须定义为 u32 的类型，编译器才会给变量分配足够大的空间。

接下来看看这2个函数如何实现初始化和发送字符，打开 uartApp.c 文件，输入以下代码：

```
#include "uartApp.h"
#include "config.h"
```

```
#include "USART.h"
/**
  * @description: uart1 初始化函数
  * @param {u32} baudrate,uart1 的波特率
  * @return { * }
  * @author: gooner
  */
void rs232Uart1Init(u32 baudrate)
{
  COMx_InitDefine usartStructure;
  usartStructure.UART_Mode = UART_8bit_BRTx;            //串口工作模式 1
  usartStructure.UART_BRT_Use = BRT_Timer1;             //用哪个定时器产生波特率
  usartStructure.UART_BaudRate = baudrate;              //波特率设置
  usartStructure.Morecommunicate = DISABLE;             //开不开多机通信
  usartStructure.UART_RxEnable = ENABLE;                //开不开接收
  usartStructure.BaudRateDouble = DISABLE;              //波特率加不加倍
  usartStructure.UART_Interrupt = ENABLE;               //开不开串口中断
  usartStructure.UART_Polity = PolityHigh;              //中断优先级
  usartStructure.UART_P_SW = UART1_SW_P30_P31;          //哪两只引脚做串口发送和接收
  usartStructure.UART_RXD_TXD_Short = DISABLE;          //开不开中继功能
  USART_Configuration(USART1,&usartStructure);          //调用初始化函数进行初始化
}
/**
  * @description: uart1 发送 1 个字符(字节)
  * @param {u8} c,要发送的字符
  * @return { * }
  * @author: gooner
  */
void rs232Uart1SendChar(u8 c)                           //uart1 发送字符
{
  TX1_write2buff(c);                          //官方模块串口发送函数,通过串口发送 1 字节
}
/**
  * @description: uart1 中断函数
  * @return { * }
  * @author: gooner
  */
void UART1_int (void) interrupt UART1_VECTOR
{
  if(RI)                                                //接收中断标志位为 1
  {
    RI = 0;                                             //标志位清零
    RX1_Buffer[0] = SBUF;                     //将接收的 1 字节存入接收缓冲区第 1 个位置
    COM1.B_RX_OK = 1;                                   //将接收成功标志位置 1
  }
  if(TI)                                                //发送部分,暂时不用管
  {
    TI = 0;
    if(COM1.TX_read != COM1.TX_write)
    {
```

```
        SBUF = TX1_Buffer[COM1.TX_read];
        if(++COM1.TX_read >= COM_TX1_Lenth) COM1.TX_read = 0;
      }
      else COM1.B_TX_busy = 0;
    }
}
```

首先看初始化函数，如下：

```
void rs232Uart1Init(u32 baudrate)
{
  COMx_InitDefine usartStructure;
  usartStructure.UART_Mode = UART_8bit_BRTx;             //串口工作模式 1
  usartStructure.UART_BRT_Use = BRT_Timer1;              //用 T1 定时器产生波特率
  usartStructure.UART_BaudRate = baudrate;               //波特率设置
  usartStructure.Morecommunicate = DISABLE;              //开不开多机通信
  usartStructure.UART_RxEnable = ENABLE;                 //开不开接收
  usartStructure.BaudRateDouble = DISABLE;               //波特率加不加倍
  usartStructure.UART_Interrupt = ENABLE;                //开不开串口中断
  usartStructure.UART_Polity = PolityHigh;               //中断优先级
  usartStructure.UART_P_SW = UART1_SW_P30_P31;           //哪两只引脚做串口发送和接收
  usartStructure.UART_RXD_TXD_Short = DISABLE;           //开不开中继功能
  USART_Configuration(USART1,&usartStructure);           //调用初始化函数进行初始化
}
```

函数根据表 5-1-3 对结构体 10 个成员赋值，然后调用 USART_Configuration 函数将结构体赋值给 uart1。uart1 的波特率由函数参数决定，用户调用此函数时给参数赋值，并决定波特率的具体值。

再看发送 1 字符(1 字节)函数，如下：

```
/**
 * @description: uart1 发送 1 个字符(字节)
 * @param {u8} c,要发送的字符
 * @return { * }
 * @author: gooner
 */
void rs232Uart1SendChar(u8 c)            //uart1 发送字符
{
  TX1_write2buff(c);                     //官方模块串口发送函数,通过串口发送 1 字节
}
```

这个函数很简单，就是将官方的 uart1 发送 1 字符(1 字节)的函数再封装一次，这样做的好处有 2 点，第 1 是可以换 1 个更容易记忆的函数名，第 2 是 main.c 文件里可以不包含 usart.h 这个头文件，这样就可以把官方提供的库和自行编写的代码分离。

最后再看 uart1 的中断响应函数，这个函数在官方文件 usart.c 文件中的第 174 行到第 200 行复制并修改得到，复制后必须把 usart.c 文件中原有的这部分代码注释掉。修改后这个中断响应函数代码如下：

```
void UART1_int (void) interrupt UART1_VECTOR
{
  if(RI)                              //接收中断标志位为 1
  {
    RI = 0;                           //标志位清零
    RX1_Buffer[0] = SBUF;             //将接收的 1 字节存入接收缓冲区第 1 个位置
    COM1.B_RX_OK = 1;                 //将接收成功标志位置 1
  }
  if(TI)                              //发送部分,暂时不用管
  {
    TI = 0;
    if(COM1.TX_read != COM1.TX_write)
    {
      SBUF = TX1_Buffer[COM1.TX_read];
      if(++COM1.TX_read >= COM_TX1_Lenth)  COM1.TX_read = 0;
    }
    else COM1.B_TX_busy = 0;
  }
}
```

发送部分的代码可以不修改,直接使用官方提供的代码。发送部分进行了修改,使接收简单化。当进入中断后,如果判断出有接收存在,即 RI=1,则把 RI 置 0,然后把 SBUF 寄存器的内容取走存入缓冲区的第 1 字节 RX1_Buffer[0]处,再把 COM1. B_RX_OK 置 1,通知主函数接收已经完成。这个接收机制每次只能接收 1 字节,然后就需要主函数响应,机制比较简陋,但代码简单,也容易理解。

2. 定时器应用模块(timerApp. h 和 timer. c)

打开 timerApp. h 文件,输入以下代码:

```
#ifndef __TIMER_APP_H_
#define __TIMER_APP_H_
//-------------- 外部变量 ------------------
extern u8 uTimer10msFlag;                        //10ms 标志位

//-------------- 外部函数 -------------------
void timer2Init();                               //T2 定时器初始化,用于调度任务
#endif
```

头文件只有 1 个 10ms 标志位变量和 1 个 T2 初始化函数,都在 timerApp. c 文件中实现。

打开 timerApp. c 文件,输入以下代码:

```
#include "timer.h"
#include "timerApp.h"
#include "USART.h"
```

```
#include "smg.h"
//----------------- 外部变量 ---------------
/**
 * @description:由定时器 0 的中断函数产成的 10ms 标志位,此变量供主函数使用
 * @author: gooner
 */
u8 uTimer10msFlag;                                    //10ms 标志变量
//---------------- 外部函数 ------------------
/**
 * @description:定时器 T2 的初始化函数
 * @param { * }
 * @return { * }
 */
void timer2Init()
{
  TIM_InitTypeDef Timer_Init;
  Timer_Init.TIM_Mode = TIM_16BitAutoReload;          //16 位自动重装
  Timer_Init.TIM_Polity = PolityHigh;                 //高优先级
  Timer_Init.TIM_Interrupt = ENABLE;                  //开中断
  Timer_Init.TIM_ClkSource = TIM_CLOCK_1T;            //下载软件指定的作时钟源
  Timer_Init.TIM_ClkOut = DISABLE;                    //不对外输出信号
  Timer_Init.TIM_Value = (65536 - 11059);             //产生 1ms 的中断
  Timer_Init.TIM_Run = ENABLE;                        //开启定时器
  Timer_Inilize(Timer2, &Timer_Init);                 //调用函数进行初始化
}
//---------------- 中断函数 -----------------
/**
 * @description:定时器 2 的中断函数,此函数从 timer.c 复制而来,需要将原来的函数注释掉
 * @param { * }
 * @return { * }
 * @author: gooner
 */
void timer2_int(void) interrupt TIMER2_VECTOR
{
  static u8 counter1;
  static u8 counter2;
  if (++counter1 == 3)
  {
    counter1 = 0;
    disSmgAll();                                      //3ms 执行 1 次数码管扫描函数
  }
  if (++counter2 == 10)
  {
    counter2 = 0;
    uTimer10msFlag = 1;
  }
}
```

这段代码的原理在之前定时器的相关任务里已经讲解过。由于 T1 要用于产生

UART1 的波特率，因此只能使用 T0 或者 T2，这里选用了 T2。除了选用定时器不同，定时器初始化内容和定时器中断响应函数里的代码并没有本质改变。

在 T2 的中断响应函数里，使用 2 个软定时器，一个定时 3ms，执行扫描数码管的任务，一个 10ms，产生 1 个 10ms 标志位，通知前台程序执行 10ms 任务。至于 10ms 任务是什么，将在 main.c 里揭晓。

3. 主模块(main.c)

最后，打开 main.c 文件，输入以下代码：

```
#include "config.h"
#include "timerApp.h"
#include "uartApp.h"
#include "smg.h"

//--------------------变量定义----------------
u8 buff[] = {0, 1, 2, 3, 4, 5, 6, 7, 8, 9};                  //要发送的各个数据
u8 idx = 0;                                                  //下次要发送的数据的下标
u8 sent = 0;                                                 //当前已发送的字节数

//--------------------函数定义----------------
//--------------------主函数------------------
void main(void)
{
  static u8 uDelay;                                          //用于延时 500ms
  initSmgPin();                                              //初始化数码管
  timer2Init();                                              //初始化 T2
  rs232Uart1Init(9600);                                      //初始化 RS232 UART1
  EA = 1;                                                    //打开全局中断
  uSmgDisBuf[2] = 16;                                        //数码管后两位消隐
  uSmgDisBuf[3] = 16;
  while (1)
  {
   if (1 == uTimer10msFlag)
   {
    uTimer10msFlag = 0;
    //如果 500ms 到了，则发送数据并显示
    if (++uDelay == 50)
    {
      uDelay = 0;
      //发送 1 个数据
      uSmgDisBuf[0] = buff[idx] / 10;
      uSmgDisBuf[1] = buff[idx] % 10;
      rs232Uart1SendChar(buff[idx]);
      idx++;
      if (idx == sizeof(buff))
        idx = 0;
      //显示已发送的字节数
    }
   }
   //接收数据，如果有数据则显示
   if (COM1.B_RX_OK == 1)
   {
    uSmgDisBuf[2] = RX1_Buffer[0] / 10;                      //显示
```

```
        uSmgDisBuf[3] = RX1_Buffer[0] % 10;
        COM1.B_RX_OK = 0;
      }
    }
}
```

在 main()函数中，先初始化数码管、初始化 T2(用于数码管显示的定时，以及提供给主函数 10ms 的定时)、初始化 UART1，然后打开全局中断，设置数码管后两位消隐，当本程序用于发送端时，数码管后两位不显示；当本程序用于接收端时，数码管后两位显示接收到的数据。

接着便是 while(1)进入主循环。在其中判断 10ms 定时是否到来，如果是，则对 uDelay 变量进行计数，直到 50，这时表示已经过了 0.5s 了，则通过 rs232Uart1SendChar()函数发送 1 字节数据，并在数码管前两位显示已发送的字节数。待发送的数据固定存放在数组 buff[]里，当前存放的是 0～9，10 个数字。间隔 0.5s 发送 1 个数据。程序通过判断变量 idx 是否等于 sizeof(buff)，从而判断数组里的数据是否发送完毕，如果发送完毕，则将 idx 清零，继续从 buff[]数组开始处发送数据。

同时，通过判断 COM1.B_RX_OK 是否等于 1，判断是否接收到数据。如果接收到数据(数据在中断响应函数中被默认存放在缓冲区 RX1_Buffer[0]的位置)，则取出数据显示在数码管后两位中，再将 COM1.B_RX_OK 清零，等待下一次接收数据完成。

所有程序输入完之后，编译无误，下载到实验板里的 A 节点中。在 STC-ISP 软件中进行如图 5-1-4 设置。

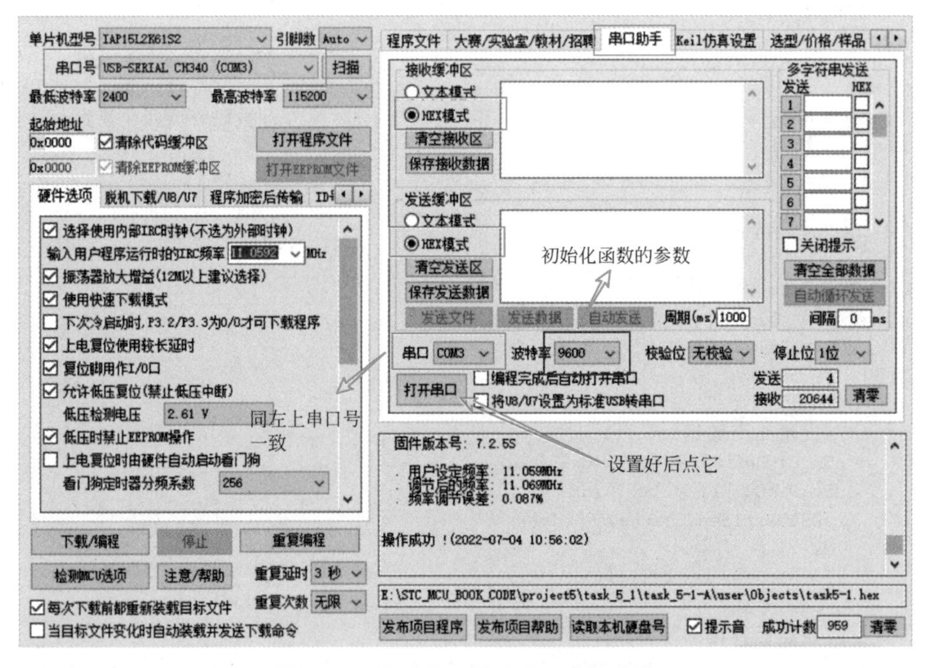

图 5-1-4　通过串口调试助手进行设置

设置完成后，单击打开串口，就可以看到从单片机不断循环发送 10 个数字，10 个数字显示在串口调试助手的接收缓冲区里，如图 5-1-5 所示。

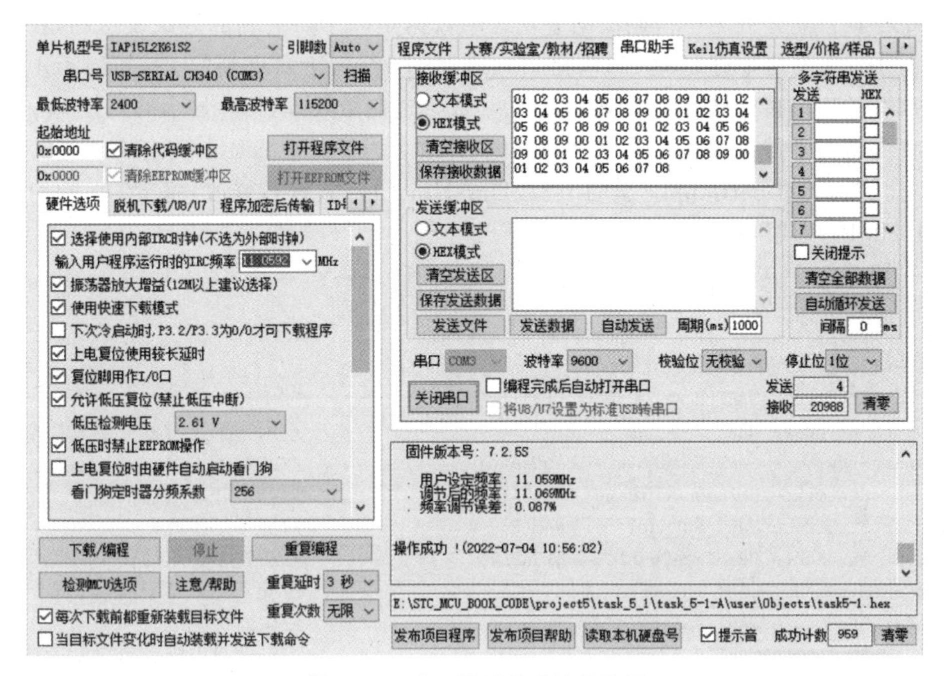

图 5-1-5　串口调试助手接收数据

接下来测试单片机接收数据。在串口调试助手的发送缓冲区中填入 1 个数字,假设是 9,如图 5-1-6 所示。单击发送数据,就可以看到“1＋X”训练考核套件上数码管后 2 位显示 09。清空发送缓冲区后填入数字 12,再次单击发送数据,可以看到数码管后 2 位显示的不

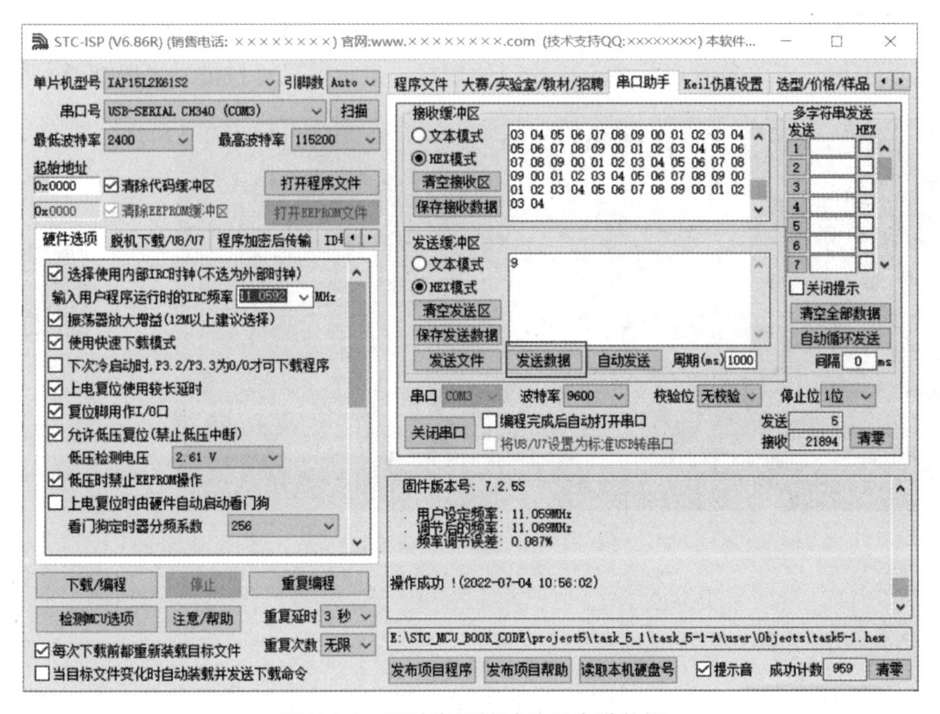

图 5-1-6　通过串口调试助手发送数据

是 12，而是 18。这是因为串口调试助手发送的数据是以十六进制的方式发送的，在缓冲区里填入的 12，并不是十进制的 12，而是十六进制的 12，而十六进制的 12，相当于十进制的 18。单片机的串口接收到这个数据后，把它当成十进制数处理，当然显示的就是 18。

将整个工程文件夹任务 5.1-A 复制一份，并改名为任务 5.1-B，打开任务 5.1-B 的文件夹，并打开工程。对 uartApp.c 里的 rs232Uart1Init()函数进行修改，将 uart1 的引脚重映射到 P16 和 P17，代码如下：

```
void rs232Uart1Init(u32 baudrate)
{
  COMx_InitDefine usartStructure;
  usartStructure.UART_Mode = UART_8bit_BRTx;                   //串口工作模式
  usartStructure.UART_BRT_Use = BRT_Timer1;                    //用哪个定时器产生波特率
  usartStructure.UART_BaudRate = baudrate;                     //波特率设置
  usartStructure.Morecommunicate = DISABLE;                    //开不开多机通信
  usartStructure.UART_RxEnable = ENABLE;                       //开不开接收
  usartStructure.BaudRateDouble = DISABLE;                     //波特率加不加倍
  usartStructure.UART_Interrupt = ENABLE;                      //开不开串口中断
  usartStructure.UART_Polity = PolityHigh;                     //中断优先级
  usartStructure.UART_P_SW = UART1_SW_P16_P17;                 //哪两只引脚做串口发送和接收
  usartStructure.UART_RXD_TXD_Short = DISABLE;                 //开不开中继功能
  USART_Configuration(USART1,&usartStructure);                 //调用初始化函数进行初始化
}
```

使用 2 条杜邦线，将“1+X”训练考核套件 A 节点和 B 节点外接排座上的 P16 和 P17 两个连接点交叉对接，如图 5-1-7 所示。把任务 5.1-B 的 hex 文件分别烧写进节点 A 和节点 B，就可以看到节点 A 和节点 B 不断地互相发送数据。每个节点的高 2 位数码管显示内容是发送的数据，低 2 位数码管显示接收到的数据。运行效果可扫描二维码观看。

图 5-1-7 A 节点和 B 节点串口进行通信连接

任务 5.1 运行效果

【课后练习】

(1) 修改任务 5.1-A，将串口调试助手发送到单片机的十六进制数处理后一模一样显示在数码管后 2 位上。例如，当串口调试助手向发送缓冲区里发送数据 12，单片机上数码

管后 2 位不再显示 18 而同样显示 12。

(2) 利用实验板上的 A、B 节点内部的 UART1 模块，设计一个实验，先由 A 节点向 B 节点发送一个数(0～99)，B 节点接收到之后，计算它的平方值，再向 A 节点发送运算结果，最后，A 节点把运算结果显示在数码管上。

任务 5.2　RS-485 接口通信

【任务描述】

利用实验板 A 节点与 B 节点两套电路，实现由 A 节点每隔 0.5s 通过 UART1 外接 SIT3485(RS-485 芯片，实验板上已有安装)向 B 节点发送一个十进制两位数的新数据，B 节点通过 SIT3485 芯片收到数据的时候，显示在数码管的后两位上，同时把数据加 1 运算后回传给 A 节点；A 节点数码管前两位显示当前所发送的数据，后两位显示接收到的数据。按键 ASW1(BSW1)用于选择本节点是主端还是从端(用 LED1 亮表示主端，灭表示从端)，A、B 节点也可以互换，但必须一个是主端、一个是从端。

【知识要点】

串行数据传输除了 RS-232 接口外，还有一个 RS-485 接口也比较常用。相较于 RS-232，RS-485 具有抗干扰性好、传输距离远(在 9600 波特率下最大传输距离为 1200m)、传输速率高(最高 10Mb/s)、组网能力强(总线允许连接 128 个收发器)、信号线少(只需 2 根)、电平值为正逻辑等特点。RS-485 同时是一个半双工接口，即某个时刻的数据只支持单向传输。

SIT3485 是 RS-485 接口芯片，它的引脚图如图 5-2-1 所示。芯片的 RE 和 DE 引脚控制数据传输方向，当 RE＝0，DE＝0 时，RS-485 处于接收状态；当 RE＝1，DE＝1 时，RS-485 处于发送状态。

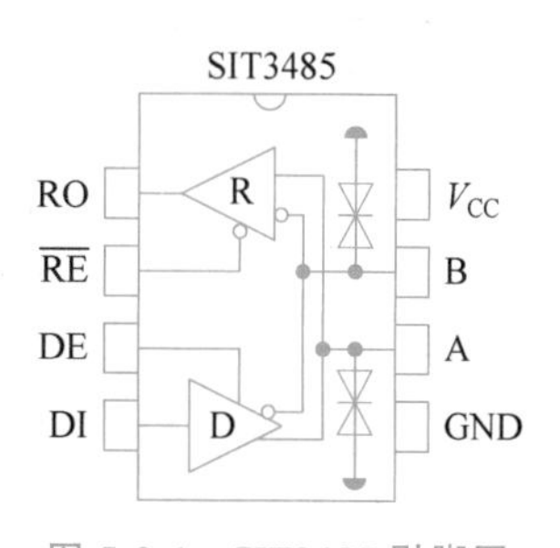

图 5-2-1　SIT3485 引脚图

实验板上已经安装有 SIT3485 芯片，它是 RS-485 接口芯片，可以由 MCU 中的 UART1 或 UART2 控制串行通信，RO 引脚接到 UART1 或 UART2 的 RxD 引脚，DI 引脚接到 UART1 或 UART2 的 TxD 引脚。IAP15 芯片的 UART 和 SIT3485 进行 RS-232 通信，而 2 个节点之间的 SIT3485 芯片通过 RS-485 协议通信。“1＋X”训练考核套件上，RO 和 DI 引脚接在 UART1 上，以 UART1 为例，A 节点向 B 节点发送数据流程如图 5-2-2 所示。B 节点向 A 节点发送数据流程如图 5-2-3 所示。

图 5-2-2　A 节点向 B 节点发送数据

图 5-2-3　B 节点向 A 节点发送数据

进行 RS-485 通信，必须通过 SIT3485 外接导线，连接到通信对方，进行串行异步通信。实验板上，SIT3485 的 RE、DE 引脚连接于 MCU 的 P35，高电平允许发送数据；SIT3485 的 A、B 两根引脚分别接到接线端子 P2(B 节点是 P4)上。因此，通过 P35 可以控制 SIT3485 发送/接收切换，通过接线端子 P2(P4)外接导线连接到通信另一方。

【电路设计】

这部分电路原理图如图 5-2-4 所示，原理图只是单个节点 SIT3485 部分的原理图。把 A 节点左下角绿色端子 P2 两个端口分别用杜邦线连接到 B 节点左下角绿色端子两个端口上，就完成了本实验电路实物连接。实物图如图 5-2-5 所示。

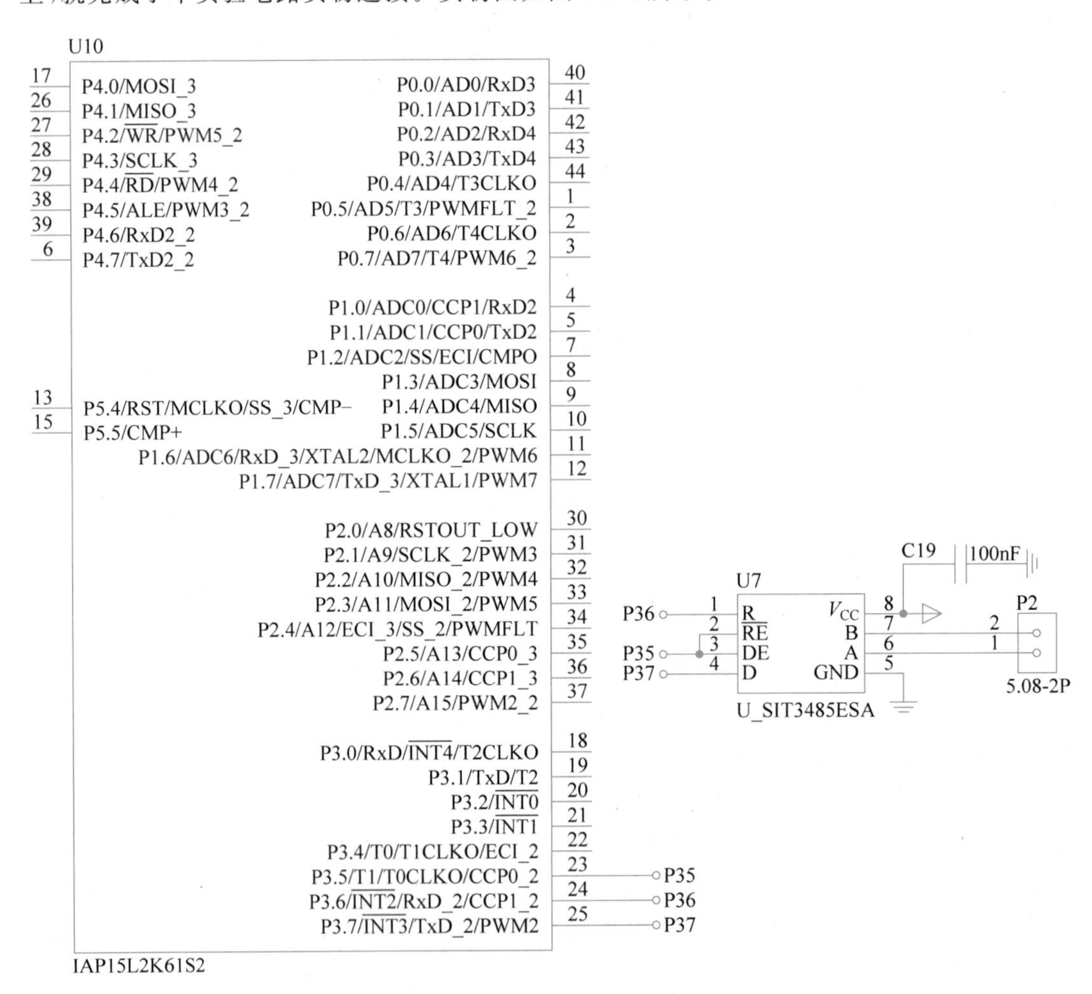

图 5-2-4　任务 5.2 电路原理图

【软件模块】

任务使用模块比较多，其中包括新增 1 个 RS-485 模块，模块关系图如图 5-2-6 所示。

从模块关系图可以看出，timer. c、GPIO. c 和 USART. c 是官方提供的模块，而 timerApp. c、smg. c、led. c、key. c 和 RS485. c 是自编模块，timerApp. c 模块需要调用 smg. c

图 5-2-5　任务 5.2 实物图

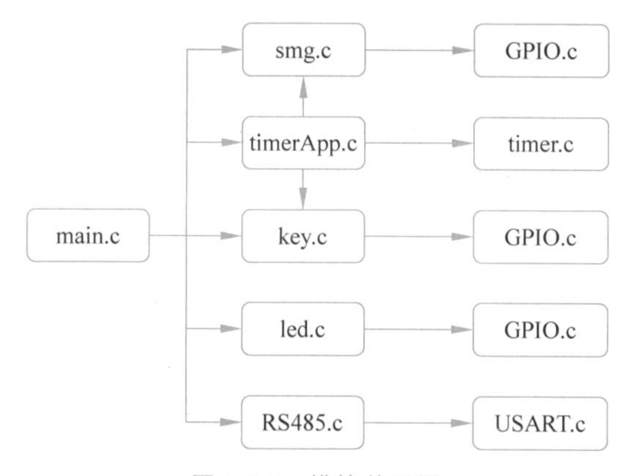

图 5-2-6　模块关系图

模块里的函数和 key. h 中的函数。main. c 调用 timerApp. c、smg. c、led. c、key. c 和 RS485. c 模块。

需要注意，key. c 模块是被 timerApp. c 模块调用的。即读取按键函数放在定时器中断中执行，每 10ms 执行一次 readKey()函数。

【程序设计】

1. RS-485 通信模块(RS485. h 和 RS485. c)

复制任务 5.1 工程文件夹并改名为“任务 5.2　RS-485 接口通信”，在它的 board 文件夹下新建 1 个文件夹，命名为 RS485，在 RS485 文件夹下新建 2 个文本文件：RS485. c 和 RS485. h。注意 board 文件夹下是否有 led 和 key 文件夹，如果没有，去其他任务的工程文件夹中将 led 和 key 文件夹复制 1 份过来。

打开任务 5.2 工程，按照模块关系图把相关模块加到工程的 borad 分组下，并把 uartApp. c 从工程中移除。加完之后，board 分组下应该一共有 smg. c、timerApp. c、led. c、key. c 和 RS485. c. 5 个模块。而 fwlib 分组下应用有 GPIO. c、timer. c 和 USART. c 这 3 个官方提供的模块。最后需要将这几个模块所在的文件夹路径加入编译路径中。完成工程设置后，打开 RS485.h，输入以下代码：

```
#ifndef __RS485_H_
#define __RS485_H_

#include "config.h"
#include "USART.h"

//---------------- 硬件连接宏定义 ----------------------

#define RS485DIR P35 //RS485DIR = 0 为接收状态;RS485DIR = 1 为发送状态

//------------------------ 外部变量 -------------------
extern COMx_Define COM1, COM2;
extern u8 xdata TX1_Buffer[COM_TX1_Lenth];          //发送缓冲
extern u8 xdata RX1_Buffer[COM_RX1_Lenth];          //接收缓冲
extern u8 xdata TX2_Buffer[COM_TX2_Lenth];          //发送缓冲
extern u8 xdata RX2_Buffer[COM_RX2_Lenth];          //接收缓冲
//------------------------ 内部函数 -------------------------
//------------------------ 外部函数 -------------------------

void rs485Uart1Init(u32 baudrate);                  //初始化 uart1

void rs485Uart1SendString(u8 c);                    //uart1 发送 1 字节

#endif
```

细心的读者会发现这个头文件的内容与任务 5.1 里 uartApp.h 文件的内容几乎没什么区别。这个头文件多了一个宏定义，这个宏定义如下：

```
#define RS485DIR P35 //RS485DIR = 0 为接收状态;RS485DIR = 1 为发送状态
```

它把 P35 定义为 RS485DIR，宏的作用是在编程的过程中，如果需要使用到 P35 就可以用宏名 RS-485DIR 来代替。那么为什么不直接使用 P35，非要使用一个宏名代替 P35 呢？

我们先分析 P35 的作用，再找出用 RS485DIR 代替 P35 的原因。从“1＋X”训练考核套件的电路图可以看到，P35 控制 SIT3485 芯片的发送/接收端，它的电平高低决定了 SIT3485 芯片是发送还是接收。因此，可以使用代码 P35＝0 和代码 P35＝1 控制 SIT3485 芯片的发送/接收。

现在假定张三收到客户李四的需求，要求设计 1 个 RS-485 通信电路，张三参考“1＋X”实验套件进行电路设计，同样把 P35 用于控制 SIT3485 芯片的发送/接收端。同时张三设计了 1 套程序，程序中有 100 处使用到了 P35，并且程序在电路上运行正常。

但是，李四突然改变了主意，提出了新需求，而新需求里 P35 有其他用途，不可以用于控制 SIT3485 芯片的发送/接收端。这时张三就必须根据李四的新需求重新设计电路并修改程序。张三重新设计电路用了 P36 代替原来的 P35 的功能。但是在修改程序的时候，张三发现原来设计的程序里，有 100 处使用到 P35，并且分布在工程的各个文件，想用 P36 代替 P35 非常麻烦。说到这里用 RS485DIR 代替 P35 的原因是不是呼之欲出了？

很明显，如果张三在设计第1套程序的时候，使用如下宏定义：

```
#define RS485DIR P35
```

那么在第1套程序里100处使用到P35的地方全部用宏名RS485DIR代替。当李四修改需求，P35没法用于控制SIT3485芯片的发送/接收端，张三重新设计电路用了P36代替原来的P35的功能，那么针对第1套程序，张三只需要修改宏定义：

```
#define RS485DIR P36
```

就可以让原来的程序，正确地在新的电路上运行。

很明显，程序设计时使用宏定义代替具体引脚名，程序的移植性和扩展性更好。单片机电路具有多样性，在实际应用中引脚经常改变，使用宏定义，定义宏名代替单片机引脚的做法在单片机程序设计中非常常见。

RS485.h文件的内容除了多了这个宏名，两个外部函数的名字修改成为RS485开头外，其余内容与任务5.1的uartApp.h文件内容基本一致。接下来打开RS485.c文件，输入以下代码：

```
#include "RS485.h"
#include "USART.h"

/**
 * @description: uart1 初始化函数
 * @param {u32} baudrate, uart1 的波特率
 * @return {*}
 * @author: gooner
 */
void rs485Uart1Init(u32 baudrate)
{
  COMx_InitDefine usartStructure;
  usartStructure.UART_Mode = UART_8bit_BRTx;            //串口工作模式
  usartStructure.UART_BRT_Use = BRT_Timer1;             //用哪个定时器产生波特率
  usartStructure.UART_BaudRate = baudrate;              //波特率设置
  usartStructure.Morecommunicate = DISABLE;             //开不开多机通信
  usartStructure.UART_RxEnable = ENABLE;                //开不开接收
  usartStructure.BaudRateDouble = DISABLE;              //波特率加不加倍
  usartStructure.UART_Interrupt = ENABLE;               //开不开串口中断
  usartStructure.UART_Polity = PolityHigh;              //中断优先级
  usartStructure.UART_P_SW = UART1_SW_P36_P37;          //哪两只引脚做串口发送和接收
  usartStructure.UART_RXD_TXD_Short = DISABLE;          //开不开中继功能
  USART_Configuration(USART1, &usartStructure);         //调用初始化函数进行初始化
  RS485DIR = 0;                                         //SIT3485 接收
}

/**
 * @description: uart1 发送 1 个字符(字节)
```

```
 * @param {u8} c,要发送的字符
 * @return { * }
 * @author: gooner
 * /
void rs485Uart1SendString(u8 c)
{
  RS485DIR = 1;                          //SIT3485 发送
  TX1_write2buff(c);                     //写入发送缓冲
}

/ **
 * @description: uart1 中断函数
 * @return { * }
 * @author: gooner
 * /
void rs485RecvChar() interrupt UART1_VECTOR
{
  if (RI)
  {
    RI = 0;
    COM1.B_RX_OK = 1;
    RX1_Buffer[0] = SBUF;                //接收数据
  }
  if(TI)                                 //发送部分,发送完成后必须将 SIT3485 芯片置位为接收
  {
    TI = 0;
    if(COM1.TX_read != COM1.TX_write)
    {
      SBUF = TX1_Buffer[COM1.TX_read];
      if(++COM1.TX_read >= COM_TX1_Lenth) COM1.TX_read = 0;
    }
    else
    {
      COM1.B_TX_busy = 0;
      RS485DIR = 0;                      //SIT3485 接收
    }
  }
}
```

同样,这部分代码与任务 5.1 里 uartApp.c 的内容很接近。事实上 A、B 节点之间的 RS-485 通信已经被 SIT3485 芯片托管,用户代码所实现的仅仅是使用 uart 与 SIT3485 芯片打交道。这本质与任务 5.1 并没有区别。区别只是任务 5.1 中,A 节点和 B 节点通过各自单片机芯片内部自带的 uart 进行数据交换;而本任务中,A 节点和 B 节点各自控制 1 片 SIT3485 芯片进行数据交换。

因此,在本任务的初始化函数 rs485Uart1Init 函数中,有 2 处改动。第 1 处改动是单片机芯片通过 P36、P37 连接 SIT3485 芯片,因此初始化必须通过将 uart1 的引脚重映射到 P36、P37 上,即函数里的下面这句语句:

```
usartStructure.UART_P_SW = UART1_SW_P36_P37;
```

第2处改动是在初始化完成后，必须让STI3485处于接收状态，即函数里下面这句语句：

```
RS485DIR = 0;
```

该语句让P35=0，可令SIT3485芯片处于接收状态。

本任务的发送函数rs485Uart1SendString实际上是单片机的uart1向SIT3485发送1字节数据，但这个字节需要由SIT3485再转发给另外一个节点的SIT3485。因此，在调用底层的发送函数前，必须先让SIT3485芯片处于发送状态，即下面的语句：

```
RS485DIR = 1;
```

由于发送是经由中断发送，因此在中断响应函数中，当发送完毕后，需要把SIT3485芯片重新设置为接收状态。在中断响应函数中修改的语句如下：

```
else
{
    COM1.B_TX_busy = 0;
    RS485DIR = 0;                  //SIT3485 接收
}
```

至于为何需要把SIT3485的常规状态设置在接收状态，这很容易理解。在现实生活中，手机用于人与人之间的通信，那手机是不是随时都处于待机接收信息的状态？只有在有需求的时候，手机才会处于发送信息状态。SIT3485作为通信芯片，其道理同手机一样，常规状态应为接收状态，需要发送时才设置成发送状态，发送完毕后，应该回到接收状态。

除了uart1的引脚设置不同，并且需要设置SIT3485芯片的发送和接收状态，RS485.c文件与任务5.1中uartApp.c文件的内容没有本质的区别，读者可以仔细比对，并可将uartApp.c文件内容复制到RS485.c中后进行修改。

除了RS485.c模块，其他如timerApp.c、smg.c、led.c、key.c模块的代码都不需要修改，只需要加入工程里后直接调用模块里的函数即可。

2. 定时器模块(timerApp.h和timerApp.h)

timerApp.h文件没有变化，不需要修改。timerApp.c只修改T2的定时器中断函数，修改完如下：

```
//----------------- 中断函数 -----------------
/**
 * @description:定时器 2 的中断函数，此函数从 timer.c 复制而来，需要将原来的函数注释掉
 *
 * @param { * }
 * @return { * }
 * @author: gooner
 */
```

```
void timer2_int(void) interrupt TIMER2_VECTOR
{
  static u8 counter1;
  static u8 counter2;
  if (++counter1 == 3)
  {
    counter1 = 0;
    disSmgAll();                    //3ms 执行一次数码管扫描函数
  }
  if (++counter2 == 10)
  {
    counter2 = 0;
    uTimer10msFlag = 1;
    readKey();                      //修改处,把读取按键函数在此处调用
  }
}
```

3. 主模块(main. c)

最后,打开 main. c,输入以下代码:

```
#include "config.h"
#include "timerApp.h"
#include "smg.h"
#include "rs485.h"
#include "key.h"
#include "led.h"
//-------------------- 变量定义 ----------------
u8 uBuff[] = {1, 2, 3, 4, 5, 6, 7, 8, 9, 10, 11, 13, 17, 19, 23, 29, 31}; //要发送的各个数据
u8 uIdx = 0;                        //下次要发送的数据的下标
u8 uMaster;                         //主端还是从端,1 = 主端,0 = 从端
//-------------------- 函数定义 ----------------
void sendData();                    //在待发送数据数组里取 1 字节发送并显示到数码管前两位
void taskState();                   //任务调度函数

//-------------------- 主函数 ------------------
void main(void)
{
  initSmgPin();                     //初始化数码管
  timer2Init();                     //初始化 T2
  initLedPin();                     //初始化 LED
  initKeyPin();                     //初始化按键
  rs485Uart1Init(9600);             //初始化 RS485 UART1
  EA = 1;                           //打开全局中断
  uMaster = 0;                      //默认是从端

  while (1)
  {
    if (1 == uTimer10msFlag)
    {
```

```
      uTimer10msFlag = 0;
      taskState();
    }
  }
}
/**
  * @description: 依次发送待发送数据数组数据
  * @param { * }
  * @return { * }
  * @author: cxb
  */
void sendData()
{
  rs485Uart1SendString(uBuff[uIdx]);              //在待发送数据数组里取1字节发送
  //显示刚发送的数据
  uSmgDisBuf[0] = uBuff[uIdx] / 10;
  uSmgDisBuf[1] = uBuff[uIdx] % 10;
  uIdx++;                                          //待发送数据数组下标+1
  if (uIdx == sizeof(uBuff))                       //下标到达数组长度,下标回0
    uIdx = 0;
}
/**
  * @description: 任务调度函数
  * @param { * }
  * @return { * }
  * @author: cxb
  */

void taskState()
{
  static u8 uTaskState = 0;                        //调度任务变量
  static u8 uDelay;                                //用于延时500ms
  switch (uTaskState)
  {
  case 0:                                          //从端
    if (uKeyMessage == ASW1_PRESS)                 //如果要切换主/从端
    {
      uKeyMessage = 0;
      uTaskState = 1;                              //切换到主端
      onLed(ALED1);                                //点亮第1只LED
      break;
    }
    if (COM1.B_RX_OK == 1)                         //从端接收并回传
    {
      COM1.B_RX_OK = 0;
      uSmgDisBuf[2] = RX1_Buffer[0] / 10;
      uSmgDisBuf[3] = RX1_Buffer[0] % 10;
      //从端回传数据
      rs485Uart1SendString(RX1_Buffer[0] + 1);
    }
```

```
    break;
  case 1:                                    //主端
    readKey();
    if (uKeyMessage == ASW1_PRESS)           //如果要切换主/从端
    {
      uKeyMessage = 0;
      uTaskState = 0;                        //切换到从端
      offLed(ALED1);                         //关闭第 1 只 LED
      break;
    }
    //主端接收数据
    if (COM1.B_RX_OK == 1)
    {
      COM1.B_RX_OK = 0;
      uSmgDisBuf[2] = RX1_Buffer[0] / 10;
      uSmgDisBuf[3] = RX1_Buffer[0] % 10;
    }
    //如果 500ms 到了,主端发送数据并显示
    if (++uDelay == 50)
    {
      uDelay = 0;
      sendData();
    }
    break;
  default:
    break;
  }
}
```

主函数中,先初始化数码管、初始化 T2、初始化 LED、初始化按键、初始化 uart1,然后打开全局中断,设置本节点默认是从端。接着就进入 while 主循环,在其中判断 10ms 时间是否到来,如果是,则调用任务状态机 taskState()函数。

在 main.c 开头定义了 2 个函数,如下:

```
//-------------------- 函数定义 ----------------
void sendData();            //在数据数组里取 1 字节发送并显示到数码管前两位
void taskState();           //任务调度函数
```

首先看 sendData 函数:

```
void sendData()
{
  rs485Uart1SendString(uBuff[uIdx]);                //在数据数组里取 1 字节发送
  //显示刚发送的数据
  uSmgDisBuf[0] = uBuff[uIdx] / 10;
  uSmgDisBuf[1] = uBuff[uIdx] % 10;
  uIdx++;                                           //数据数组下标 + 1
  if (uIdx == sizeof(uBuff))                        //下标到达数组长度,下标回 0
    uIdx = 0;
}
```

sendData()函数用于主端向从端发送一些数据，这些数据取自 uBuff 数组，发送的数据同步显示在主端数码管前两位。主端每隔 500ms 定时向从端发送一些数据(在 uBuff 数组中)，从端收到后显示在从端数码管后两位上，并且回传到主端；主端收到后显示在主端的后两位数码管上。

下面是任务状态机 taskState()函数：

```
void taskState()
{
  static u8 uTaskState = 0;                          //调度任务变量
  static u8 uDelay;                                  //用于延时 500ms
  switch (uTaskState)
  {
  case 0:                                            //从端
    readKey();                                       //读按键
    if (uKeyMessage == ASW1_PRESS)                   //如果要切换主/从端
    {
      uKeyMessage = 0;
      uTaskState = 1;                                //切换到主端
      onLed(ALED1);                                  //点亮第 1 只 LED
      break;
    }
    if (COM1.B_RX_OK == 1)                           //从端接收并回传
    {
      COM1.B_RX_OK = 0;
      uSmgDisBuf[2] = RX1_Buffer[0] / 10;
      uSmgDisBuf[3] = RX1_Buffer[0] % 10;
      //从端回传数据
      rs485Uart1SendString(RX1_Buffer[0] + 1);
    }
    break;
  case 1:                                            //主端
    readKey();
    if (uKeyMessage == ASW1_PRESS)                   //如果要切换主/从端
    {
      uKeyMessage = 0;
      uTaskState = 0;                                //切换到从端
      offLed(ALED1);                                 //关闭第 1 只 LED
      break;
    }
    //主端接收数据
    if (COM1.B_RX_OK == 1)
    {
      COM1.B_RX_OK = 0;
      uSmgDisBuf[2] = RX1_Buffer[0] / 10;
      uSmgDisBuf[3] = RX1_Buffer[0] % 10;
    }
    //如果 500ms 到了，主端发送数据并显示
    if (++uDelay == 50)
    {
      uDelay = 0;
      sendData();
    }
```

```
            break;
        default:
            break;
        }
    }
```

任务状态机 taskState()函数中，把状态 uTaskState 分成两个：0 和 1，当 uTaskState＝0 时，说明节点处于从端，这时读按键 ASW1，如果读到按键，则令 uTaskState＝1，把本节点切换为主端，同时点亮 LED1。当节点处于从端时，必须接收数据，同时把数据加 1 后回传给另外一个节点。

当 uTaskState＝1 时，说明节点处于主端，同样读取按键 ASW1，如果读到按键，则令 uTaskState＝0，把本节点切换为从端，同时熄灭 LED1。节点处于主端时，只接收数据，如果有数据，则显示，但不回传；同时开始计时，当计时满 500ms，调用 sendData 函数由主端向从端发送某个数据。

编译工程，正确无误后把 hex 文件分别烧写进 A 节点和 B 节点，初始状态下 A 节点和 B 节点都处在从端，按下 A 节点上的 ASW1 按键，A 节点上的 ALED1 会亮起，切换到主端。同时开始通过 SIT3485 芯片发送数据，A 节点和 B 节点上的数码管会按照任务描述一样显示。运行效果可扫描二维码观看。

任务 5.2 运行效果

【课后练习】

利用实验板上的 A、B 节点内部的 UART1 及 SIT3485 芯片，设计一个实验，A 节点固定为主端，B 节点固定为从端；由 A 节点每隔 0.5s 向 B 节点发送 1 个数，B 节点也是每隔 0.5s 向 A 节点发送 1 个数。A 节点发送的数是 1、3、5 等奇数；B 节点发送的数是 2、4、6 等偶数；若大于 99，则又重新回到 1(或 2)。两个节点在接收到数的时候，都显示在数码管后两位中。

任务 5.3　IIC 接口的 24c02 存储器读写

【任务描述】

程序运行时，读取 24c02 中的某个指定地址中的一个字节数据，以十六进制方式显示在数码管后两位，然后把该数加 1，储存到 24c02 中的同一个地址处，下次运行时其读出便可看到新的数值。

【知识要点】

1. IIC 总线

IIC 总线也可写成 I^2C 总线，有些地方也写成 I2C 总线。IIC 的英文全称为 inter-integrated circuit，它原本是荷兰 Philips 公司为了解决电视机内部各个器件连接线路复杂问题而发明的一种集成电路互联通信电路。该电路的优点是仅用两条线就可以实现芯片之间的互联通信，使硬件电路最简化，硬件效益最大化，给芯片设计制造者和芯片应用者带来极大益处。

IIC 总线仅使用 2 条线，1 条名为串行时钟线 SCL，1 条名为串行数据线 SDA。其中 SCL 为器件之间的同步时钟线，SDA 为器件之间的数据线。IIC 总线的信息交换参与需要 1 方为主设备(Master)，1 方为从设备(Slave)，SCL 线由主设备控制，如果是主设备传递数据到从机，SDA 线也由主设备控制，这个过程被称为写入数据。如果是从机传递数据到主设备，那么 SDA 线的控制权移交给从机，由从机发送数据给主设备，这个过程被称为读取，读取过程同样由主设备完成。IIC 总线支持 1 主多从的通信模式，即 1 个主设备可以同时和多个从机进行信息交换。由于同步线 SCL 的存在，因此，IIC 总线本质上是一种芯片之间的同步串行通信协议。

Philips 公司发明 IIC 总线后，一方面，利用该项技术，研发出许多带有 IIC 总线功能的芯片。这些带有 IIC 总线功能的芯片，一部分自己使用，一部分出售给其他芯片应用厂商。另一方面，将 IIC 总线专利技术授权提供给其他芯片制造厂商，获得专利技术授权的其他芯片制造厂商把该项技术应用集成到自家芯片中，使自家芯片也具有 IIC 总线功能。

Philips 公司无论是对外出售 IIC 总线芯片，还是对外出售 IIC 总线专利技术，都要同时对外提供一套完整的技术文档和应用细则，使得具有 IIC 总线功能的器件有一个统一的标准，这就是 IIC 总线规范(IIC-bus Specification)。

2. IIC 总线协议

IIC 总线协议是 IIC 器件之间进行通信必须遵守的规范。IIC 主设备和从设备之间的连接由串行时钟线(SCL)和串行数据线(SDA)组成，可用于发送和接收数据，通信都是由主设备发起，从设备被动响应，实现数据的传输。IIC 主设备与从设备的一般通信过程如下。

(1) 主设备发送起始(START)信号。

(2) 主设备发送设备地址到从设备。

(3) 等待从设备响应(ACK)。

(4) 主设备发送数据到从设备，一般发送的每个字节数据后会跟着等待接收来自从设备的响应(ACK)。

(5) 数据发送完毕，主设备发送停止(STOP)信号终止传输。

IIC 通信过程时序图如图 5-3-1 所示。

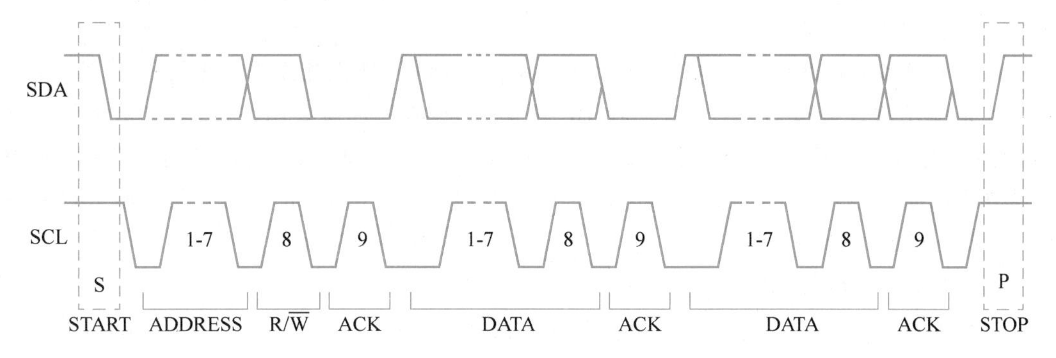

图 5-3-1 IIC 通信过程时序图

一般情况下，主设备为MCU芯片。在任务中，“1+X”训练考核套件上的IAP15单片机芯片即为主设备。对于IIC协议，主设备一般有以下两种情况。

第一种是主设备内部带有IIC接口的硬件控制器，也就是硬件IIC，它有相应的IIC驱动电路，有专用的IIC引脚，效率更高，写代码会相对简单，只要调用IIC的控制函数即可，不需要用代码去控制SCL、SDA的各种高低电平变化来实现IIC协议，只需要将IIC协议中的可变部分（如从设备地址、传输数据等）通过函数传参数给控制器，控制器自动按照IIC协议实现传输，但是如果出现问题，就只能通过示波器看波形找问题。

第二种是主设备内部没有IIC接口的硬件控制器，只能使用GPIO通过软件模拟实现IIC协议。软件模拟IIC比较重要，因为软件模拟的整个流程比较清晰，哪里出现漏洞（bug），很快能找到问题，模拟一遍会对IIC通信协议更加熟悉。

如果芯片上没有IIC控制器，或者控制接口不够用了，就可以通过使用任意I/O口去模拟实现IIC通信协议，手动写代码去控制I/O口的电平变化，模拟IIC协议的时序，实现IIC的信号和数据传输。任务中将介绍如何根据通信协议使用软件模拟IIC。

下面分别给出主设备发送数据给从设备和主设备接收从设备数据的流程。

1）主设备发送数据给从设备流程

（1）主设备在检测到总线为“空闲状态”（即SDA、SCL线均为高电平）时，发送一个启动信号，开始一次通信的开始。

（2）主设备接着发送一个命令字节。该字节由7位的外围器件地址和1位读写控制位R/W组成（此时R/W=0）。

（3）相对应的从机收到命令字节后向主设备回馈应答信号ACK（ACK=0）。

（4）主设备收到从机的应答信号后开始发送第一个字节的数据。

（5）从机收到数据后返回一个应答信号ACK。

（6）主设备收到应答信号后再发送下一个数据字节。

（7）当主设备发送最后一个数据字节并收到从机的ACK后，通过向从机发送一个停止信号结束本次通信并释放总线。从机收到停止信号后也退出与主设备之间的通信。

2）主设备接收从设备数据流程

（1）主设备发送启动信号后，接着发送命令字节（其中R/W=1）。

（2）对应的从机收到地址字节后，返回一个应答信号并向主设备发送数据。

（3）主设备收到数据后向从机反馈一个应答信号。

（4）从机收到应答信号后再向主设备发送下一个数据。

（5）当主设备完成接收数据后，向从机发送一个“非应答信号（ACK=1）”，从机收到ASK=1的非应答信号后便停止发送。

（6）主设备发送非应答信号后，再发送一个停止信号，释放总线结束通信。

如果使用软件模拟IIC的方式实现IIC通信，这些流程都需要用户编写代码，操作SCL和SDA的电平值实现。如果主设备自带有IIC接口的硬件控制器，用户使用IIC硬件控制器实现IIC通信，那么代码会简单很多。在后面的程序设计部分，将介绍如何使用I/O口模拟IIC协议的具体代码。

3. 24c02存储器芯片

首先明确一点，24c02是带IIC接口的存储器芯片。如果需要往24c02芯片中写入或者读取数据，就需要使用 IIC 通信协议。24c02 是 2Kbit 串行 EEPROM，内部组织为 256×8bit，即 256 字节，2 线 IIC 接口，可实现 8 个器件共用 1 个接口，工作电压 1.6～6.0V，其引脚如图 5-3-2 所示。

24c02 采用 IIC 通信控制协议，该协议使用一根双向串行数据线 SDA 和一根双向串行时钟线 SCL 实现主/从设备间的多主串行通信。IAP15 没有 IIC 接口，需要利用 I/O 口模拟实现，模拟时需将 I/O 口设置为开漏输出。根据容量不同，这种类型的存储芯片还有 24c02、24c04、24c08 等不同容量的芯片。每 1 片连接在 IIC 总线上的芯片都有唯一的地址。那么 24c02 的地址是什么呢？先看图 5-3-3，图 5-3-3 是不同容量 24 系列存储芯片在 IIC 总线上的地址，如果是特定看 24c02 地址，则只需要看图里的第 1 行。

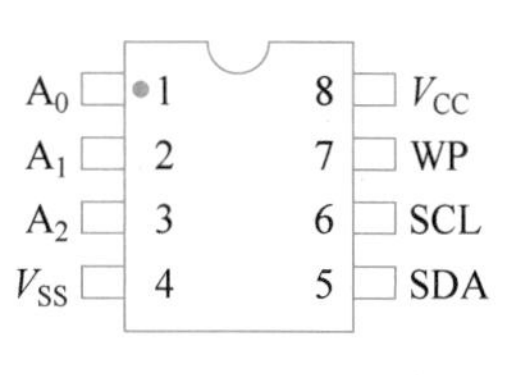

图 5-3-2　24c02 引脚图

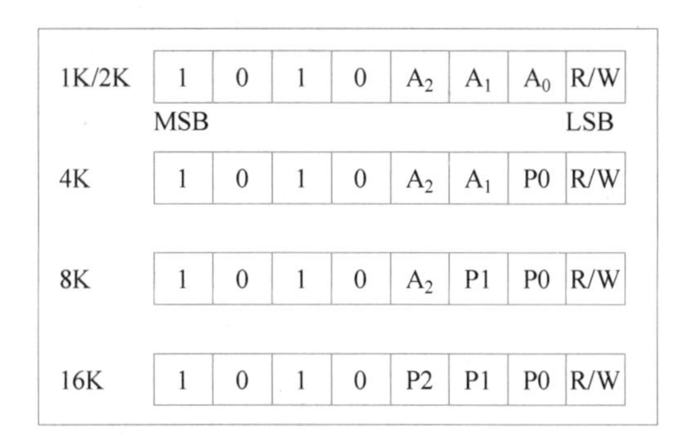

图 5-3-3　24cxx 地址

图 5-3-3 中第 1 行，$A_2A_1A_0$ 指的是芯片引脚 1、2、3 的电平（见图 5-3-2），在任务中，这 3 只引脚已经被接地，因此 $A_2A_1A_0$ 已被固定为 000，则图 5-3-3 中的第一行地址就为表 5-3-1 所示。

表 5-3-1　24c02 地址

1	0	1	0	0	0	0	R/W

这个表里，剩下最低位 R/W 不确定。R/W 的意思是当最低位为 1 时表示 R，即读 24c02；当最低位为 0 时表示 W，即写 24c02。因此，写 24c02 时，地址为 0xa0，读 24c02 时，地址为 0xa1。

【电路设计】

24c02 与单片机连接电路原理图如图 5-3-4 所示，本实验不需要任何接线及外接元器件，直接利用实验板上的 24c02 芯片即可。

【软件模块】

本任务需要用到的模块以及它们之间的关系，如图 5-3-5 所示。

这里的 24c02.c 模块里并不仅有 24c02 应用代码，它还必须包含 IIC 协议代码。如果用

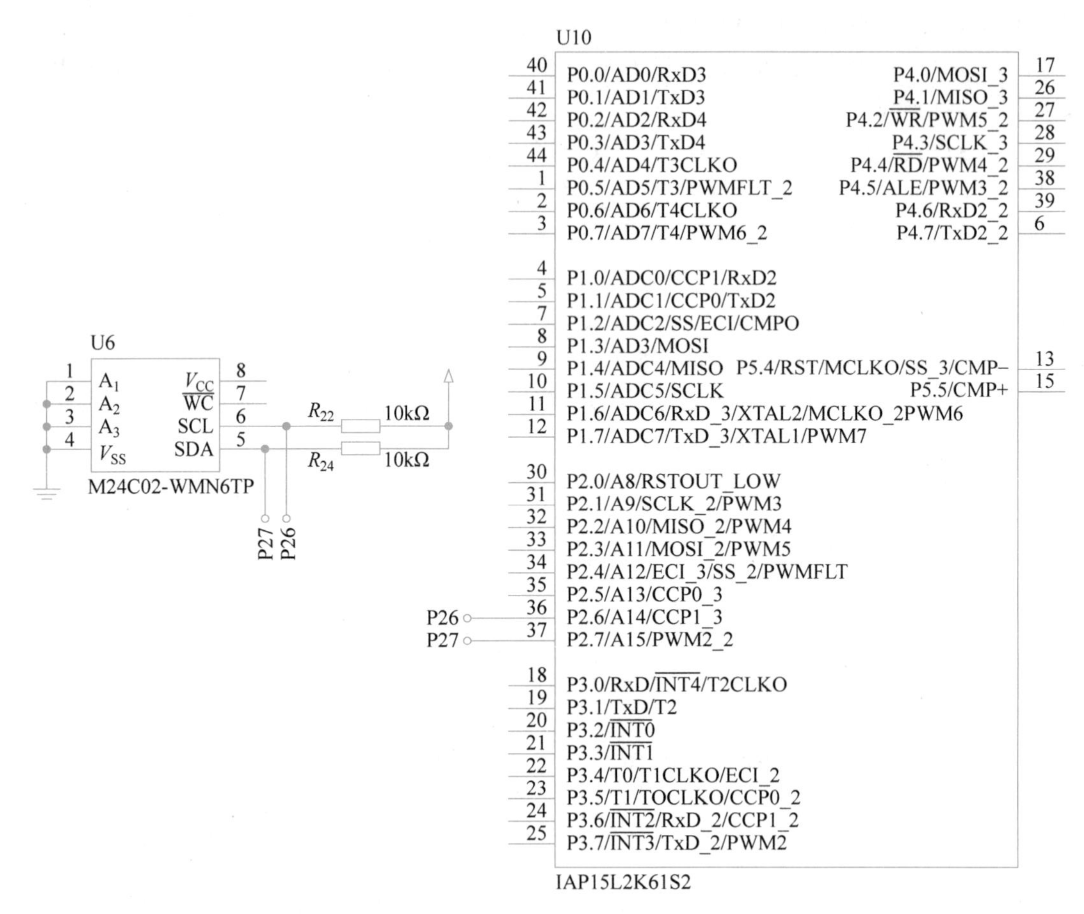

图 5-3-4　任务 5.3 的电路原理图

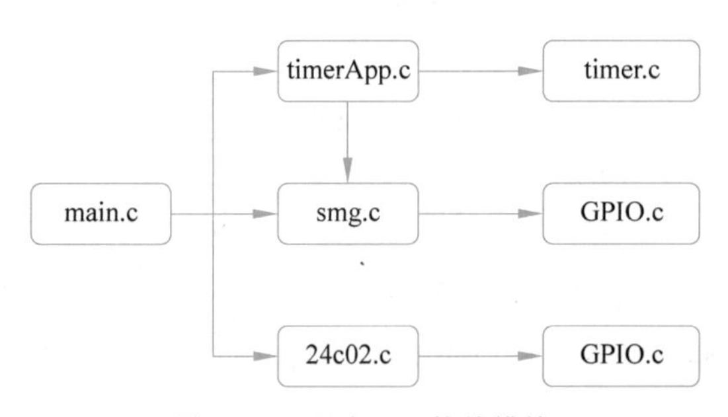

图 5-3-5　任务 5-3 软件模块

户使用其他带有 IIC 协议接口的硬件，24c02 模块里 IIC 协议代码可直接移植使用。例如，用户需要使用到 1 个带有 IIC 接口的新器件 24c03，那么 24c02 模块里 IIC 协议代码可以直接移植到模块 24c03 中，然后再编写 24c03 应用代码即可。

【程序设计】

1. 24c02 模块(24c02.h 和 24c02.c)

复制任务 5.2 改名“任务 5.3　IIC 接口的 24c02 存储器读写”，并在 board 文件夹下面新建一个文件夹 24c02，在该文件夹下面，新建两个文件：24c02.h 和 24c02.c。然后打开工程，把 24c02.c 加入工程的 board 分组下，再把 24c02.h 所在的路径加入工程编译路径下，最后移除其他无关的模块。

打开 24c02.h 文件，输入以下代码：

```
#ifndef __24c02_H_
#define __24c02_H_
#include "config.h"
//----------------硬件连接宏定义----------------------
#define DELAY_TIME 1                     //延时时间
#define SCL P26                          //时钟线
#define SDA P27                          //数据线
//------------------------外部变量--------------------
//------------------------内部函数--------------------
//IIC 短延时函数
static void i2cDelay(u8 uDelayTime);
//IIC 总线启动函数
static void i2cStart();
//IIC 总线停止函数
static void i2cStop();
//IIC 总线应答函数
static void i2cSendAck(bit ackbit);
//IIC 总线等待应答函数
static bit i2cWaitAck();
//IIC 总线发送 1 字节函数
static void i2cSendByte(u8 dat);
//IIC 总线接收 1 字节函数
static u8 i2cRecvByte();
//------------------------外部函数------------------
//初始化 MCU 与 24c02 连接的引脚
void iic24c02PinInit();
//IIC 存储器写:pucBuf = 数据,ucAddr = 地址,ucNum = 数量
void writeTo24c02(u8 *pucBuf, u8 ucAddr, u8 ucNum);
//IIC 存储器读:pucBuf = 数据,ucAddr = 地址,ucNum = 数量
void readFrom24c02(u8 *pucBuf, u8 ucAddr, u8 ucNum);
#endif
```

头文件中，先是一个宏定义，定义短延时的时间，用于产生时序。然后使用两个宏定义 24c02 的时钟线和数据线，连接到 MCU 的哪一个端口，实验板上已经布线好了，SCL、SDA 连接到了 P2.6、P2.7 两只 GPIO 口。然后声明 7 个内部函数，这 7 个内部函数共同完成 IIC 协议。

注意，内部函数声明时，函数名前加上了 static 关键字，这个关键字的作用是将函数的作用域限制在模块内。这样，当其他 IIC 设备需要使用这几个内部函数时，就不需要对这几个内部函数进行改名，可以直接复制过去使用。编译器在编译过程中遇到同名函数不会报错。除了在函数名前加上 static 关键字的方式外，也可以不要声明这 7 个函数，直接在 24c02.c 文件里定义这 7 个函数的实体，这样外部模块也看不到这 7 个函数，这 7 个函数就成了模块的内部函数。但是如果不在 24c02.h 文件中声明，那么在 24c02.c 中就必须遵守

先定义后使用的规则。

文件最后声明了 3 个外部函数：iic24c02PinInit()函数用于初始化 MCU 与 24c02 连接的引脚；writeTo24c02 用于存储器写数据；readFrom24c02()用于存储器读数据。

接下来打开 24c02.c 文件，输入以下代码：

```
#include "24c02.h"
#include "GPIO.h"
//------------------ 内部函数 ------------------
/**
 * @description: IIC 短延时函数
 * @param {u8} uDelayTime:延时微秒数
 * @return { * }
 * @author: cxb
 */
static void i2cDelay(u8 uDelayTime)
{
  while (uDelayTime--)
    ;
}
/**
 * @description: IIC 总线启动函数
 * @param { * }
 * @return { * }
 * @author: cxb
 */
static void i2cStart()
{
  SCL = 0;                      //SCL 拉低,防止可能出现的各种误动作
  i2cDelay(DELAY_TIME);
  SDA = 1;                      //SDA 拉高
  SCL = 1;                      //SCL 拉高,准备发出起始信号
  i2cDelay(DELAY_TIME);
  SDA = 0;                      //SDA 拉低,发出起始信号
  SCL = 0;                      //SCL 拉低,开始传输
}
/**
 * @description: IIC 总线停止函数
 * @param { * }
 * @return { * }
 * @author: cxb
 */
static void i2cStop()
{
  SCL = 0;                      //SCL 拉低,防止可能出现的各种误动作
  SDA = 0;                      //SDA 拉低
  SCL = 1;                      //SCL 拉高,准备发出结束信号
  i2cDelay(DELAY_TIME);
  SDA = 1;                      //SDA 拉高,发出结束信号
}
```

```
/**
 * @description: IIC 总线应答函数
 * @param {bit} ackbit:0 为应答 0;1 为应答 1
 * @return { * }
 * @author: cxb
 */
static void i2cSendAck(bit ackbit)
{
  SCL = 0;
  SDA = ackbit;
  i2cDelay(DELAY_TIME);
  SCL = 1;
  i2cDelay(DELAY_TIME);
  SCL = 0;
  SDA = 1;
  i2cDelay(DELAY_TIME);
}
/**
 * @description: IIC 总线等待应答函数
 * @param { * }
 * @return {bit}0 无应答;1 有应答
 * @author: cxb
 */
static bit i2cWaitAck()
{
  bit ackbit;
  SCL = 0;                     //拉低 SCL
  i2cDelay(DELAY_TIME);
  SDA = 1;                     //拉高 SDA 主机释放总线
  i2cDelay(DELAY_TIME);
  SCL = 1;                     //拉高 SCL
  i2cDelay(DELAY_TIME);
  ackbit = SDA;                //采集 SDA 信号线状态
  i2cDelay(DELAY_TIME);
  SCL = 0;                     //拉低 SCL 结束询问 ACK
  if (ackbit)
    return 0;                  //无应答(ACK)
  else
    return 1;                  //有应答(ACK)
}
/**
 * @description: IIC 总线发送 1 字节函数
 * @param {u8} dat:被发送字节
 * @return { * }
 * @author: cxb
 */
static void i2cSendByte(u8 dat)
{
  u8 i;
  for (i = 0; i < 8; i++)
```

```
    {
      SCL = 0;
      if (dat & 0x80)                              //dat 最高位是否为 1
        SDA = 1;
      else
        SDA = 0;
      SCL = 1;
      i2cDelay(DELAY_TIME);
      SCL = 0;
      dat <<= 1;
    }
  }
  /**
   * @description: IIC 总线接收 1 字节函数
   * @param { * }
   * @return {u8}返回值为接收到的字节
   * @author: cxb
   */
  static u8 i2cRecvByte()
  {
    u8 i, dat;
    for (i = 0; i < 8; i++)
    {
      dat <<= 1;
      if (SDA)
        dat |= 1;
      SCL = 1;
      i2cDelay(DELAY_TIME);
      SCL = 0;
    }
    return dat;
  }

  //---------------- 外部函数 -----------------
  //-------- 初始化引脚函数 --------
  void iic24c02PinInit()
  {
    GPIO_InitTypeDef iic24c02PinStructure;
    iic24c02PinStructure.Pin = GPIO_Pin_6 | GPIO_Pin_7;
    iic24c02PinStructure.Mode = GPIO_OUT_OD;
    GPIO_Inilize(GPIO_P2, &iic24c02PinStructure);
  }

  //-------- 向 24c02 写入数据函数 ---------
  void writeTo24c02(u8 * pucBuf, u8 ucAddr, u8 ucNum)
  {
    i2cStart();
    i2cSendByte(0xa0);
    i2cWaitAck();
    i2cSendByte(ucAddr);
```

```
    i2cWaitAck();
    while (ucNum--)
    {
        i2cSendByte(*pucBuf++);
        i2cWaitAck();
        i2cDelay(200);
    }
    i2cStop();
}

//---------从24c02读取数据函数---------
void readFrom24c02(u8 *pucBuf, u8 ucAddr, u8 ucNum)
{
    i2cStart();
    i2cSendByte(0xa0);
    i2cWaitAck();
    i2cSendByte(ucAddr);
    i2cWaitAck();
    i2cStart();
    i2cSendByte(0xa1);
    i2cWaitAck();
    while (ucNum--)
    {
        *pucBuf++ = i2cRecvByte();
        if (ucNum)
            i2cSendAck(0);
        else
            i2cSendAck(1);
    }
    i2cStop();
}
```

7个内部函数是图5-3-1时序图的具体代码实现。下面以3个函数为例讲解，其他函数请读者自行分析。

第1个函数是延时函数i2cDelay()函数，代码如下：

```
static void i2cDelay(u8 uDelayTime)
{
    while (uDelayTime--)
        ;
}
```

这个函数用于实现短暂的延时，延时时间为uDelayTime个短延时单位，在使用时uDelayTime函数通常被赋值为24c02.h文件中的宏DELAY_TIME，这个宏初始值为1。

第2个函数是IIC总线启动函数，这个函数是根据图5-3-1最左边的启动时序写成的，现在单独把启动时序单列出来，如图5-3-6所示。

可以看到，这个启动时序先是把SDA和SCL电平拉高，然后延时一小会，把SDA和

SCL 电平拉低。启动函数的代码如下：

```
static void i2cStart()
{
  SCL = 0;          //SCL 拉低,防止可能出现的各种误动作
  i2cDelay(DELAY_TIME);
  SDA = 1;          //SDA 拉高
  SCL = 1;          //SCL 拉高,准备发出起始信号
  i2cDelay(DELAY_TIME);
  SDA = 0;          //SDA 拉低,发出起始信号
  SCL = 0;          //SCL 拉低,开始传输
}
```

第 3 个函数是 IIC 总线停止函数，这个函数是根据图 5-3-1 最右边的停止时序写成的，现在把停止时序单列出来，如图 5-3-7 所示。

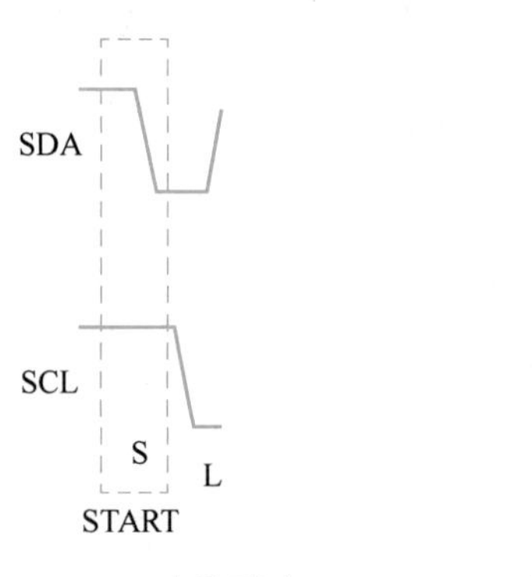

图 5-3-6　IIC 启动时序

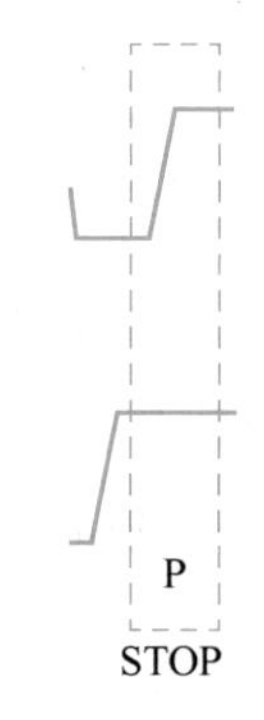

图 5-3-7　IIC 停止时序

可以看到，这个停止时序先是把 SDA 电平拉低，SCL 电平拉高，然后延时一小会，把 SDA 电平也拉高。停止函数的代码如下：

```
static void i2cStop()
{
  SCL = 0;          //SCL 拉低,防止可能出现的各种误动作
  SDA = 0;          //SDA 拉低
  SCL = 1;          //SCL 拉高,准备发出结束信号
  i2cDelay(DELAY_TIME);
  SDA = 1;          //SDA 拉高,发出结束信号
}
```

其他 4 个内部函数也是用这个方式写成的，这里不一一分析，留给读者自行分析。在使用的时候，需要用到什么函数，根据需要直接调用就可以。接下来看 3 个外部函数。

首先是第 1 个函数，初始化引脚函数，代码如下：

```
void iic24c02PinInit()
{
  GPIO_InitTypeDef iic24c02PinStructure;
  iic24c02PinStructure.Pin = GPIO_Pin_6 | GPIO_Pin_7;
```

```
  iic24c02PinStructure.Mode = GPIO_OUT_OD;
  GPIO_Inilize(GPIO_P2, &iic24c02PinStructure);
}
```

这段代码很简单，就是把 P26 和 P27 初始化为开漏模式。

接下来是第 2 个函数 writeTo24c02()，这个函数是向 24c02 这个器件里从某个地址开始，写入若干个字节，这个函数有 3 个参数，第 1 个参数是 1 个指针，这个指针指向要写入 24c02 的内容，这个内容一般是数组或者字符串，这个参数就是这个数组和字符串的首地址；第 2 个参数是 24c02 内部存储单元地址，地址可从 0x00～0xff 选择。注意这个地址是存储器内部存储单元地址，跟前面讲解的 24c02 在 IIC 总线上的地址是不一样的，请区分清楚。这个存储地址通常是 0x00 起始，结束地址则与器件的容量有关，比如，24c02 的存储容量是 256 字节，那么结束地址就是 0xff。从起始地址 0x00 到结束 0xff，一共 256 个地址，刚好对应存储容量的 256 字节。第 3 个参数是读取字节的数量。接下来看这个函数具体是怎么工作的，代码如下：

```
void writeTo24c02(u8 *pucBuf, u8 ucAddr, u8 ucNum)
{
  i2cStart();
  i2cSendByte(0xa0);
  i2cWaitAck();
  i2cSendByte(ucAddr);
  i2cWaitAck();
  while (ucNum--)
  {
    i2cSendByte(*pucBuf++);
    i2cWaitAck();
    i2cDelay(200);
  }
  i2cStop();
}
```

这个函数完全遵循由之前讲解过的主设备发送数据给从设备流程写成，接下来对应一一列出：

```
i2cStart();
```

主设备在检测到总线为“空闲状态”(即 SDA、SCL 线均为高电平)时，发送一个启动信号，开始一次通信。

```
i2cSendByte(0xa0);
```

主设备接着发送一个命令字节。该字节由 7 位的外围器件地址和 1 位读写控制位 R/W 组成(此时 R/W=0)。

```
i2cWaitAck();
```

相对应的从机收到命令字节后向主设备回馈应答信号 ACK(ACK=0)。

```
i2cSendByte(ucAddr);
```

主设备收到从机的应答信号后开始发送第一个字节的数据；此时发送的数据是要写入的 24c02 的存储单元地址。

```
i2cWaitAck();
```

从机收到数据后返回一个应答信号 ACK。

```
while (ucNum -- )
{
    i2cSendByte( * pucBuf++);
    i2cWaitAck();
    i2cDelay(200);
}
```

主设备收到应答信号后再发送下一个数据字节。这里由于有多个字节要写入,因此是一个循环体,循环体里不断循环写入 1 字节,等待应答,并延时,循环的次数由用户根据要写入的对象的长度决定。这里一定要理解,往 IIC 总线上写 1 字节和往 24c02 指定的地址写入 1 字节是两个不同的概念。前者遵守的是总线规范,后者遵守的是器件规范。

```
i2cStop();
```

当主设备发送最后一个数据字节并收到从机的 ACK 后,通过向从机发送一个停止时序,结束这次通信。

第 3 个函数 readFrom24c02(),这个函数是向 24c02 这个器件里从某个地址开始,读取若干个字节,这个函数有 3 个参数,第 1 个参数是 1 个指针,这个指针指向读取出来的字节要存放的位置首地址,通常是 1 个数组。第 2 个参数是 24c02 内部存储单元地址,地址可从 0x00～0xff 选择。第 3 个参数是读取字节的数量。需要注意的是,读取 24c02 数据的时候,需要先把读取的首地址写进去。接下来看这个函数具体是怎么工作的,代码如下:

```
void readFrom24c02(u8 * pucBuf, u8 ucAddr, u8 ucNum)
{
  i2cStart();
  i2cSendByte(0xa0);
  i2cWaitAck();
  i2cSendByte(ucAddr);
  i2cWaitAck();
  i2cStart();
  i2cSendByte(0xa1);
  i2cWaitAck();
  while (ucNum -- )
  {
```

```
    * pucBuf++ = i2cRecvByte();
    if (ucNum)
      i2cSendAck(0);
    else
      i2cSendAck(1);
  }
  i2cStop();
}
```

这个函数先把要 24c02 的地址先写进去,代码如下:

```
  i2cStart();
  i2cSendByte(0xa0);
  i2cWaitAck();
  i2cSendByte(ucAddr);
  i2cWaitAck();
```

然后按照之前讲解过的主设备接收从设备数据流程读取数据,接下来对应一一列出:

```
i2cStart();
i2cSendByte(0xa1);
```

主设备发送启动信号后,接着发送命令字节(其中 R/W=1)。

```
i2cWaitAck();
```

对应的从机收到地址字节后,返回一个应答信号。

```
while (ucNum--)
{
  * pucBuf++ = i2cRecvByte();
  if (ucNum)
    i2cSendAck(0);
  else
    i2cSendAck(1);
}
```

从设备向主设备发送数据,主设备收到数据后向从机反馈一个应答信号;从机收到应答信号后,再向主设备发送下一个数据;当主设备完成接收数据后,向从机发送一个“非应答信号(ACK=1)”,从机收到 ASK=1 的非应答信号后便停止发送。

```
i2cStop();
```

主设备发送非应答信号后,再发送一个停止信号,释放总线结束通信。

有了这 3 个外部函数,主函数模块就可以调用这 3 个外部函数对 24c02 进行读写操作了。

2. 主模块(main.c)

打开 main.c 文件,输入以下代码:

```
#include "config.h"
#include "timerApp.h"
#include "smg.h"
#include "24c02.h"
//-------------------- 变量定义 ---------------
u8 pucBuf[1];                           //用于存取 IIC 的数据
u8 ucAddr = 12;                         //本任务中,IIC 储存数据的地址
//-------------------- 函数定义 ---------------
void taskState();                       //任务状态机
//-------------------- 主函数 -----------------
void main(void)
{
  initSmgPin();                         //初始化数码管
  timer2Init();                         //初始化 T2
  iic24c02PinInit();                    //初始化 IIC 24c02 引脚
  EA = 1;                               //打开全局中断

  uSmgDisBuf[0] = 16;                   //数码管前两位消隐
  uSmgDisBuf[1] = 16;

  while (1)
  {
    if (1 == uTimer10msFlag)
    {
      uTimer10msFlag = 0;
      taskState();
    }
  }
}
void taskState()
{
  static u8 uTaskState;                 //调度任务变量
  switch (uTaskState)
  {
  case 0:
    //读 IIC
    readFrom24c02(pucBuf, ucAddr, 1);
    break;
  case 1:
    //显示所读的数据
    uSmgDisBuf[2] = pucBuf[0] / 16;
    uSmgDisBuf[3] = pucBuf[0] % 16;
    break;
  case 2:
    //修改数据
    pucBuf[0]++;
```

```
        //写 IIC
        writeTo24c02(pucBuf, ucAddr, 1);
        break;
      default:
        break;
    }
    if (uTaskState < 3)
      uTaskState++;
}
```

在 main. c 中,定义了一个长度为 1 的数组和 1 个变量,变量初始为 12,指定到 24c02 内存存储单元地址,这个地址可以在 0～255 中任意修改。数组 pucBuf 长度只有 1,读写都在这个数组进行。

```
u8 pucBuf[1];           //用于存取 IIC 的数据
u8 ucAddr = 12;         //本任务中,IIC 储存数据的地址
```

在主函数中,先初始化数码管、初始化 T2、初始化 MCU 与 24c02 连接的引脚,然后打开全局中断,并使数码管前两位消隐。接下来便是一个主循环。

在主循环中,判断 10ms 时间是否到来,若到来,调用任务状态机 taskState()函数。下面是 taskState()函数:

```
void taskState()
{
  static u8 uTaskState;                    //调度任务变量
  switch (uTaskState)
  {
  case 0:
    i2cRead(pucBuf,ucAddr,1);              //读 IIC
    break;
  case 1:
    uSmgDisBuf[2] = pucBuf[0]/16;          //显示所读的数据
    uSmgDisBuf[3] = pucBuf[0] % 16;
    break;
  case 2:
    pucBuf[0]++;                           //修改数据
    i2cWrite(pucBuf,ucAddr,1);             //写 IIC
    break;
  default:
    break;
  }
  if (uTaskState < 3)
    uTaskState++;
}
```

在 taskState()函数中,利用 uTaskState()函数把调度任务分成 3 部分:uTaskState()=0 时,读 24c02 的数据;uTaskState()=1 时,显示所读到的数据;uTaskState()=2 时,把数据加 1,重新写回 24c02,下次运行时便可看到新数据。

编译程序后,把 hex 文件烧写进“1+X”训练考核套件 A 节点里,上电执行后可以看到

A 节点数码管后 2 位显示 00。按下 Download 按键重启程序，会观察到数码管显示加 1，每按下 1 次数码管就加 1 一次。数码管上的值，就是存储在 24c02 芯片内部地址为 12 的存储单元的数字。每一次重启程序，程序都会将内存这个数字读出，显示在数码管上，同时加 1 写回 24c02 原地址的存储单元中。对整块"1＋X"训练考核套件进行断电操作，实验的结果同按下 Download 键一样，即在掉电情况下，24c02 内部存储单元的数据不会丢失。运行效果可扫描二维码观看。

任务 5.3 运行效果

【课后练习】

设计一个实验用于统计用户总共按了几次 ASW1 按键。每次运行时，先读取 24c02 中的地址为 10 的一个字节，作为用户以往总共按了 ASW1 的次数显示在数码管后两位中；然后读取按键，每按一次 ASW1 便把上述数值加 1 并储存回 24c02 中，地址同前。这样，下次运行本程序仍可继续统计按键。

任务 5.4　LoRa 无线通信

【任务描述】

程序运行时，实验板上的 A、B 节点都处于接收模式，然后通过按一次其中一个节点（如节点 A）的 ASW1 把该节点设置为发送模式。发送端把某个 4 位十进制数发送给接收端并在数码管上显示此数，接收端收到后，也显示在数码管上；若按住发送端的 ASW2 键不放开，每隔 100ms 把上次发送的数加 1 并发送给接收端。

【知识要点】

1. SPI 通信协议

串行外设接口（serial peripheral interface，SPI）是一种高速的、全双工、同步的通信总线，并且在芯片的引脚上只占用四根线，节约了芯片的引脚，同时为 PCB 的布局上节省空间，提供方便，正是出于这种简单易用的特性，越来越多的芯片集成了这种通信协议。

SPI 总线是一种 4 线总线，是一种高速、高效率的串行接口技术。通常由一个主模块和一个或多个从模块组成，主模块选择一个从模块进行同步通信，从而完成数据的交换。SPI 通信时需要至少 4 根线（事实上，在单向传输时，3 根线也可以），4 根线如下。

（1）MISO（master input slave output），主设备数据输入，从设备数据输出。

（2）MOSI（master output slave input），主设备数据输出，从设备数据输入。

（3）SCLK（serial clock），时钟信号，由主设备产生。

（4）CS（chip select），从设备使能信号，由主设备控制。

SPI 属于同步串行通信协议，通信双方需要时钟信号进行同步，时钟信号由主设备产生和控制。从这一点看，SPI 协议和 IIC 协议一样，都是属于同步串行通信协议，而 RS-232 和 RS-485 之间通信不需要时钟线同步，因此，它们称为异步串行通信协议。

SPI 通信方式在工业界应用非常广泛，比较多用于 EEPROM、Flash、实时时钟、AD 转换器、数字信号处理器和数字信号解码器之间的数据传输。

2. STC15 系列单片机的 SPI 模块

在任务 5.3 中学习 IIC 协议时，已经了解 STC 公司的 15 系列单片机没有集成 IIC 模块，要在 15 系列单片机上实现 IIC 通信只能使用单片机的 I/O 口模拟 IIC 协议。与 IIC 协议不同的是，STC 公司的 15 系列单片机内部集成了 SPI 模块，支持 SPI 硬件通信。也就是说，如果需要在 15 系列单片机上实现 SPI 通信，那么可以使用单片机内部的 SPI 硬件模块，而不需要使用 I/O 口进行 SPI 协议模拟(当然，想使用 I/O 口模拟 SPI 协议也可以)。下面从几个方面介绍 STC15 系列单片机的 SPI 模块。

1）工作模式

SPI 模块为数据传输提供了主模式和从模式两种工作模式。当处于主模式时，STC15 系列单片机内部的 SPI 模块相当于主设备；当处于从模式时，STC15 系列单片机内部的 SPI 模块相当于从设备。

(1) 在主模式下，支持高达 3MHz 的数据传输率。

(2) 在从模式下，速度受限，官方技术手册推荐的数据率为 SYSclk/4 内，SYSclk 为单片机系统主频。

在任务中，使用“1+X”训练考核套件上的单片机作为主设备，即工作在主模式。

2）SPI 接口信号

STC15 系列单片机的 SPI 模块提供了 4 个信号，即 MISO、MOSI、SCLK、SS，进行数据传输，其中 SS 相当于 SPI 通信协议中的 CS 信号，其他 3 个信号同 SPI 协议的 3 个信号一样。

(1) MISO。

主设备输入和从设备输出信号，M 为 Master，I 为 Input，S 为 Slave，O 为 Output，即可以记忆为主进从出的信号。SPI 模块处于不同的工作模式，这个信号的指向不同。当 SPI 处于主模式，单片机为主设备时，这个信号为输入；当 SPI 处于从模式，单片机为从设备时，这个信号为输出。

(2) MOSI。

主设备输出和从设备输入信号。SPI 模块处于不同的工作模式，这个信号的指向不同。当 SPI 处于主模式，单片机为主设备时，这个信号为输出；当 SPI 处于从模式，单片机为从设备时，这个信号为输入。

(3) SCLK。

串行时钟信号，它由主设备发出，指向从设备。这个信号用于同步主设备和从设备之间 MISO 和 MOSI 信号线上数据的传输过程。当主设备启动一次数据传输时，自动产生 8 个 SCLK 信号给从设备(可理解为 8 个周期的方波信号)。在 8 个 SCLK 的上升沿或者下降沿到来的时候，移出一位数据。所以，一次传输可以传输一个字节的数据。

SPI 模块是在下降沿传输数据还是在上升沿传输数据，由 SPI 模块相关的寄存器决定，有些从设备是下降沿传输数据，有些从设备是上升沿传输数据，用户必须根据实际情况配置主设备，以匹配从设备工作。

(4) SS。

从设备选择信号。如果单片机的SPI模块为主设备，则通过该信号选择处于从模式的SPI设备。在主模式和从模式下，SS信号的用法不同。在主模式下，SPI接口只能有一个主设备，SS可以通过1只10kΩ上拉电阻并联连接从设备，用于控制从设备是否被选中，也可以不使用SS，直接把从设备的SS接地。从模式下，要么直接接地表示有效，要么连接到主设备由主设备控制。

这4个信号是单片机内部SPI模块具备的信号。如果不使用内部SPI模块，也需要使用4只I/O口，按照SPI协议模拟这4个信号。

3) SPI模块寄存器

下面介绍与SPI模块相关的寄存器，这些寄存器包括SPI控制寄存器、SPI状态寄存器、SPI数据寄存器、中断允许寄存器、中断使能寄存器、中断优先级寄存器和控制SPI引脚位置寄存器。其中SPI模块独有的寄存器有3个：SPI控制寄存器、SPI状态寄存器、SPI数据寄存器。其他寄存器都只有部分位与SPI模块有关。

(1) SPI控制寄存器(SPCTL)(见表5-4-1)。

表5-4-1 SPCTL寄存器

B7	B6	B5	B4	B3	B2	B1	B0
SSIG	SPEN	DORD	MSTR	CPOL	CPHA	SPR1	SPR0

SSIG：SS信号忽略控制位。当这个位为1时，由MSTR位确定单片机SPI模块是主设备还是从设备；当这个位为0时，由SS信号决定单片机SPI模块是主设备还是从设备。当单片机的SPI模块为主设备时，这个位通常置1，让SS信号失效，同时置1MSTR位，让SPI模块处于主模式。

SPEN：SPI模块使能位。为1时使能SPI模块，为0禁止SPI模块。当禁止SPI模块时，所有同SPI模块有关的信号引脚都成为普通I/O口。

DORD：设置SPI数据发送和接收的位顺序。在SPI数据发送和接收时，数据是1位接着1位接收或者发送(每1位为1bit)，每次发送或接收1字节(8bit为1Byte)。在发送和接收的过程中，总是有先发送出去的位和后发送的位，同理也有先接收到的位和后接收到的位。那么这里就必须要求确定，先发送出去的位是1字节中的最高位还是最低位，这就是发送和接收的位顺序。如果最先发送出去的1bit为整个字节的最高位，则称为MSB。如果最先发送出去的1bit为整个字节的最低位，则称为LSB。

当DORD为0时，SPI模块数据发送和接收的位顺序是MSB。

当DORD为1时，SPI模块数据发送和接收的位顺序是LSB。

当SPI模块是主设备时，是使用MSB还是使用LSB，与从设备有关。反之，当SPI模块是从设备时，位顺序就与主设备有关。主从设备必须保持同样的位顺序。

MSTR：这个位为1，SPI模块为主模式，即为主设备。这个位为0，SPI模块为从模式，即从设备。在SSIG为1时，这个位才能生效。

CPOL：SPI模块时钟极性选择位。这里所指的时钟为SPI模块的SCLK信号。当CPOL为1时，SCLK为一个高电平，开头表示空闲，随后出现一个下降沿，再出现一个上升沿。当 CPOL 为 0 时，SCLK 为一个低电平，开头表示空闲，随后出现一个上升沿，再出现一个下降沿。如图 5-4-1 所示，主从设备的时钟极性必须保持一致。

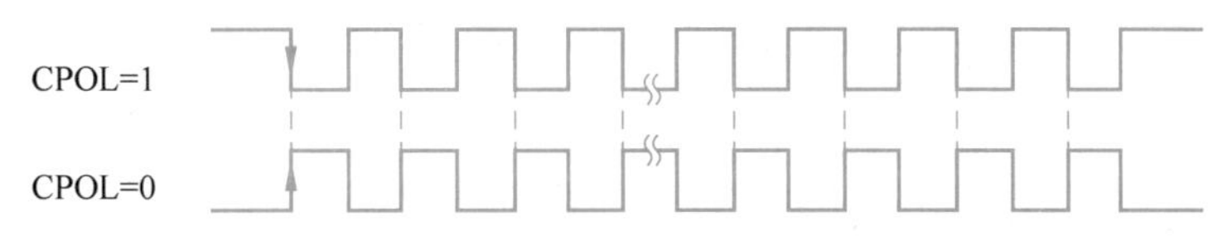

图 5-4-1　SPI 模块时钟极性图主从设备必须保持一致

CPHA：SPI 模块时钟相位选择位。当这个位为 1 时，在 SCLK 第一个跳变沿驱动数据，第二个跳变沿采样数据。当这个位为 0，同时 SS 为 0 时，在 SCLK 第一个跳变沿采样数据，第二个跳变沿改变数据。这里所指的跳变沿，可以是上升沿，也可以是下降沿。第一个跳变沿是上升沿还是下降沿，与 CPOL 有关。

SPR1、SPR0：时钟速率选择位，见表 5-4-2。

表 5-4-2　SPR1 和 SPR0 组合含义

SPR1	SPR0	时钟（SCLK）、CPU_CLK 指 CPU 的时钟
0	0	CPU_CLK/4
0	1	CPU_CLK/8
1	0	CPU_CLK/16
1	1	CPU_CLK/32

SPCTL 寄存器是 SPI 模块里最基本的配置寄存器，SPI 模块参数需要通过这个寄存器进行配置，配置时需要参考通信对象属性选择参数。

（2）SPI 状态寄存器（SPSTAT）（见表 5-4-3）。

表 5-4-3　SPSTAT 寄存器

B7	B6	B5	B4	B3	B2	B1	B0
SPIF	WCOL	—	—	—	—	—	—

SPIF：传输完成标志位，当完成一次 SPI 数据传输后，硬件会将此位置 1，如果允许中断，则同时触发中断。当由 SS 信号引起模式变化时，这个位也会置 1。该位需要使用软件写入 1 清零。

WCOL：在数据传输过程中，如果对数据寄存器 SPDAT 进行操作，硬件将该标志位置 1。该位需要使用软件写入 1 清零。

（3）SPI 数据寄存器（SPDAT）（见表 5-4-4）。

表 5-4-4　SPDAT 寄存器

B7	B6	B5	B4	B3	B2	B1	B0
8 位数据							

这个寄存器在发送时，存放要通过 SPI 进行发送的数据，数据长度为 1 字节。在接收时，存放通过 SPI 接收到的数据，数据长度同样为 1 字节。

(4) 中断允许寄存器2(IE2)(见表5-4-5)。

表5-4-5　IE2寄存器

B7	B6	B5	B4	B3	B2	B1	B0
—	ET4	ET3	ES4	ES3	ET2	ESPI	ES2

这个寄存器只有1位与SPI模块有关。

ESPI：SPI中断允许位，为1时允许SPI模块中断，为0时禁止SPI模块中断。

(5) 中断优先级寄存器(IP2)(见表5-4-6)。

表5-4-6　IP2寄存器

B7	B6	B5	B4	B3	B2	B1	B0
—	—	—	PX4	PPWMFD	PPWM	PSPI	PS2

这个寄存器只有1位与SPI模块有关。

PSPI：该位为0时，为低优先级；为1时，为高优先级。

(6) 控制SPI引脚位置寄存器(AUXR1)(见表5-4-7)。

表5-4-7　AUXR1寄存器

B7	B6	B5	B4	B3	B2	B1	B0
S1_S1	S1_S0	CCP_S1	CCP_S0	SPI_S1	SPI_S0	0	DPS

这个寄存器有两位与SPI模块有关。

SPI_S1、SPI_S0：当这两位为00时，SPI模块4个信号分别对应引脚：P1.2/SS、P1.3/MOSI、P1.4/MISO、P1.5/SCLK。

当这两位为01时，SPI模块4个信号分别对应引脚：P2.4/SS、P2.3/MOSI、P2.2/MISO、P2.1/SCLK。

当这两位为10时，SPI模块4个信号分别对应引脚：P5.4/SS、P4.0/MOSI、P4.1/MISO、P4.3/SCLK。

当这两位为10时，无效。

本任务中，从设备连接的信号引脚为SPI_S1、SPI_S0=01的组合中的引脚。

STC公司官方没有提供SPI模块的官方初始化代码。所以，用户在使用SPI模块时，需要按照实际情况，直接操作SPI模块有关的寄存器进行初始化。

3. SX1278 LoRa通信芯片

LoRa是一种无线通信技术，近年来被广泛应用于物联网行业。LoRa具备以下三大特点。

(1) 最远15km的传输距离。

(2) 低功耗，一颗钮扣电池可以让感测节点运行1年。

(3) 低成本，免牌照的频段、基础设施以及节点或终端的低成本让网络建设运维较为容易。

LoRa技术比较复杂，这里不对其底层通信技术做过多的讲解，只是讲解如何在应用层面上实现LoRa无线通信。

通常，LoRa无线通信是由专门的芯片完成的，原理类似RS-485通信。在RS-485通信学习中可知，用户可以完全不了解RS-485具体是如何工作的，只需要使用UART与

SIT3485 进行通信，RS-485 底层通信由 SIT3485 芯片完成。

同理 LoRa 无线通信也是如此。在“1＋X”实训考核套件上的 A、B 节点都有一片 SX1278 芯片，单片机使用 SPI 协议与 SX1278 芯片进行通信。A 节点上的 SX1278 芯片可以把 A 节点上单片机发来的数据以 LoRa 无线方式转发出去。B 节点上的 SX1278 芯片就可以收到 A 节点经 SX1278 芯片发来的数据，而 B 节点上的单片机也可以使用 SPI 协议读取 B 节点 SX1278 收到的数据。其通信流程如图 5-4-2、图 5-4-3 所示。

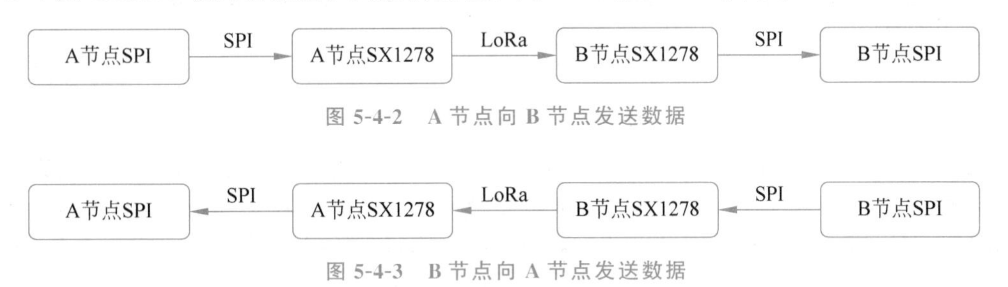

图 5-4-2　A 节点向 B 节点发送数据

图 5-4-3　B 节点向 A 节点发送数据

SX1278 是一个半双工传输的低中频收发器。SX1278 收发数据前，需要通过 SPI 接口对寄存器进行配置。寄存器在任何模式下都可以读，但仅在睡眠和待机模式下可写。发送数据时，通过 SPI 接口将发送数据写到数据 FIFO，由调制器调制再上变频，并由功率放大器放大后进行发送；接收数据时，接收数据由低噪声放大器放大再下变频，并由解调器解调后送入数据 FIFO，再通过 SPI 接口读取。

SX1278 引脚排列如图 5-4-4 所示。

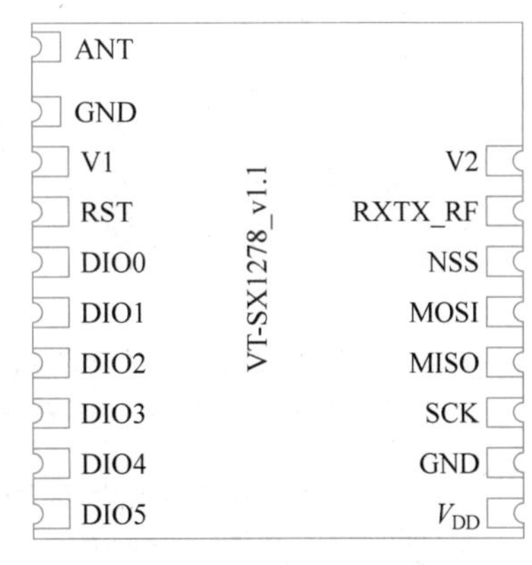

图 5-4-4　SX1278 引脚图

LoRa 的初始化包括设置 LoRa 模式（必须在睡眠模式下设置）、设置射频频率和功率、设置扩频因子、信号带宽和纠错码率等。除了必须设置 LoRa 模式和射频功率外，其他设置都可以省略。SX1278 的详细指令集请参考 SX1278 的技术手册，在本任务里将直接使用现成的指令对 SX1278 进行设置，不对指令进行讲解。

LoRa 数据 FIFO 的 256 字节可完全由用户定制，用于发送或接收数据。除睡眠模式外，其他模式下均可读写，在切换到新的接收模式时，自动清除旧内容。

发送时，首先进入待机模式，将 FifoAddrPtr 设置为 FifoTxBaseAddr，将 PayloadLength 设置为发送字节数，将数据写入 Fifo，然后切换到发送模式，等待发送完成，发送完成后芯片自动返回到待机模式，切换到连接接收模式等待接收。

连续接收时，首先切换到接收模式，等待接收完成后，将 FifoAddrPtr 设置为 FifoRxCurrentAddr，然后从 Fifo 读取 RxNbBytes 字节数据。

需要注意的是，SX1278 是半双工传输，即某个时刻只能一个方向通信，因此，芯片上有一只引脚用于控制通信方向，这只引脚是 SX1278 的 RXTX_RF 引脚，使用时需要使用单片机 I/O 脚连接这只引脚，并通过拉高或拉低这只引脚的电平控制通信方向。

【电路设计】

节点 A 的 LoRa 部分电路原理图如图 5-4-5 所示。任务不需要在“1＋X”训练考核套件上进行任何接线。

【软件模块】

任务的模块关系图如图 5-4-6 所示。

模块关系图中除了几个常用的模块外，增加了一个 LoRa. c 模块。LoRa. c 模块除了完成 LoRa 通信任务外，还有一个重要的任务，需要完成单片机内部 SPI 模块初始化。

【程序设计】

1. LoRa 模块(LoRa. h 和 LoRa. c)

复制任务 5.3，改名为“任务 5.4　LoRa 无线通信”，在 board 文件夹下新建一个文件夹 loraSx1278，在 loraSx1278 夹下面，新建两个文件：LoRa. h 和 LoRa. c。打开工程，把 LoRa. c 加入工程中，设置好编译路径，最后根据任务模块关系图移除无关模块。需要注意，由于 timerApp. c 模块调用了 smg. c 和 key. c 模块，如果移除 smg. c 或 key. c 模块，需要在 timerApp. c 文件里面把定时器中断函数内部调用 smg. c 或 key. c 模块内部函数的代码注释掉，否则编译会报错。

打开 LoRa. h 文件，输入以下代码：

```
#ifndef __LoRa_H
#define __LoRa_H
#include "config.h"
//---------------------- 硬件连接宏定义 ------------------------
#define CS P24       //SS 信号引脚
#define TR P25       //通信方向选择引脚
//---------------------- 内部变量 ------------------------------
//---------------------- 外部变量 ------------------------------
//---------------------- 内部函数 ------------------------------
//spi 读写:读时地址字节的最高位为 0,写时为 1,读时 uData 无效
static u8 spiReadWrite(u8 uAddr, u8 uData);
//设置射频频率(137～525MHz)
static void sx1278LoraSetRFFrequency(unsigned long ulFreq);
//设置射频功率(2～20dBm)
static void sx1278LoraSetRFPower(u8 uPower);
//设置信号带宽(0～9)
static void sx1278LoraSetBW(u8 uBW);
//设置纠错编码率(1～4)
static void sx1278LoraSetCR(u8 uCR);
//---------------------- 外部函数 ------------------------------
//SPI 初始化
void spiInit();
//初始化 SX1278 LORA 芯片
void sx1278LoraInit();
//通过 LORA 发送数据
void sx1278LoraTx(u8 *pucBuf, u8 ucSize);
//通过 LORA 接收数据,返回 0 表示没有接收到数据
u8 sx1278LoraRx(u8 *pucBuf);
#endif
```

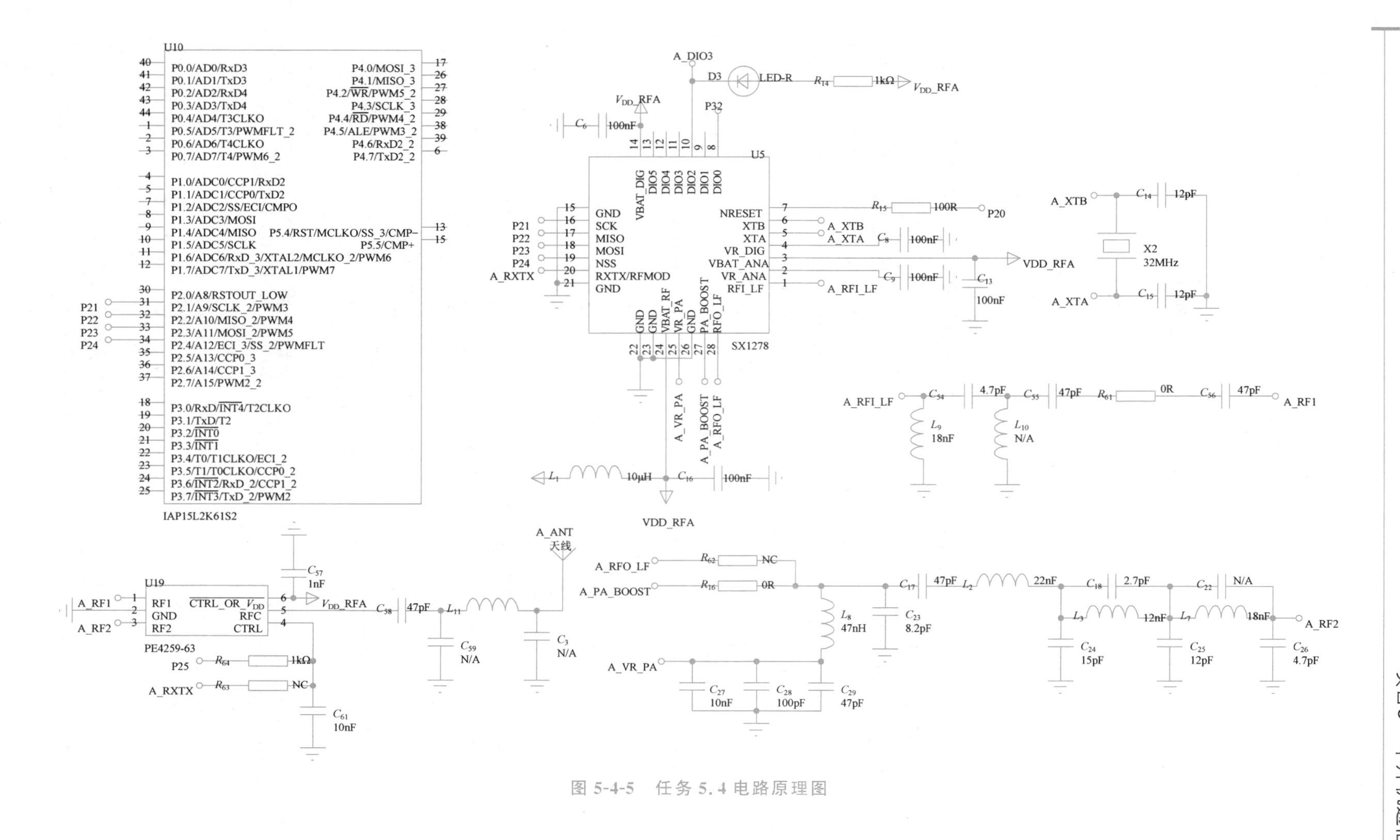

图 5-4-5　任务 5.4 电路原理图

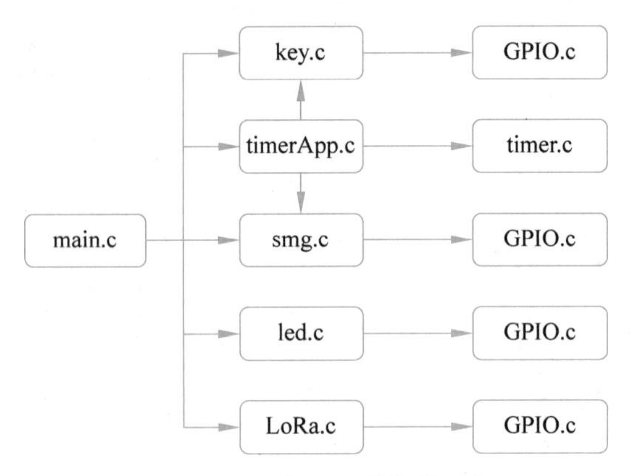

图 5-4-6　任务 5.4 模块关系图

头文件中，定义了 2 个引脚连接的宏，CS 和 TR，分别对应 SPI 模块的信号脚 SS 和 SX1278 芯片的通信方向控制引脚 RXTX_RF。

内部函数有 5 个，其中最重要的内部函数是 spiReadWrite()，使用这个函数可以让单片机往 SX1278 芯片写入数据和读取数据。其他 4 个内部函数可对 SX1278 芯片内部一些基本参数进行设置，都需要调用 spiReadWrite() 函数实现具体的设置。设置指令必须参考 SX1278 芯片的技术手册，这里直接给现成的设置指令，不做讲解分析。

外部函数有 4 个，spiInit() 函数用于初始化 MCU 内部的 SPI 通信协议模块；sx1278LoraInit() 函数用于初始化 sx1278 LoRa 收发芯片；sx1278LoraTx() 用于通过 sx1278 LoRa 发送数据；sx1278LoraRx() 用于通过 sx1278 LoRa 接收数据。

接下来，打开 sx1278.c 文件，输入以下代码：

```
#include "LoRa.h"
/**
 * @description: SPI 读写函数
 * @param {u8} uAddr:写入或读出的地址
 * @param {u8} uData:写入的数据,读出时无效
 * @return { * }
 * @author: cxb
 */
static u8 spiReadWrite(u8 uAddr, u8 uData)
{
  CS = 0;
  SPDAT = uAddr;                                          //发送地址
  while ((SPSTAT & 0x80) == 0);                           //等待发送完成
  SPSTAT |= 0x80;                                         //清除 SPIF
  SPDAT = uData;                                          //发送数据
  while ((SPSTAT & 0x80) == 0);                           //等待发送完成
  SPSTAT |= 0x80;                                         //清除 SPIF
  CS = 1;
  return SPDAT;                                           //返回接收数据
}
```

```
/**
  * @description: 设置射频频率函数(137～525MHz)
  * @param {unsigned long} ulFreq:写入的频率
  * @return { * }
  * @author: cxb
  */
static void sx1278LoraSetRFFrequency(unsigned long ulFreq)
{
  ulFreq = (ulFreq / 32) << 19;
  spiReadWrite(0x06 | 0x80, ulFreq >> 16);
  spiReadWrite(0x07 | 0x80, (ulFreq >> 8) & 0xff);
  spiReadWrite(0x08 | 0x80, ulFreq & 0xff);
}
/**
  * @description: 设置射频功率(2～20dBm)
  * @param {u8} uPower:写入的功率
  * @return { * }
  * @author: cxb
  */
static void sx1278LoraSetRFPower(u8 uPower)
{
  uPower -= 2;
  if (uPower > 15)
  {
    uPower -= 3;
    spiReadWrite(0x4d | 0x80, 0x87);                              //设置高功率
  }
  spiReadWrite(0x09 | 0x80, uPower | 0x80);                       //设置功率
}
/**
  * @description: 设置设置信号带宽(0～9)
  * @param {u8} uBW:写入的信号带宽
  * @return { * }
  * @author: cxb
  */
static void sx1278LoraSetBW(u8 uBW)
{
  u8 ret;
  ret = spiReadWrite(0x1d, 0);
  ret &= 0x0f;
  ret |= uBW << 4;
  spiReadWrite(0x1d | 0x80, ret);
}
/**
```

```
 * @description: 设置纠错编码率(1～4)
 * @param {u8} uCR:写入的纠错编码率
 * @return { * }
 * @author: cxb
 * /
static void sx1278LoraSetCR(u8 uCR)
{
  u8 ret;
  ret = spiReadWrite(0x1d, 0);
  ret &= 0xf1;
  ret |= uCR << 1;
  spiReadWrite(0x1d | 0x80, ret);
}
//---------------------------- 外部函数 ---------------------------------
/ **
 * @description: 初始化单片机内部的 SPI 模块,通过寄存器初始化
 * @param { * }
 * @return { * }
 * @author: cxb
 * /
void spiInit()
{
  SPCTL = 0xD1;                              //忽略 SS,允许 SPI,主机模式,16 分频
  AUXR1 |= 4;                                //选择引脚 P21～P24
}
/ **
 * @description: 初始化 LoRa 芯片 SX1278
 * @param { * }
 * @return { * }
 * @author: cxb
 * /
void sx1278LoraInit()
{
  spiReadWrite(0x01 | 0x80, 0);              //设置睡眠模式
  spiReadWrite(0x01 | 0x80, 0x80);           //设置 LoRa 模式
  spiReadWrite(0x01 | 0x80, 1);              //设置待机模式
  sx1278LoraSetRFFrequency(434);             //设置射频频率(137～525MHz)
  sx1278LoraSetRFPower(10);                  //设置射频功率(2～20dBm)
  spiReadWrite(0x1e | 0x80, 7 << 4);         //设置扩频因子(7～12)
  sx1278LoraSetBW(7);                        //设置信号带宽(0～9)
  sx1278LoraSetCR(1);                        //设置纠错编码率(1～4)
  TR = 0;
  spiReadWrite(0x01 | 0x80, 5);              //设置连续接收模式
}
/ **
 * @description: 通过 LORA 发送数据
 * @param {u8 * p} * puBuf:发送数据存放的首地址
 * @param {u8} uSize:数据的长度
 * @return { * }
 * @author: cxb
```

```
 */
void sx1278LoraTx(u8 *puBuf, u8 uSize)
{
  u8 i, ret;
  TR = 1;
  spiReadWrite(0x01 | 0x80, 1);                  //设置待机模式
  ret = spiReadWrite(0x0e, 0);                   //读取 FifoTxBaseAddr
  spiReadWrite(0x0d | 0x80, ret);                //设置 FifoAddrPtr
  spiReadWrite(0x22 | 0x80, uSize);              //设置 PayloadLength
  for (i = 0; i < uSize; i++)                    //写数据到 Fifo
    spiReadWrite(0x00 | 0x80, puBuf[i]);
  spiReadWrite(0x01 | 0x80, 3);                  //设置发送模式
  do
  {
    ret = spiReadWrite(0x12, 0);                 //读标志
  } while (ret & 8 == 0);                        //等待发送完成
  spiReadWrite(0x12 | 0x80, 8);                  //清除发送完成
  TR = 0;
  spiReadWrite(0x01 | 0x80, 5);                  //设置连续接收模式
}
/**
 * @description: 通过 LORA 接收数据
 * @param {u8 *p} *puBuf:接收数据存放的首地址
 * @return {u8} 0 表示表示没有接收到,1 表示接收成功
 * @author: cxb
 */
u8 sx1278LoraRx(u8 *puBuf)
{
  u8 i, ret;
  ret = spiReadWrite(0x12, 0);                   //读标志
  if (ret & 0x40)                                //接收完成
  {
    spiReadWrite(0x01 | 0x80, 1);                //设置待机模式
    spiReadWrite(0x12 | 0x80, 0x40);             //清除接收完成
    ret = spiReadWrite(0x10, 0);                 //读取 FifoRxCurrentAddr
    spiReadWrite(0x0d | 0x80, ret);              //设置 FifoAddrPtr
    ret = spiReadWrite(0x13, 0);                 //读取 RxNbBytes
    for (i = 0; i < ret; i++)                    //写数据到 Fifo
      puBuf[i] = spiReadWrite(0, 0);             //从 fifo 读数据
    spiReadWrite(0x01 | 0x80, 5);                //设置连续接收模式
  }
  else
    ret = 0;
  return ret;
}
```

首先看外部函数中的 spiInit()函数，用它对 MCU 中的 SPI 模块初始化，代码如下：

```
void spiInit()
{
  SPCTL = 0xD1;                         //忽略 SS，允许 SPI，主机模式，8 分频
  AUXR1 | = 4;                          //选择引脚 P21～P24
}
```

这个函数实际就是对前面讲解到的两个寄存器 SPCTL 和 AUXR1 进行赋值。先看 SPCTL 赋值是多少，SPCTL＝0xD1，展开为二进制，SPCTL＝11010001B，即主机模式，允许 SPI 模块工作，频率 8 分频，其他相位、极性等参数也相应设置好。相位和极性的设置和 SX1278 芯片有关，这里不深究，读者直接使用这个配置即可。而 AUXR1 |＝ 4 则是将引脚选择为 P2.4、P2.3、P2.2、P2.1。初始化完成后，SPI 就可以正常工作。

接下来看内部函数中的 SPI 读写函数 spiReadWrite()，代码如下：

```
u8 spiReadWrite(u8 uAddr, u8 uData)
{
  CS = 0;
  SPDAT = uAddr;                            //发送地址
  while((SPSTAT &0x80) == 0);               //等待发送完成
  SPSTAT | = 0x80;                          //清除 SPIF
  SPDAT = uData;                            //发送数据
  while((SPSTAT &0x80) == 0);               //等待发送完成
  SPSTAT | = 0x80;                          //清除 SPIF
  CS = 1;
  return SPDAT;                             //返回接收数据
}
```

这个 spiReadWrite()函数用于内部调用，对 SPI 进行读写。首先需要将从设备控制的信号拉低，即让 CS＝0，选中 SPI 通信对象为 SX1278 芯片。然后把第一个参数 uAddr 放入寄存器 SPDAT 中，SPDAT 是 SPI 模块的数据寄存器，发送和接收都在这个寄存器进行，当对这个寄存器进行写操作，即对这个寄存器进行赋值时，SPI 模块会自动把写入的数据以配置好的 SPI 协议发送出去。接下来使用 while((SPSTAT &0x80)＝＝0)判断发送是否完成。(SPSTAT &0x80)＝＝0 这个语句是判断 SPSTAT 寄存器的最高位是否为 0，如果为 0，则表示刚才的发送还在进行中，继续在此处等待，并判断这个位的值；如果为 1，则表示刚才的发送已经完成，可以往下继续执行下面的代码。接下来的一句代码 SPSTAT |＝0x80 是把 SPSTAT 寄存器最高位置 1，这里发送完成后 SPSTAT 寄存器中的标志位为被硬件置 1，按常规应该写入 0 清零才对，为什么是写 1 清零呢？这里需要明确一点，虽然写 0 清零更符合常规思维，但是也存在写 1 清零的情况。而按照 STC 官方技术手册给出的资料，这个地方就是写 1 清零，技术手册截图如图 5-4-7 所示。

可以清楚地看到，官方技术手册给出的资料，这个位就是写 1 清零。在做单片机程序开发的时候，官方给出的技术手册就是第一手，也是最重要的资料。开发者一定要养成自己查看技术手册的习惯。对于初学者来说，技术手册也许会有一定的阅读门槛，但这是一件绕不

SPSTAT: SPI状态寄存器

SFR name	Address	bit	B7	B6	B5	B4	B3	B2	B1	B0
SPSTAT	CDH	name	SPIF	WCOL	—	—	—	—	—	—

SPIF: SPI传输完成标志。
当一次串行传输完成时，SPIF置位。此时，如果SPI中断被打开（即ESPI（IE2.1）和EA（IE.7）都置位），则产生中断。当SPI处于主模式且SSIG=0时，如果$\overline{SS}$为输入并被驱动为低电平，SPIF也将置位，表示"模式改变"。SPIF标志通过软件向其写入"1"清零。

WCOL: SPI写冲突标志。
在数据传输的过程中如果对SPI数据寄存器SPDAT执行写操作，WCOL将置位。WCOL标志通过软件向其写入"1"清零。

图 5-4-7　SPIF 标志位清零方式

开的事情，初学者一定要克服困难，认真掌握技术手册的阅读方式，吸取技术手册中的信息，既可以帮助自己理解他人的代码，也可以帮助自己写出正确的代码。uAddr 发送完成后，继续把 uData 写入 SPDAT 寄存器，以同样的流程让 SPI 模块将 uData 发送出去。完成后把 CS 拉高，让从设备失效。两个参数配合，单片机就可以通过 SPI 模块往 SX1278 芯片内部某个地址写入某个数据。如果单片机想读取 SX1278 内部某个地址的数据，那么在函数调用时，将第二个参数赋值为 0，并读取函数的返回值 SPDAT，这个值就是从设备发送给主设备的值。

接下来看另一个内部函数 sx1278LoraSetRFFrequency()，函数用于内部调用，设置射频频率，范围是 137～525MHz，代码如下：

```
void sx1278LoraSetRFFrequency(unsignedlong ulFreq)
{
  ulFreq = (ulFreq /32)<< 19;
  spiReadWrite(0x06|0x80, ulFreq >> 16);
  spiReadWrite(0x07|0x80,(ulFreq >> 8)&0xff);
  spiReadWrite(0x08|0x80, ulFreq &0xff);
}
```

这个函数是把一个发射频率写进 SX1278 芯片内部寄存器里。SX1278 芯片内部寄存器多且复杂，本任务不对它的内部进行分析，所有设置函数都直接给出寄存器地址和需要写入的数据。sx1278LoraSetRFPower()函数是配置功率函数，sx1278LoraSetBW()函数是配置信号带宽函数，sx1278LoraSetCR()函数是配置纠错编码率函数，这几个参数的配置都是必须的，配置原理与 sx1278LoraSetRFFrequency()函数一样。SX1278 芯片内部还有其他各种参数，应用在各种其他场合。本任务中只实现最简单的通信，因此只配置 SX1278 最必要的几个寄存器即可。

下面是外部函数 sx1278LoraInit()，它按照 SX1278 技术手册中的指令集，调用 spiReadWrite 函数对 SX1278 进行配置，代码如下：

```
void sx1278LoraInit()
{
```

```
    spiReadWrite(0x01|0x80,0);                 //设置睡眠模式
    spiReadWrite(0x01|0x80,0x80);              //设置 LoRa 模式
    spiReadWrite(0x01|0x80,1);                 //设置待机模式
    sx1278LoraSetRFFrequency(434);             //设置射频频率(137~525MHz)
    sx1278LoraSetRFPower(10);                  //设置射频功率(2~20dBm)
    spiReadWrite(0x1e|0x80,7 << 4);            //设置扩频因子(7~12)
    sx1278LoraSetBW(7);                        //设置信号带宽(0~9)
    sx1278LoraSetCR(1);                        //设置纠错编码率(1~4)
    TR = 0;
    spiReadWrite(0x01|0x80,5);                 //设置连续接收模式
}
```

这个 sx1278LoraInit()函数用于 LoRa 初始化，在用户程序中如果需要 LoRa 则必须调用它。这个函数内部设置各种工作参数，如果需要修改，可以进行合理的修改。

接下来的外部函数是 LoRa 数据发送函数 sx1278LoraTx()，代码如下：

```
void sx1278LoraTx(u8 * puBuf, u8 uSize)
{
    u8 i, ret;
    TR = 1;
    spiReadWrite(0x01|0x80,1);                 //设置待机模式
    ret = spiReadWrite(0x0e,0);                //读取 FifoTxBaseAddr
    spiReadWrite(0x0d|0x80, ret);              //设置 FifoAddrPtr
    spiReadWrite(0x22|0x80, uSize);            //设置 PayloadLength
    for(i = 0; i < uSize; i++)                 //写数据到 Fifo
      spiReadWrite(0x00|0x80, puBuf[i]);
    spiReadWrite(0x01|0x80,3);                 //设置发送模式
do
{
     ret = spiReadWrite(0x12,0);               //读标志
}while(ret &8 == 0);                           //等待发送完成
    spiReadWrite(0x12|0x80,8);                 //清除发送完成
    TR = 0;
    spiReadWrite(0x01|0x80,5);                 //设置连续接收模式
}
```

这个 sx1278LoraTx()函数用于通过 LoRa 发送数据，在用户程序中，每当需要发送数据时，都可以调用这个函数，发送完毕才返回。一共有两个参数：puBuf 事先储存要发送的多个字节数据，uSize 是字节数。这个函数工作原理简单说是先让 TR=1，将 SX1278 芯片设置为发送模式，然后调用 spiReadWrite 函数将 SX1278 设置为待机模式，并将 SX1278 内部一个 FIFO 缓冲区的基地址读出来存在变量 ret 中。FIFO 可以理解为一个数据存取区，数据既可以写入也可以读出，遵守先进先出的规则，则是 first in first out 的规则，称为 FIFO。代码中根据数据长度，利用一个 for 循环，把整个数据块通过 SPI 写入 SX1278 中。然后写入发送命令，SX1278 会利用 LoRa 把用 SPI 写入 FIFO 区中的数据发送出去。接下来程序使用一个 do while 结构不断读取 SX1278 芯片内部发送完成标志位，SX1278 的 LoRa 发送完成后，会将此位置 1，程序读到这个 1 后，发送一条指令清除发送完成标志位，

并令 TR=0,最后写入指令设置 SX1278 芯片为连续接收模式。

最后一个外部函数是 LoRa 数据接收函数 sx1278LoraRx(),代码如下:

```
u8 sx1278LoraRx(u8 * puBuf)
{
  u8 i, ret;
  ret = spiReadWrite(0x12,0);                        //读标志
  if(ret &0x40)//接收完成
  {
    spiReadWrite(0x01|0x80,1);                       //设置待机模式
    spiReadWrite(0x12|0x80,0x40);                    //清除接收完成
    ret = spiReadWrite(0x10,0);                      //读取 FifoRxCurrentAddr()
    spiReadWrite(0x0d|0x80, ret);                    //设置 FifoAddrPtr()
    ret = spiReadWrite(0x13,0);                      //读取 RxNbBytes()
    for(i =0; i < ret; i++)                          //写数据到 fifo()
      puBuf[i] = spiReadWrite(0,0);                  //从 fifo 读数据
    spiReadWrite(0x01|0x80,5);                       //设置连续接收模式
}
else
      ret =0;
return ret;
}
```

这个 sx1278LoraRx()函数用于通过 LoRa 接收数据。这个函数内部原理类似 LoRa 数据发送函数。注意接收时,SX1278 的 FIFO 区应该是另外一片 SX1278 芯片发过来的数据,接收过程由 SX1278 芯片完成,接收函数只是读取芯片中的接收完成位是否为 1,如果为 1,将把 FIFO 区中对应地址的数据取出并存入单片机内部存储单元内。

所谓数据发送函数,实际上是往 SX1278 芯片 FIFO 写入要发送的数据,而数据读取函数实际上是读取 SX1278 芯片读取数据。LoRa 发送和接收的具体工作由 SX1278 完成。要理解这个通信的流程,可以将通信比作寄快递,假定客户将快递给 A 快递员,送到目的地,最后收件人以一定方式在 B 快递员那里签收快递。这个过程中,把客户比作 A 单片机,A 快递员就是 A 节点上的 SX1278,而 B 快递员就是 B 节点上的 SX1278,收件人则是 B 节点上的单片机。客户把快递交给 A 快递员的方式是 SPI,A 快递员把快递送给 B 快递员的方式就是 LoRa,而 B 快递员把快递送到收件人手里的方式同样是 SPI。对于客户和收件人来说,SPI 需要知道并且打交道,同时要亲自完成,而中间的 LoRa 方式则只需要知道并提出要求即可,并不需要了解其中的细节。这个通信流程在很多通信上都是一样的,读者一定要理解掌握。

SX1278 芯片在没有发送数据期间,一直处于接收状态,每当接收完一段数据时,用户程序调用本函数,将会返回一个非 0 值,同时 puBuf 被填入接收到的数据;反之,若用户代码调用本函数的时候,LoRa 并没有接收到数据,则本函数会返回 0。用户程序通过返回值,便可确定是否有数据需要处理。应注意的是,需要在用户程序中,经常性地调用本函数进行轮询,调用的时间间隔要小于发送端发送数据的间隔,否则有可能会丢失接收到的数据。

2. 主模块(main.c)

打开 main.c,输入以下代码:

```
/*
  * @Author: cxb
  * @Date: 2022-03-23 23:35:31
  * @LastEditors: cxb
  * @LastEditTime: 2022-03-23 23:35:31
  * @Description: main.c
  */
#include "config.h"
#include "timerApp.h"
#include "smg.h"
#include "key.h"
#include "led.h"
#include "LoRa.h"
//---------------------变量定义----------------
u8 uSender;                          //是否是发送端:0=接收端,1=发送端
u16 uData;                           //要发送的数
u8 puSendBuf[4];                     //用于发送或接收的缓冲区
u8 uDelay;                           //时间变量
//--------------------- 函数定义 ----------------
void taskState();                    //任务状态机
void data2buf();                     //把要发送的数转换到缓冲区中
void buf2data();                     //把接收到的数据转换成接收到的数值
//-------------------- 主函数 ------------------
void main(void)
{
  initKeyPin();                      //初始化按键
  initSmgPin();                      //初始化数码管
  timer2Init();                      //初始化 T2
  spiInit();                         //初始化 SPI
  sx1278LoraInit();                  //初始化 SX1278 LoRa 芯片
  uSender = 0;                       //默认是接收端
  EA = 1;                            //打开全局中断

  while (1)
  {
    if (sx1278LoraRx(puSendBuf))
    {                                //接收数据
      buf2data();                    //把接收到的数据转换为要显示的数值
    }
    if (1 == uTimer10msFlag)
    {
      uTimer10msFlag = 0;
      readKey();                     //读取按键
      //如果 10ms 到了,则发送数据并显示
      taskState();
    }
  }
}
void taskState()
{
```

```
static u8 uTaskState;                          //调度任务变量
static u8 uKeyTimer;
switch (uTaskState)
{
case 0:
  //识别 ASW1 按键
  if (uKeyMessage == ASW1_PRESS)               //如果要切换发送/接收端
  {
    uKeyMessage = 0;
    uSender = 1 - uSender;
    if (uSender)
      onLed(ALED1);                            //点亮第 1 只 LED
    else
      offLed(ALED1);                           //灭第 1 只 LED
  }
  //识别 ASW2 按键
  if (uKeyMessage == ASW2_PRESS)               //如果要增加要发送的数值
  {
    ++uKeyTimer;
    if (uKeyState != 3)
    {
      uKeyMessage = 0;
      uKeyTimer = 0;
      uData++;
    }
    if ((uKeyState == 3) && (uKeyTimer == 20))
    {
      uKeyTimer = 15;
      uData++;
    }
  }
  break;
case 1:
  //如果是发送端,则发送数据
  if (uSender)
  {
    if (++uDelay == 5)
    {
      data2buf();
      sx1278LoraTx(puSendBuf, 2);
      uDelay = 0;
    }
  }
  uSmgDisBuf[0] = uData / 1000;
  uSmgDisBuf[1] = uData % 1000 / 100;
  uSmgDisBuf[2] = uData % 100 / 10;
  uSmgDisBuf[3] = uData % 10;
  break;
default:
  break;
```

```
  }
  if (++uTaskState == 2)
    uTaskState = 0;
}
/**
 * @description: 把要发送的数转换到缓冲区中
 * @param { * }
 * @return { * }
 * @author: cxb
 */
void data2buf()                        //把要发送的数转换到缓冲区中
{
  puSendBuf[0] = uData % 16;
  puSendBuf[1] = uData / 16;
}
/**
 * @description: 把缓冲区的数据转换后存入 uData
 * @param { * }
 * @return { * }
 * @author: cxb
 */
void buf2data()
{
  uData = puSendBuf[1] * 16 + puSendBuf[0];
}
```

程序首先定义了 4 个变量，如下：

```
u8 uSender;              //是否是发送端:0 = 接收端,1 = 发送端
u16 uData;               //要发送的数
u8 puSendBuf[4];         //用于发送或接收的缓冲区
u8 uDelay;               //时间变量
```

这 4 个变量分别是发送接收标志变量、要发送的数据、接收发送缓冲区数组和一个统计时间的变量，这个统计时间变量是用来计算任务中 100ms 发送一次数据的时间间隔。

另外又定义了 3 个函数，如下：

```
void taskState();                  //任务状态机
void data2buf();                   //把要发送的数转换到缓冲区中
void buf2data();                   //把接收到的数据转换成到缓冲区
```

其中函数 data2buf 把发送的数据转换到缓冲区，这个函数定义代码如下：

```
void data2buf()                        //把要发送的数转换到缓冲区中
{
  puSendBuf[0] = uData % 16;
  puSendBuf[1] = uData / 16;
}
```

它把变量 uData 分为高低位存入数组中第 1 个和第 2 个元素中。变量 uData 的类型是 u16,而缓冲区 puSendBuf 的数据类似是 u8,1 个 u16 类型是 2 个 u8 类型的长度,因此必须将 u16 拆成 2 个数分别存入缓冲区 puSendBuf 中。

同理,函数 buf2data()把缓冲区收到的数据重新合成 uData,函数代码如下:

```
void buf2data()
{
  uData = puSendBuf[1] * 16 + puSendBuf[0];
}
```

很明显,这里把缓冲区数组里的 2 个数合一起组合成了 uDate。

最后,来看看状态机函数 taskState(),函数的定义代码如下:

```
void taskState()
{
  static u8 uTaskState;                     //调度任务变量
  static u8 uKeyTimer;                      //ASW2 长按的时间
  switch (uTaskState)
  {
  case 0:
    //识别 ASW1 按键
    if (uKeyMessage == ASW1_PRESS)          //如果要切换发送/接收端
    {
      uKeyMessage = 0;
      uSender = 1 - uSender;
      if (uSender)
        onLed(ALED1);                       //点亮第 1 只 LED
      else
        offLed(ALED1);                      //灭第 1 只 LED
    }
    //识别 ASW2 按键
    if (uKeyMessage == ASW2_PRESS)          //如果要增加要发送的数据
    {
      ++uKeyTimer;
      if (uKeyState != 3)
      {
        uKeyMessage = 0;
        uKeyTimer = 0;
        uData++;
      }
      if ((uKeyState == 3) && (uKeyTimer == 20))
      {
        uKeyTimer = 15;
        uData++;
      }
    }
    break;
  case 1:
```

```
        //如果是发送端,则发送数据
        if (uSender)
        {
          if (++uDelay == 5)
          {
            data2buf();
            sx1278LoraTx(puSendBuf, 2);
            uDelay = 0;
          }
        }
        uSmgDisBuf[0] = uData / 1000;
        uSmgDisBuf[1] = uData % 1000 / 100;
        uSmgDisBuf[2] = uData % 100 / 10;
        uSmgDisBuf[3] = uData % 10;
        break;
      default:
        break;
      }
      if (++uTaskState == 2)
        uTaskState = 0;
    }
```

这个任务状态机函数用于调度任务,任务代码一共要完成下面几个任务。

(1) 识别按键 ASW1,并切换 LoRa 的发送和接收状态,当处于发送状态时,亮 ALED1;处于接收状态时,熄灭 ALED1。

(2) 识别按键 ASW2,ASW2 有单按和长按两种模式,不管哪一种模式,都能够不断把 uData 加 1。

(3) 当 LoRa 处于发送状态,发送数据缓冲区的前 2 个字节。

(4) 将 uData 刷新到数码管缓冲区,如果此时 LoRa 处于发送模式,那么数码管显示的是发送的 uData; 如果 LoRa 处于接收模式,那么数码管显示是接收到的 uData。

这里将 4 个任务分成两个 case 分支完成,case 0 分支完成(1)、(2)两个任务; case 1 分支完成(3)、(4)两个任务。

在 case 0 分支中,识别按键 ASW1 比较简单,当识别到 ASW1 按下时,将 uSender 变量在 1 和 0 之间切换,当 uSender=0 时,LoRa 切换到发送模式。然后根据 uSender 的值再点亮 ALED1 或者熄灭 ALED1。

识别 ASW2 比较复杂一点,因为 ASW2 有长按模式,因此代码需要识别长按模式。在函数开头,定义了一个静态变量 uKeyTimer,当 ASW2 按下时,不要马上把 uKeyMessage 回 0,而是把 uKeyTimer 加 1,然后判断 key. c 模块里的一个外部变量 uKeyState,这个外部变量可以表示按键现在处于什么状态,其中 0 表示按键松开,3 表示按键按下没松开,所以只要判断这个值不等于 3,就说明按键松开了,这时再把 uKeyMessage 回 0。uKeyTimer 回 0,uData 加 1,整个过程相当于普通按下一次按键。如果按键被按下后不松开,则 uKeyState 会一直等于 3,这个时候有一个 if 语句 if ((uKeyState == 3) && (uKeyTimer == 20)),这个 if 语句要判断 uKeyState 等于 3 且 uKeyTimer 等于 20,条件才为真。如果按键不松开,uKeyTimer 会一直加 1,总会加到等于 20 的时候,也就是说当按键按下不松开到一定时间

(即为长按),if 语句中的条件必然会为真,这个时候按键就进入了长按模式。那么按键按下多久不松开会进入长按模式？这个 uKeyTimer 变量等于 20 有什么讲究？接下来分析这两个问题。首先明确,这个时间肯定不能太短,太短的话没办法区分长按跟短按；但也不能太长,太长的话按下很久都没有响应会影响操作。这个时间在 0.5s 左右比较合适。uKeyTimer 从被按下到进入长按模式累计了 20 个数。需要知道的是,如果 ASW2 按下,uKeyTimer 每间隔多久会加 1。已知任务状态机函数每间隔 10ms 被调用一次,任务状态机中有 2 个分支,每一次调用任务状态机函数只能执行一个分支,有两个分支则每个分支里的代码每 20ms 会被调用一次。所以当 ASW2 按下不松开时,每 20ms,uKeyTimer 会加 1,加到 20 就经历了 400ms,这个时候就进入了长按模式。进入长按模式后的处理代码如下：

```
if ((uKeyState == 3) && (uKeyTimer == 20))
{
    uKeyTimer = 15;
    uData++;
}
```

进入长按模式后,uKeyTimer 取值 15,然后 uData 加 1。这个 15 决定了 uData 多久会加 1,这里不能回 0,回 0 的话 uData 会 400ms 才能加 1。由于 uKeyTimer 重置为 15,所以只需加 5 次就会等于 20,uData 就会加 1。任务状态机每 20ms 调用一次,5 次就是 100ms,所以在长按模式下,uData 会每隔 100ms 加 1。

在 case 1 分支里,如果 LoRa 处于发送模式,则每间隔 100ms 调用将 uData 更新进缓冲区,然后调用 LoRa 发送函数让 SX1278 芯片把缓冲区数据发送出去,再清零 uData。不管 LoRa 处于发送模式还是接收模式,都把 uData 更新到数码管显示缓冲区显示。

接下来是主函数 main,代码如下：

```
void main(void)
{
  initKeyPin();                              //初始化按键
  smgPinInit();                              //初始化数码管
  timer2Init();                              //初始化 T2
  spiInit();                                 //初始化 SPI
  sx1278LoraInit();                          //初始化 SX1278 LoRa 芯片
  uSender = 0;                               //默认是接收端
  EA = 1;                                    //打开全局中断
  while (1)
  {
    if (sx1278LoraRx(puSendBuf))             //接收数据
    {
      buf2data();                            //把接收到的数据转换为要显示的数值
    }
    if (1 == uTimer10msFlag)
    {
      uTimer10msFlag = 0;
      taskState();                           //调用状态机函数
    }
  }
}
```

它首先初始化按键，初始化数码管，初始化 T2，初始化 SPI，初始化 sx1278 芯片，设置本机作为接收端，然后，打开全局中断。

接着，主函数进入一个 while 无限循环，在其中首先调用 sx1278LoraRx 判断是否有 LoRa 发送过来的数据，如果有，则处理它们。接着通过一个 if 语句判断当前是否 10ms 到了，如果到了，调用任务状态机函数 taskState。

编译工程，把 hex 文件下载到 A、B 两个节点；假设 A 节点为发送端、B 节点为接收端，则按一下 A 节点的 ASW1，此时 LED1 点亮，表示 A 节点成为发送端；此时按下 ASW2（可以点按，也可以长按），数码管上的数字会增加（如果长按会快速增加），随着数值的变化，B 节点将快速接收数据，并显示在数码管上。运行效果可扫描二维码观看。

任务 5.4 运行效果

【课后练习】

利用实验板上的 LoRa 收发模块 sx1278 芯片，设计一个 LoRa 通信实验。程序一开始运行时，数码管上的数字是 0000，每隔 500ms 自动加 1；当按下 ASW1 时，停止计数，本节点临时转为发送端，向另一个发送消息，让另一个节点开始计数，本节点发送完消息之后立即转为接收端。同样，另一个节点也是相同的程序。最终效果便是任一个节点按下 ASW1 时将会暂停本节点计数，并启动另一个节点继续计数。

项目6

单片机常用外接模块

任务6.1　超声波模块接口驱动程序设计

【任务描述】

编写程序，驱动超声波模块，让超声波模块进行距离测量，把测量结果显示在数码管上。如果测量距离超出范围，则数码管显示“----”。测距范围设定为400cm。

【知识要点】

1. 超声波模块

超声波模块是单片机系统一种常见的外设模块。模块通常指的是已经在一定程度上被设计好的产品，即模块本身就是一个成熟的电路系统。站在单片机开发的角度，针对模块编写程序，并不需要完全了解模块内部的电路原理，只需要了解模块的接口原理，这样就大大减轻了单片机开发的复杂程度。

任务里所使用的超声波模块名为HC-SR04，模块如图6-1-1所示。

模块内部是有电路连接的，内部包括超声波发射器、接收器和控制电路。但是使用者不需要深入了解模块内部的电路结构，只需要了解模块预留出来可以和单片机连接的接口即可。从图6-1-1可以看到，这个模块一共有4只引脚，分别是V_{CC}、Trig、Echo、Gnd。从字面上理解，V_{CC}和Gnd是一对电源脚和地脚，Trig是发送触发引脚，Echo是接收回波信号引脚。这个模块左边标着T的“眼睛”，就是发送超声波的器件，当发送出去的超声波遇到前面的障碍物，会反射回来，右边标着R的“眼睛”负责接收回波。而Trig引脚负责控制超声波发送，Echo负责检测回波信号。

图6-1-1　超声波模块

2. 超声波测距原理

HC-SR04超声波测距模块可以提供2～400cm的非接触式距离感测功能，测距精度最高可以达到 3mm，它的基本工作原理如下。

（1）采用 Trig 引脚触发测距，触发条件是 Trig 引脚上给出至少 10μs 的高电平信号。

（2）满足触发条件后，模块会自动发送 8 个 40kHz 的方波信号，然后拉高 Echo 引脚，并自动检测是否有信号返回。

（3）一旦接收到有信号返回，重新拉低 Echo 引脚。那么 Echo 引脚上高电平持续的时间，就是信号发送出去遇到障碍物后返回到模块的时间，设这个时间为 t，t 显然与障碍物距离 s 有关。一般有以下两种处理方式。

距离：$s=t/58$(cm)（t 的单位为 μs）。

距离：$s=t\times340/2$(m)（t 的单位为 s，340 为声音在空气中传播的速度，340m/s）。

在任务里，我们采用第一种处理方式计算超声波测试的距离。那么可以看到，测距的关键就是如何获得 Echo 引脚上的高电平时间。

3. 超声波测距方法

1）超声波模块时序图

超声波模块的时序图如图 6-1-2 所示。

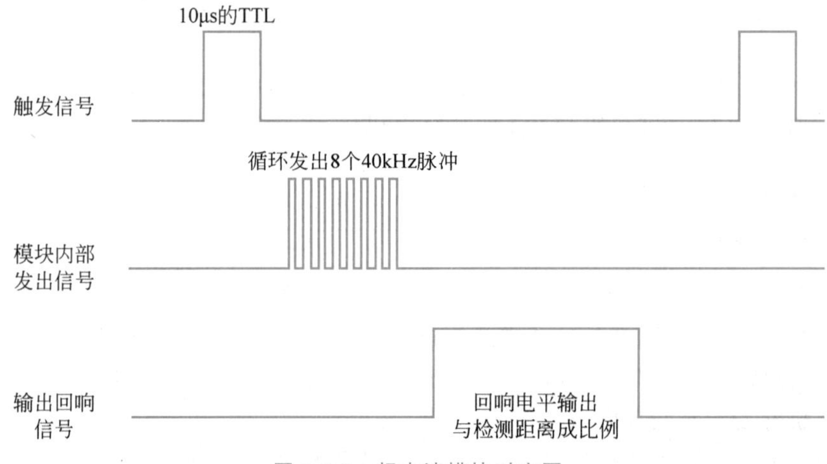

图 6-1-2 超声波模块时序图

这个时序图分为三部分，第一部分是触发信号，在 Trig 引脚上产生一个 10μs 以上的高电平，这部分编程实现非常简单；第二部分是模块内部自动发送的 8 个 40kHz 的方波信号，这个编程人员不需要管，由模块自动发出；第三部分的高电平也是由模块自动产生的，但是这高电平持续的时间，需要编程人员去检测。

2）超声波测距方法

超声波测距的方法有以下两种。

（1）触发信号发送后，马上检测 Echo 引脚的电平，如果检测到高电平，就开启一个定时器，接下来继续检测 Echo 引脚的电平，直到检测到低电平的时候关闭定时器。关闭定时器后，把定时器里的值读取出来，再转成时间即可（计数器的值和系统频率的乘积即为时间）。这种方法不是很好，因为系统需要把距离值显示到数码管上，需要不断地刷新数码管，让单片机系统一直检测引脚，可能会导致刷新数码管的任务被意外终止，引起显示不正常。

（2）触发信号发送后，可以看到 Echo 引脚上其实出现了一个上升沿（从低电平变成高电平)，回响信号结束以后在 Echo 引脚上出现了一个下降沿(从高电平变成低电平)，如图 6-1-3 所示。

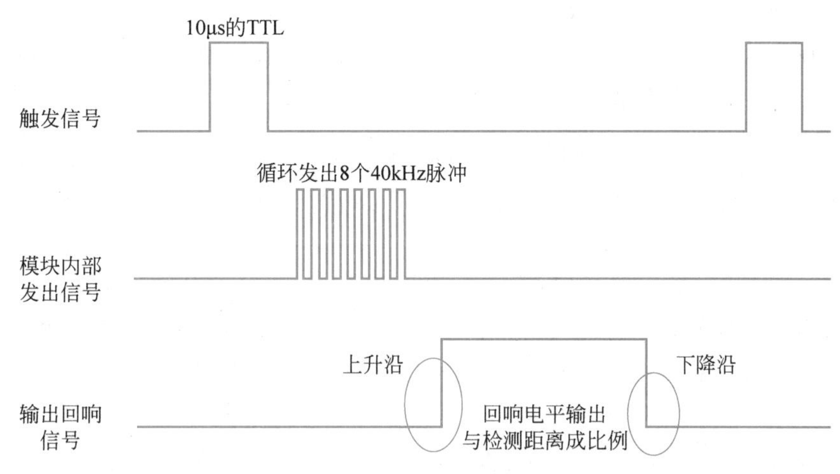

图 6-1-3　超声波模块输出回响信号

这个回响信号的特性与 STC 单片机中断系统的外中断非常契合。STC 单片机的外中断系统是一种由引脚电平变化触发的中断源。STC 系列 51 单片机外中断触发方式有两种模式：下降沿触发中断和上升沿、下降沿都可触发中断。这个回响信号刚好符合第二种触发模式，可以触发 2 次外中断。因此，只要在触发第一次外中断的时候开启定时器，然后在第二次触发外中断的时候关闭定时器，就可以不需要检测引脚上的电平，计算出这两次触发中断之间的时间，进而换算出距离。

4. 单片机外部中断

1) 外部中断引脚

STC 系列单片机的外部中断源一共有 5 个，分别是：外中断 0(INT0)、外中断 1(INT1)、外中断 2(INT2)、外中断 3(INT3)、外中断 4(INT4)。这 5 个外部中断分别对应芯片的 5 只引脚，见表 6-1-1。

表 6-1-1　外部中断引脚及触发方式

序　号	中　断　源	对应引脚	触发方式
1	INT0	P3.2	下降沿触发、上升沿和下降沿都触发
2	INT1	P3.3	下降沿触发、上升沿和下降沿都触发
3	INT2	P3.6	仅下降沿触发
4	INT3	P3.7	仅下降沿触发
5	INT4	P3.0	仅下降沿触发

2) 外部中断的中断方式

外部中断的中断方式比较简单，每个中断源对应的引脚的电平发生变化，就能触发中断。其中 INT0 和 INT1 有两种触发中断的方式，而 INT2、INT3 和 INT4 都只有一种触发中断的方式，具体见表 6-1-1。

对于 INT0 和 INT1 而言，它们的触发方式是下降沿触发还是上升沿和下降沿都触发，由对应的特殊功能寄存器决定。用户通过设置特殊功能寄存器以确定 INT0 和 INT1 的中断触发方式。

3）外部中断相关的特殊功能寄存器

外中断比较常用的是 INT0 和 INT1，下面简单介绍与这 2 个外中断有关的寄存器。

（1）中断允许控制寄存器(见表 6-1-2)。

表 6-1-2　中断允许控制寄存器 IE

B7	B6	B5	B4	B3	B2	B1	B0
EA	ELVD	EADC	ES	ET1	**EX1**	ET0	**EX0**

这个寄存器中的 EX1 位和 EX0 位分别是 INT1 和 INT0 的中断允许。当 EX1 等于 1 时，允许 INT1 中断；EX1 等于 0 时，禁止 INT1 中断。同样，当 EX0 等于 1 时，允许 INT0 中断；EX0 等于 0 时，禁止 INT0 中断。

（2）中断控制寄存器(见表 6-1-3)。

表 6-1-3　中断控制寄存器 TCON

B7	B6	B5	B4	B3	B2	B1	B0
TF1	TR1	TF0	TR0	**IE1**	**IT1**	**IE0**	**IT0**

其中，IE1 和 IE0 分别是 INT1 和 INT0 的中断标志位。当 IE1 等于 1，INT1 向 CPU 请求中断，当 CPU 响应中断后，会自动由硬件将 IE1 清零。当 IE0 等于 1，INT0 向 CPU 请求中断，当 CPU 响应中断后，会自动由硬件将 IE0 清零。

IT1 和 IT0 是 INT1 和 INT0 的中断触发方式控制位。当 IT1 等于 1，P3.3 引脚下降沿触发 INT1；当 IT1 等于 0，P3.3 引脚下降沿和上升沿都触发中断。当 IT0 等于 1，P3.2 引脚下降沿触发 INT0；当 IT0 等于 0，P3.2 引脚下降沿和上升沿都触发中断。

4）外部中断使用流程

外部中断使用比较简单，首先设置触发方式，然后开启对应外部中断的中断允许，开启全局中断允许，然后编写中断响应函数。在本任务中，使用到的外中断是 INT1。

【电路设计】

任务需要在“1＋X”训练考核套件外接上超声波模块，原理图如图 6-1-4 所示。

实物连接则将超声波模块的 V_{CC} 引脚和 GND 引脚对应接到“1＋X”训练考核套件的 V_{CC} 引脚上和 GND 引脚上。超声波模块的 Trig 引脚接在“1＋X”训练考核套件的 P11 引脚，Echo 引脚接在 P33 引脚上。

【软件模块】

任务的模块关系图，如图 6-1-5 所示。

从模块关系图可以看出，任务 6.1 新增了一个 csb.c 模块，这个模块还需要使用到官方库里的 Exti.c 模块。Exti.c 模块是官方提供用来对外中断进行初始化的模块，在使用这个模块前，同样需要先了解一下这个模块的内容。

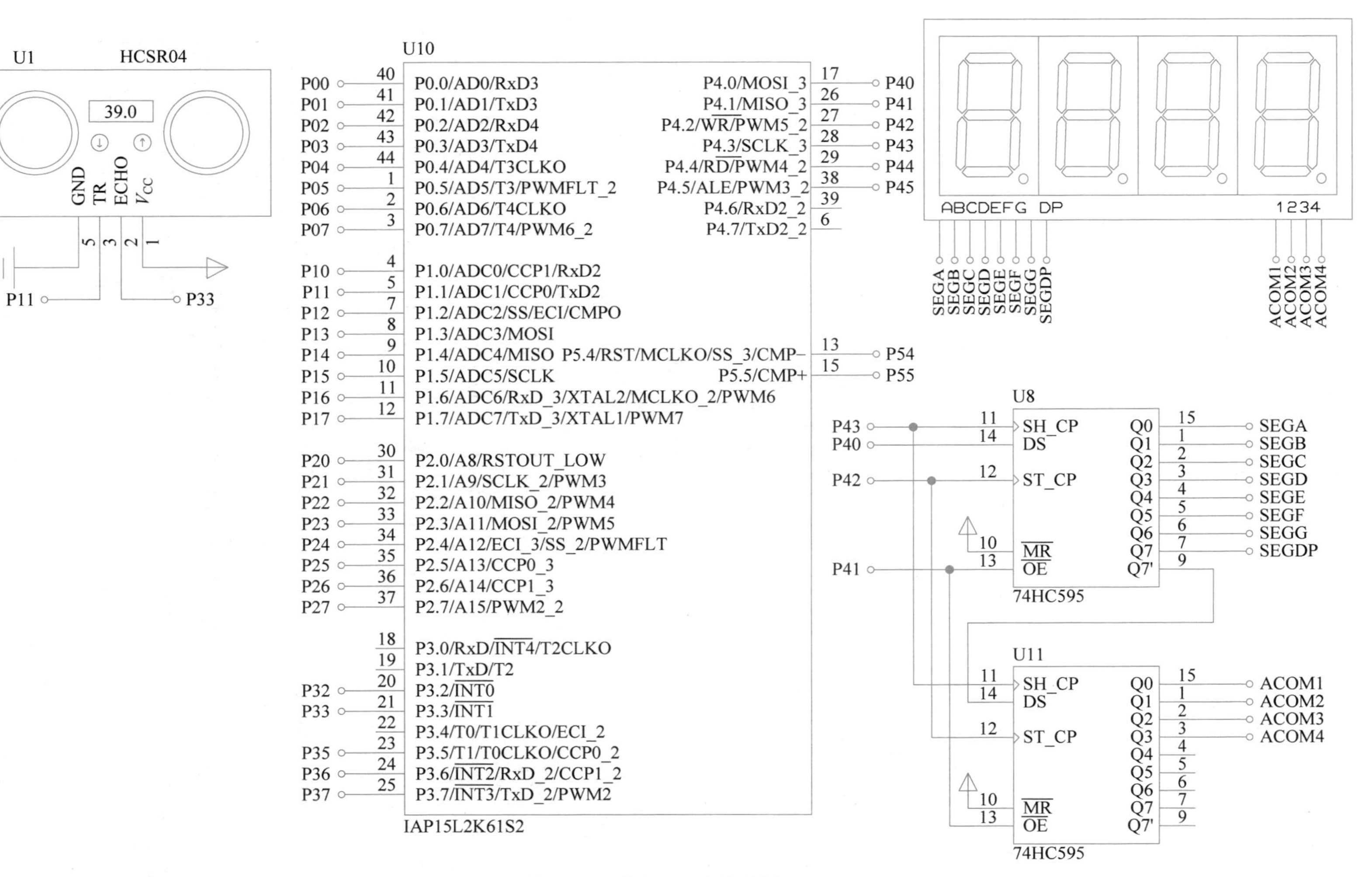

图 6-1-4　任务 6.1 电路原理图

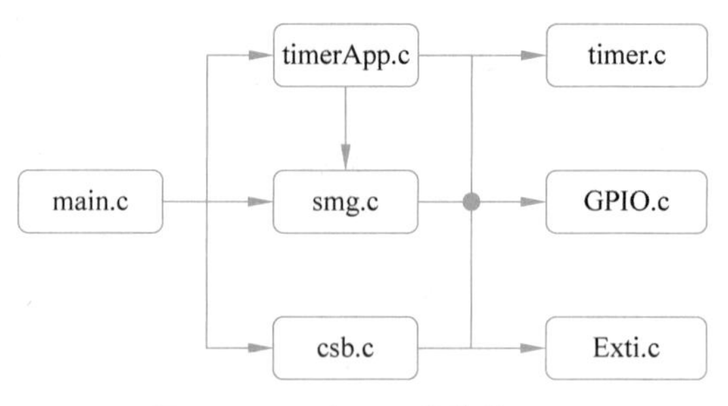

图 6-1-5　任务 6.1 模块关系图

Exti.h 文件的内容如下：

```
#ifndef __EXTI_H
#define __EXTI_H

#include "config.h"

#define EXT_INT0            0          //初始化外中断 0
#define EXT_INT1            1          //初始化外中断 1
#define EXT_INT2            2          //初始化外中断 2
#define EXT_INT3            3          //初始化外中断 3
#define EXT_INT4            4          //初始化外中断 4

#define EXT_MODE_RiseFall   0          //上升/下降沿中断
#define EXT_MODE_Fall       1          //下降沿中断

typedef struct
{
  u8 EXTI_Mode;                        //中断模式,EXT_MODE_RiseFall,EXT_MODE_Fall
  u8 EXTI_Polity;                      //优先级设置 PolityHigh,PolityLow
  u8 EXTI_Interrupt;                   //中断允许,ENABLE,DISABLE
} EXTI_InitTypeDef;
u8 Ext_Inilize(u8 EXT, EXTI_InitTypeDef * INTx);

#endif
```

这个头文件有 2 部分宏定义、一个结构体变量 EXTI_InitTypeDef 和一个初始化函数。结构体有 3 个成员，主要作用见表 6-1-4。

表 6-1-4　EXTI_InitTypeDef 结构体成员作用

成员名称	成员作用	本任务取值
EXTI_Mode	外中断触发模式	EXT_MODE_RiseFall，上升沿、下降沿都触发中断
EXTI_Polity	中断优先级	PolityHigh，设置为高优先级
EXTI_Interrupt	是否开启中断	DISABLE，关闭

这三个成员决定外中断的工作方式、优先级和中断是否开启。Ext_Inilize 函数将这个结构体赋值给对应的中断。

【程序设计】

1．超声波模块(csb.h 和 csb.c)

复制任务 5.4 的工程文件夹，改名为“任务 6.1　超声波模块接口驱动程序设计”。在工程文件夹下的 hardware 文件夹里新建一个名称为 csb 的文件夹，并在 csb 文件夹下新建 2 个文件 csb.c 和 csb.h。打开工程，按照图 6-1-5 中的模块关系移除工程里不需要的模块，把 Exti.c 模块加入 fwlib 分组下，把 csb.c 模块加入 hardware 分组下，同时设置好编译路径。

打开 csb.h 文件，输入以下代码：

```
#ifndef __CSB_H
#define __CSB_H

#include "config.h"
//------------------硬件连接宏定义------------------------
#define CSB_TX_Pin P11                          //发送引脚

//-----------------外部变量----------------------------
extern u16 uDistance;                          //超声波测出来的距离

//-----------------内部函数-----------------------------
static void csbTX();                            //超声波发送信号函数
static void csbDistance();                      //超声波测距函数
//-----------------外部函数------------------------------
void initCsbPin();                              //超声波引脚初始化函数
void intiTimer1();                              //定时器 1 初始化函数
void initExti1();                               //外中断 1 初始化函数
void handlerCsb();                              //超声波处理函数

#endif
```

模块的外部变量只有 1 个：uDistance，这个变量表示超声波测到的距离。内部函数有 2 个，外部函数有 4 个，其中 4 个外部函数中有 3 个外部函数是用于初始化。这 6 个函数都在 csb.c 文件中定义。

打开 csb.c 文件，输入以下代码：

```
#include "csb.h"
#include "config.h"
#include "GPIO.h"
#include "timer.h"
#include "Exti.h"

//--------------------------------内部变量--------------------------------
/**
 * @description: 表示超声波测距过程所处状态
 *               0 - 发送超声波 - handlerCsb 函数中处理;开启 T1,INT1 中断函数中处理
 *               1 - 接收到回响信号,关闭定时器和外中断跳转到 2,此状态在外中断函数中处理
 *               2 - handlerCsb 函数中计算距离,清零 T1,处理完毕后跳转到 0
```

```
 *          3 - 在接收到回响信号前定时器发生了溢出,在定时器中断函数跳 3.handlerCsb
 *              函数中将距离设置为 401,表示超出测量范围
 * @author: gooner
 */
u8 uCsbState = 0;

//------------------------------ 外部变量 ------------------------------
/**
 * @description: 超声波测出来的距离
 * @author: gooner
 */
u16 uDistance = 0;

//------------------------- 内部函数 ----------------------

/**
 * @description: 超声波发送引脚发送触发信号
 * @param {*}
 * @return {*}
 * @author: gooner
 */
static void csbTX()
{
  CSB_TX_Pin = 1;                    //拉高发送引脚的电平
  NOP(10);                           //持续 10 个 μs
  CSB_TX_Pin = 0;                    //拉低发送引脚电平
}

/**
 * @description: 计算距离
 * @param {*}
 * @return {*}
 * @author: gooner
 */
static void csbDistance()
{
  u16 temp1;
  temp1 = ((TH1 * 256 + TL1)/11) * 12;
  uDistance = temp1/58;
}

//------------------------- 外部函数 ----------------------------
/**
 * @description: 初始化超声波模块发送引脚 P11
 * @param {*}
 * @return {*}
 * @author: gooner
 */
void initCsbPin()
{
```

```
    GPIO_InitTypeDef GPIO_CSB_Pin;
    GPIO_CSB_Pin.Mode = GPIO_PullUp;
    GPIO_CSB_Pin.Pin = GPIO_Pin_1;
    GPIO_Inilize(P1,&GPIO_CSB_Pin);
}

/**
  * @description: 初始化外中断 1、需要将引脚初始化为若上拉
  * @param { * }
  * @return { * }
  * @author: gooner
  */
void initExti1()
{
    EXTI_InitTypeDef CSB_EXTI_Init;
    GPIO_InitTypeDef GPIO_EXTI_Pin;
    //初始化外中断
    CSB_EXTI_Init.EXTI_Mode = EXT_MODE_RiseFall;            //上升下降沿
    CSB_EXTI_Init.EXTI_Polity = PolityHigh;                 //高优先级
    CSB_EXTI_Init.EXTI_Interrupt = DISABLE;                 //暂时关闭中断
    Ext_Inilize(EXT_INT1, &CSB_EXTI_Init);                  //初始化外中断 1
    //初始化 GPIO 口
    GPIO_EXTI_Pin.Mode = GPIO_PullUp;                       //I/O 口上拉
    GPIO_EXTI_Pin.Pin = GPIO_Pin_3;                         //3 号引脚
    GPIO_Inilize(P3,&GPIO_EXTI_Pin);                        //初始化到 P33
}

/**
  * @description: 初始化定时器 T1、切记使用 12T 时钟源
  * @param { * }
  * @return { * }
  * @author: gooner
  */
void intiTimer1()
{
    TIM_InitTypeDef Timer_Init;
    Timer_Init.TIM_Mode = TIM_16BitAutoReload;              //16 位自动重装
    Timer_Init.TIM_Polity = PolityHigh;                     //高优先级
    Timer_Init.TIM_Interrupt = ENABLE;                      //开中断
    Timer_Init.TIM_ClkSource = TIM_CLOCK_12T;               //下载软件指定的作时钟源 12 分频
    Timer_Init.TIM_ClkOut = DISABLE;                        //不对外输出信号
    Timer_Init.TIM_Value = 0;                               //初始值为 0
    Timer_Init.TIM_Run = DISABLE;                           //开启定时器
    Timer_Inilize(Timer1,&Timer_Init);                      //调用函数进行初始化
}

/**
  * @description: 超声波测距,在 uCsbState 为 0,2,3 三种状态跳转处理
  * @param { * }
  * @return { * }
```

```
 * @author: gooner
 */
void handlerCsb()
{
  switch(uCsbState)
  {
  case 0:
    csbTX();                                    //发送
    EX1 = 1;                                    //开外中断
    break;
  case 2:
    csbDistance();                              //计算距离
    TH1 = 0;
    TL1 = 0;                                    //清零定时器初始值
    uCsbState = 0;                              //跳回状态 0
    break;
  case 3:
    EX1  =  0;
    TR1  =  0;
    TH1  =  0;
    TL1  =  0;
    uDistance  =  401;
    uCsbState  =  0;
    break;
  default:
    break;
  }
}

/********************** Ext_INT1 中断函数 ***************************/
void Ext_INT1 (void) interrupt INT1_VECTOR      //进中断时已经清除标志
{
  switch(uCsbState)
  {
  case 0:
    TR1  =  1;                                  //开启定时器
    uCsbState  =  1;
    break;
  case 1:
    TR1  =  0;                                  //没有发生中断溢出,关闭定时器
    EX1 = 0;                                    //关闭外中断
    uCsbState  =  2;
    break;
  default:
    break;
  }
}
/********************** Timer1_INT 中断函数 ***************************/
void timer1_int (void) interrupt TIMER1_VECTOR
{
  uCsbState  =  3;
}
```

在 csb.c 文件中有 1 个内部变量 uCsbState，这个变量用于指明超声波模块所处的状态，handlerCsb 函数和 INT1 的中断函数都根据这个变量执行分支代码，详细可参考代码中的注释。

csbTX 函数用于产生一个 10μs 的低电平信号，按照图 6-1-2，这个低电平信号可以触发超声波模块发生超声波。csbDistance 函数用于计算超声波测距的距离。其代码如下：

```
static void csbDistance()
{
  u16 temp1;
  temp1 = ((TH1 * 256 + TL1) / 11) * 12;
  uDistance = temp1 / 58;
}
```

这个函数利用 T1 得到超声波模块回响信号引脚上的高电平时间，原理在前面已经分析过。这里着重理解时间如何计算。任务里 T1 会被初始化为从 0 开始计数，时钟源为 12T 模式（1T 模式太快，计算的总时间太短，测量的距离不够长）。12T 模式下，单片机内部 RC 振荡器频率为 11.0592MHz 时，大约每 12/11(μs)计数器计数一次。因此 T1 从 0 开始计数，到 T1 停止计数经历的时间为：

$$T = 计数值 \times \frac{12}{11}$$

而计数值为：

$$计数值 = \mathrm{TH1} \times 256 + \mathrm{TL1}$$

csbDistance 函数使用变量 temp1 记录这个时间，然后再根据知识要点中超声波距离和时间的关系计算：uDistance=temp1/58。这个值会有一些误差，其原因首先是 11.0592MHz 会被简化成 11MHz 进行计算，其次是 temp1/58 只取了其中整数部分，余数部分被舍弃。这两个因素都会造成超声波测距结果误差，但这个误差并不大，在可以接受的范围内，因此任务就采用这种处理方式。

三个初始化函数 initCsbPin、intiTimer1 和 initExti1 分别完成了 P11、P33、T1 和 INT1 的初始化工作，读者可对照注释，结合前面学习过的内容进行分析。模块中完成测距工作的函数是 handlerCsb 函数和 INT1 的中断函数。handlerCsb 函数的代码如下：

```
void handlerCsb()
{
  switch(uCsbState)
  {
  case 0:
    csbTX();                          //发送
    EX1 = 1;                          //开外中断
    break;
  case 2:
    csbDistance();                    //计算距离
    TH1 = 0;
    TL1 = 0;                          //清零定时器初始值
    uCsbState = 0;                    //跳回状态 0
```

```
      break;
    case 3:
      EX1 = 0;
      TR1 = 0;
      TH1 = 0;
      TL1 = 0;
      uDistance = 401;
      uCsbState = 0;
      break;
    default:
      break;
    }
  }
```

handlerCsb 函数根据 uCsbState 变量的不同，一共有 3 个分支可供执行，但实际上只会执行 case 0、case 2 或者 case 0、case 3，并不会同时执行 3 个分支。当模块前方障碍物比较远，当 T1 发生溢出时，超声波模块还没有接收到回响信号，则会执行 case 0、case 3。当出现 case 3 时，复位 T1 和 INT1，同时把一个超过测量距离的值赋给 uDistance，任务测量距离设定为 400cm，因此赋值 401。如果是正常收到回响信号则执行 case 0、case 2。在 case 2 中调用 csbDistance 函数计算出距离，并清零 T1。

在 case 0 中则调用 csbTX 函数触发超声波发送，同时触发外中断 INT1，INT1 的中断函数如下：

```
  void Ext_INT1 (void) interrupt INT1_VECTOR          //进中断时已经清除标志
  {
    switch(uCsbState)
    {
    case 0:
      TR1 = 1;                                         //开启定时器
      uCsbState = 1;
      break;
    case 1:
      TR1 = 0;                                         //没有发生中断溢出,关闭定时器
      EX1 = 0;                                         //关闭外中断
      uCsbState = 2;
      break;
    default:
      break;
    }
  }
```

INT1 的中断函数里，同样根据 uCsbState 变量的值执行 case 0 和 case 1 两个分支。这个函数的 case 0 和 handlerCsb 函数的 case 0 都是根据 uCsbState 变量来判读是否执行，但两者有不同。中断函数里的这个 case 0 会在 handlerCsb 函数里的 case 0 执行完后马上就被执行到，因为 handlerCsb 函数里的 case 0 执行完以后，会触发超声波发送信号，信号发送完毕，就会拉高 P33，从而在 P33 引脚上产生一个上升沿，进而引发中断，这个时候 INT1 的

中断函数会被调用，函数里的 case 0 也就被执行到了。在 handlerCsb 函数的 case 1 里，让 TR1=1，启动了 T1 开始计数。如果收到了回响信号，则会把 P33 引脚电平拉低，在 P33 引脚上产生一个下降沿，第二次触发 INT1 中断，这样 INT1 的中断函数会再一次被调用，并执行 case 1 分支，case 1 分支里让 TR1=0 关闭了 T1，并让 EX1=0 关闭 INT1 的中断允许。这个时候 TH1 和 TL1 的值会被保存下来，等待 handlerCsb 函数里的 case 2 去处理。

handlerCsb 函数要调用 2 次才能完成 1 次测距，第 1 次调用触发超声波信号发送，第 2 次调用根据情况处理数据。如果第 2 次调用 handlerCsb 函数发现 uCsbState 变量的值是 3，那么说明在第 1 次和第 2 次调用这个间隔时间内，回响信号还没有被超声波模块接收到，但计数器 T1 已经发生了溢出。因此这个间隔时间要比 T1 的溢出时间长一些，如果使用 11.0592MHz 的主频，T1 的最大溢出时间大约为 71ms，handlerCsb 函数调用的间隔时间要比 71ms 略长，任务这个时间选择 80ms，将在主模块中体现。

最后是 T1 的中断函数，中断函数很简单，当没收到回响信号前，定时器 T1 就发生溢出中断，则将 uCsbState 值赋值为 3。

2. 数码管模块(smg.h 和 smg.c)

数码管模块需要增加 1 个函数，打开 smg.h 文件输入以下代码：

```
#ifndef __SMG_H_
#define __SMG_H_
//---------------- 硬件连接宏定义 ----------------------
#define SH P43 //74HC595 的脉冲脚,上升沿 74HC595 数据移位寄存
#define ST P42 //74HC595 的脉冲脚,上升沿 74HC595 数据锁存进内部锁存器
#define OE P41 //74HC595 的使能脚,低电平有效
#define DAT P40 //74HC595 数据引脚
//---------------- 数码管位置宏定义 ---------------------
#define SMG1 0x01 //左起第一位为 1
#define SMG2 0x02 //左起第二位为 2
#define SMG3 0x04 //左起第三位为 3
#define SMG4 0x08 //左起第四位为 4
//------------------------- 外部变量 --------------------
extern u8 uDot;                              //小数点显示位置指定变量
extern u8 uSmgDisBuf[4];                     //数码管显示缓冲区数组
//------------------------- 内部函数 -------------------------
static void disSmgOne(u8 uPos, u8 uNum);     //到对应位显示数字
//------------------------- 外部函数 -------------------------
void initSmgPin();                           //初始化函数,开始时执行一次即可
void disSmgAll();                            //显示四位数码管
void updataDisbuf(u8 uNum1,u8 uNum2,u8 Num3,u8 Num4);
#endif
```

这个文件的内容跟原来的内容相比只是新增了一个函数 updataDisbuf。这个函数有 4 个参数，每个参数对应数码管显示缓存区的一个值。函数在 smg.c 中定义。

打开 smg.c 文件，这个文件有两处需要修改。

第一处是 uDisCode 数组，在 uDisCode 数组里新增加一个段码，如下：

```
u8 code uDisCode[] = {0xc0, 0xf9, 0xa4, 0xb0, 0x99, 0x92, 0x82, 0xf8, 0x80,
                      0x90, 0x88,0x83, 0xc6, 0xa1, 0x86, 0x8e, 0xff,0xbf};
```

新增的段码是 0xbf,这个段码会让数码管对应显示"－",在数组里的编号为 17。

第二处是在 smg.c 文件的末尾加入 updataDisbuf 函数的定义,代码如下:

```
/**
  * @description: 更新数码管显示缓存区
  * @param {uNum1,uNum2,uNum3,uNum4} 4个要写入的段码,具体参考段码数组
  * @return {*}
  * @author: gooner
  */
void updataDisbuf(u8 uNum1,u8 uNum2,u8 uNum3,u8 uNum4)
{
  uSmgDisBuf[0] = uNum1;
  uSmgDisBuf[1] = uNum2;
  uSmgDisBuf[2] = uNum3;
  uSmgDisBuf[3] = uNum4;
}
```

这个函数把 4 个参数填入 uSmgDisBuf 数组里的四个位置,例如,想让数码管显示"----",那么可以进行如下调用:

```
updataDisbuf(17,17,17,17);
```

3. 定时器模块(timerApp.h 和 timerApp.c)

这个模块不用改动,仅仅需要检查一下 readKey 函数有没有在 T2 的中断函数里被调用,有的话,将其注释即可。

4. 主模块(main.c)

打开 main.c 文件,输入以下代码:

```
#include "config.h"
#include "smg.h"
#include "timerApp.h"
#include "csb.h"
#include "led.h"

//------------------内部函数--------------------
void csbTask();
void csbDistanceDisplay(u16 uDistance);
//------------------主函数----------------------
void main()
{
  initCsbPin();
  initSmgPin();
  intiTimer1();
  initTimer2();
  initExti1();
  EA = 1;
  while(1)
```

```
    {
      if(uTimer10msFlag == 1)       //10ms 标志位为 1
      {
        uTimer10msFlag = 0;         //清除标志位
        csbTask();                  //执行任务
      }
    }
  }
  /**
   * @description: 超声波任务函数,每 10ms 调用 1 次
   * @param { * }
   * @return { * }
   * @author: gooner
   */
  void csbTask()
  {
    static u8 uCsbTask;             //10ms 时间基准次数记录
    static u16 iCsbdis;             //测量 5 次的总距离,数据类型必须与 uDistance 一致
    static u8 i;                    //测距次数记录
    if(++uCsbTask == 8)             //每 80ms 调用 1 次 handlerCsb 函数,调用 2 次完成 1 次测距
    {
      uCsbTask = 0;
      handlerCsb();                 //执行超声波处理任务
      i++;
    }
    if(i % 2 == 0)                  //完成 1 次测距
    {
      if(i == 10)                   //完成 5 次测距
      {
        i = 0;
        csbDistanceDisplay(iCsbdis/5);
        iCsbdis = 0;
      }
      iCsbdis = iCsbdis + uDistance;              //将距离累加
      uDistance = 0;
    }
  }
  /**
   * @description: 超声波距离显示
   * @param {uDistance} 大于 400:显示 ----;否则显示具体值
   * @return { * }
   * @author: gooner
   */
  void csbDistanceDisplay(u16 uDistance)
  {
    if(uDistance > 400)
      updataDisbuf(17,17,17,17);                  //显示 ----
    else
      updataDisbuf(uDistance/1000,uDistance/100 % 10,uDistance % 100/10,uDistance % 10);
  }
```

main.c 文件里有 2 个内部函数。csbTask 函数完成超声波测距，这个函数每 10ms 会被调用一次，它的内部有个 uCsbTask 变量，记录被调用的次数，每 8 次即 80ms，就会调用

handlerCsb 函数,使用变量 i 记录 handlerCsb 函数被调用的次数,i 等于 10 即完成 5 次测距后再处理数据。

csbDistanceDisplay 函数用于显示距离,如果距离大于 400cm,则显示“----”; 如果距离小于 400cm,则正常显示。

编译工程,并将 hex 文件下载到“1+X”训练考核套件,测试的时候用书本挡在超声波模块前面,数码管会显示模块到书本的距离。找其他测量工具,测量这个距离,与超声波模块测出来的距离相比较,看看差别多大。运行效果可扫描二维码观看。

任务 6.1 运行效果

【课后练习】

修改代码,让超声波测距具有报警功能,报警功能具体如下。

(1) 距离小于 30cm,ALED1 闪烁。

(2) 距离大于 200cm,ALED2 闪烁。

任务 6.2 DHT11 温湿度传感器接口驱动程序设计

【任务描述】

编写程序,驱动 DHT11 温湿度传感器模块,让 DHT11 温湿度传感器模块进行温湿度测量,并把测量结果循环显示在数码管上。如果是温度值,则数码管显示“--XX”(XX 为 2 位温度值); 如果是湿度值,则数码显示“XX”(前 2 位熄灭,XX 为湿度值)。2 种数据每 5s 切换一次显示。

【知识要点】

1. DHT11 温湿度传感器

DHT11 数字温湿度传感器是一款含有已校准数字信号输出的温湿度复合传感器。它应用专用的数字模块采集技术和温湿度传感技术,确保产品具有极高的可靠性与卓越的长期稳定性。传感器包括一个电阻式感湿元件和一个 NTC 测温元件,并与一个高性能 8 位单片机相连接。因此,该产品具有品质卓越、超快响应、抗干扰能力强、性价比极高等优点。每个 DHT11 传感器都在极为精确的湿度校验室中进行校准。校准系数以程序的形式储存在 OTP 内存中,传感器内部在检测信号的处理过程中要调用这些校准系数。单线制串行接口使系统集成变得简易快捷。超小的体积、极低的功耗,信号传输距离可达 20m 以上,使其成为各类应用甚至苛刻的应用场合的最佳选择。DHT11 温湿度传感器的湿度采集范围是 5%～95%,在环境温度为 25℃的情况下,湿度精度为±5%; 温度采集范围是 −25～60℃,在环境温度为 25℃的情况下,温度精度为±2℃。DHT11 传感器模块实物如图 6-2-1 所示。DHT11 温湿度传感器模块有 3 只引脚,从左到右分别为 GND、DAT、V_{CC}。

2. DHT11 模块与单片机实验板的电路连接

DHT11 模块与单片机实验板的电路连接方式非常简单，只有三根线需要连接。DHT11 模块的 V_{CC} 和 GND 引脚使用杜邦线与单片机实验板的 V_{CC} 和 GND 针脚连接。这里一定要注意，千万不要接反，如果 DHT11 被接反，不到 10s 就会被烧坏。有一个简单的方法来避免接反：在断电的情况下，把 V_{CC} 和 GND 引脚接好，然后看着 DHT11 模块上的 LED 指示灯，按下实验板的电源按钮，如果指示灯不亮，则说明模块 V_{CC} 和 GND 引脚接反了，快速断开电源按钮，重新连接。DHT11 模块的数据引脚 DAT 可以和单片机任意有弱上拉模式的 GPIO 连接，当然，如果需要使用外中断对 DHT11 进行数据读取，那么 DAT 引脚需要接在有外中断功能的 GPIO 口上。

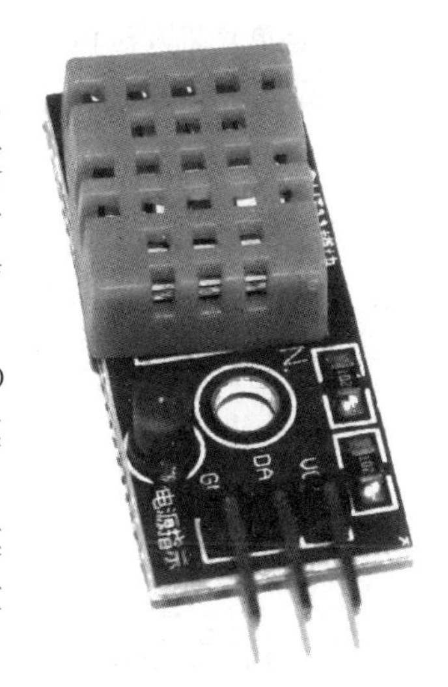

图 6-2-1　DHT11 温湿度传感器模块

3. DHT11 模块的数据传输模式

1）单总线通信

DHT11 模块的 DAT 引脚用于单片机与 DHT11 之间的通信和同步，采用单总线通信的方式。单总线是美国 DALLAS 公司推出的外围串行扩展总线技术。它采用单根信号线，既传输时钟又传输数据，而且数据传输是双向的，具有节省 I/O 口线、资源结构简单、成本低廉、便于总线扩展和维护等诸多优点。单总线传输通常都是由单片机发起，单片机需要发起一个符合外设模块数据读取的时序，告知外部模块要读取数据，等待外部模块响应后，再从模块读取数据。

2）DHT11 的数据格式

单片机从单总线上读取到的数据其实是由 DHT11 模块回传来的。当 DHT11 确认单片机要读取数据后，会回传 40 比特的数据，即 5 字节。这 5 字节的含义分别如下。

第 1 字节：当前湿度的整数部分的值。

第 2 字节：当前湿度的小数部分的值。

第 3 字节：当前温度的整数部分的值。

第 4 字节：当前温度的小数部分的值。

第 5 字节：校验字节。1～4 字节的和应该等于第 5 字节才说明校验正确，数据传输无误。

需要注意的是，回传的 40bit 里，第一字节在最前面，但是高位先出，即第一位是第一字节的最高位。

3）DHT11 的时序图

单片机与 DHT11 的通信方式采用单总线模式通信，即 1 根线肩负着单片机和 DHT11 的双向通信。通信方式如下。

（1）单片机首先按照约定的时序，发信号给 DHT11 模块，告知 DHT11 模块需要读取数据。

（2）DHT11 首先要回传一个应答信号，告知单片机，没问题，你可以准备接收数据了。

（3）发送完应答信号后，DHT11 开始传送 40bit 的数据，此时，单片机必须及时将 40bit 数据读走。

不管是单片机发送信号给 DHT11，还是 DHT11 发送数据给单片机，都要符合一定的时序，时序如图 6-2-2 所示。

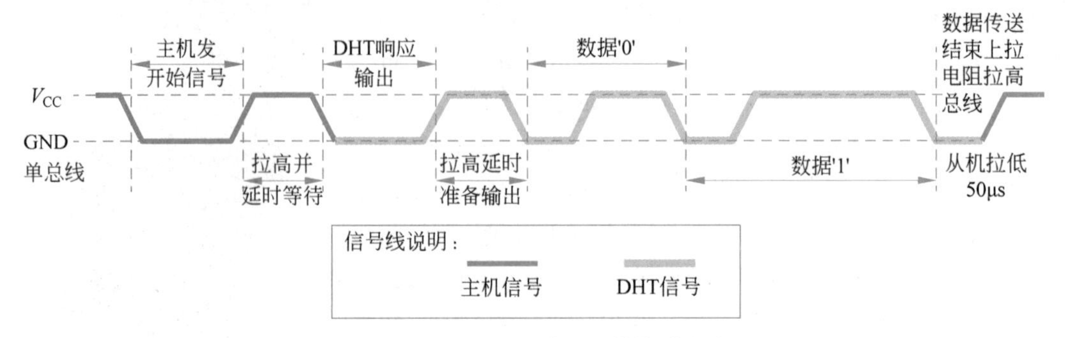

图 6-2-2 DHT11 温湿度传感器模块时序流程图

图 6-2-2 中，主机信号指的是由单片机发出来的信号，从机信号指的是 DHT11 模块发出来的信号。对于编程人员来说，能控制的只是单片机，并不能直接控制 DHT11 模块。因此，如果站在单片机角度，单片机发出来的信号可以理解为单片机往 DHT11 模块进行写入操作；而 DHT11 模块发出来的信号，可以看作单片机在 DHT11 模块上读取信号。

图 6-2-3 是主机复位信号和从机响应信号的时序图。

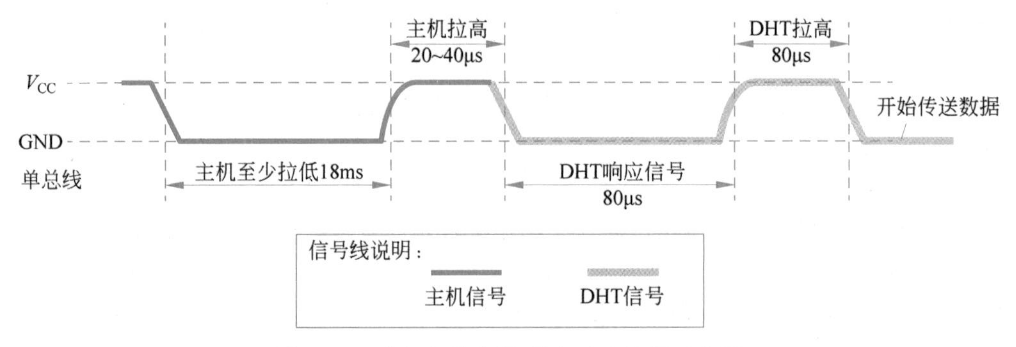

图 6-2-3 主机复位信号、从机响应信号时序图

这个时序图指明的是通信方式中的第(1)步和第(2)步。

(1) 单片机首先按照约定的时序，发信号给 DHT11 模块，告知 DHT11 模块需要读取数据：在时序图里可以看到，单片机必须把 DAT 线拉成低电平，低电平的时间持续最少 18ms，但不要多于 30ms，然后重新拉高 DAT 线，等待从机的响应信号。

(2) DHT11 首先要回传一个应答信号，告知单片机，没问题，你可以准备接收数据了：在时序图里可以看到，在单片机发出复位信号后，延时 20～40μs，DHT11 会回送一个 80μs 的低电平和 80μs 的高电平来应答单片机，告知单片机 DHT11 模块准备回送 40bit 的数据了。

了解第(1)步和第(2)步的时序后，第(3)步的时序就是决定 DHT11 回传的数据是 0 还是 1，请看图 6-2-4 和图 6-2-5。

无论是数据 0 还是数据 1，都是以一个 50μs 的低电平开始，数据是 0 还是 1 取决于这个 50μs 的低电平之后高电平的持续时间：如果随后的高电平持续 26～28μs，那么这个回传的信号就是数据 0；如果随后的高电平持续 70μs，那么这个回传信号就是数据 1。

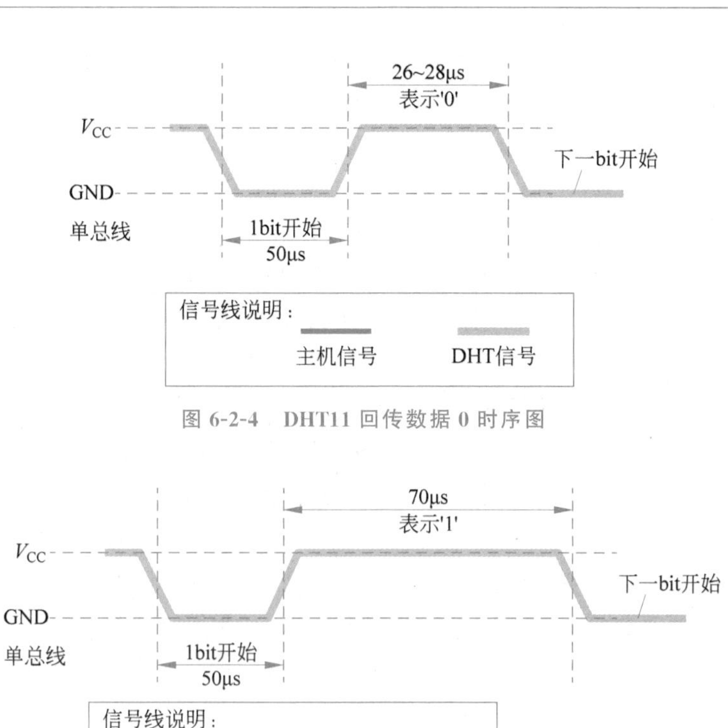

图 6-2-4　DHT11 回传数据 0 时序图

图 6-2-5　DHT11 回传数据 1 时序图

编程人员的任务就是要让单片机发起一次复位信号后，准确地读取这 40bit 的值，并区分出是 0 还是 1，再把这 40bit 拼成 5 字节，得到湿度和温度的值，并进行校验，如果结果正确，就把这两个值送去数码管显示(暂时不管小数数据部分)。不计算开始 18ms 的复位信号，整个数据传输过程大约需要 4ms。单片机每次读取 DHT11 模块的数据，必须间隔 2s 以上的时间。

4) DHT11 模块数据读取

从图 6-2-4 和图 6-2-5 可以看出，读取 DHT11 回传数据时，都是从 1 个 50μs 的低电平开始的，低电平后会跟一个高电平，高电平的时间决定了这个回传信号表示 0 还是 1。在这个高电平出现时，有一个上升沿，高电平结束后有一个下降沿。可以利用外中断的两个边沿触发的模式，在上升沿中断的时候开启一个定时器，在下降沿中断的时候关闭该定时器，然后读出定时器里计数寄存器的值，根据这个值，就可以确定这个高电平持续的时间是多长。

任务 6.1 已经采用了上述方法来测量超声波回传的时间，由于回传时间比较长，因此定时器采用了 12T 模式的信号源。但是在这个任务里，需要检测的时间只有几十微秒，因此不适合采用 12T 模式的信号源，要使用 1T 模式的信号源。先简单计算一下，如果采用 1T 模式的信号源，11.0592MHz 的频率，回传数据 0 和数据 1 对应的高电平持续时间分别会让计数器计算几个数。

把 11.0592MHz 的小数部分去掉，就算 11MHz 晶振，即定时器计数 11 个计数值等于 1μs。如果是数据 0，高电平会持续 26～28μs，也就是 288～308 个计数值。我们取 300 作为平均值。如果是数据 1，高电平会持续 70μs，大概是 770 个计数。假设我们使用定时器 1，这个计数值的高8位会被存放在寄存器TH1,低8位会被存放在寄存器TL1里。TL1是一个8位的寄存器,最大数是255,那么不管300还是770,TL1寄存器都会计满并进位到TH1。因此,可以不管TL1里的计数值,只看TH1里的计数器的区别即可。如果计数值是300左右,那么进位到TH1的最低位就可以表示完300这个数(一共9位二进制,可以表示最大是511)。但是如果计数值是770左右,就需要进位到TH1的次低位(一共10位二进制,可以表示最大的值是1023)。因此,只要判断TH1的次低位是1还是0,就可以知道高电平持续的时间是770个计数值,还是300个计数值,同时也就可以知道DHT11回传的是数据1,还是数据0。

具体操作上,可以在每次下降沿中断后,关闭定时器,把TH1读取出来,存放到一个数组里,数组需要40字节,存放40次不同的TH1的值。等到40次存放结束后,再来判断这40字节表示的回传数据到底是1还是0,并将它们合成5字节。

如果不使用外中断,也可以通过延时,并判断DAT引脚上的电平判断回传信号是1还是0。例如,DAT引脚上50μs的低电平信号结束后,用户可判读DAT引脚上的高电平是否来临,如果高电平来临,则延时30μs后再判断1次,如果第2次判断时DAT依然是高电平,那么意味着该回传信号的高电平时间大于30μs,表示的是数据1;否则这个回传信号表示的就是数据0。

在任务中,采用外中断的方法对DHT11模块上的数据进行读取。

【电路连接】

任务电路需要在"1+X"训练考核套件外接上DHT11温湿度传感器模块,原理图如图6-2-6所示。

实物连接则将DHT11模块的V_{CC}引脚和GND引脚对应接到"1+X"训练考核套件的V_{CC}引脚上和GND引脚上。DHT11模块的DATA引脚接在"1+X"训练考核套件的P33引脚上。

【软件模块】

任务模块关系图,如图6-2-7所示。

模块关系图与任务6.1模块关系图类似,只是把csb.c替换为dht11.c。

【程序设计】

1. DHT11温湿度传感器模块(dht11.h和dht11.c)

复制任务6.1的工程文件夹,改名为"任务6.2　DHT11温湿度传感器接口驱动程序设计"。在工程文件夹下的hardware文件夹里新建一个名称为dht11的文件夹,并在dht11文件夹下新建2个文件dht11.c和dht11.h。打开工程,按照中图6-2-7的模块关系移除工程里不需要的模块,并把dht11.c模块加入hardware分组下,同时设置好编译路径。

打开dht11.h文件,输入以下代码:

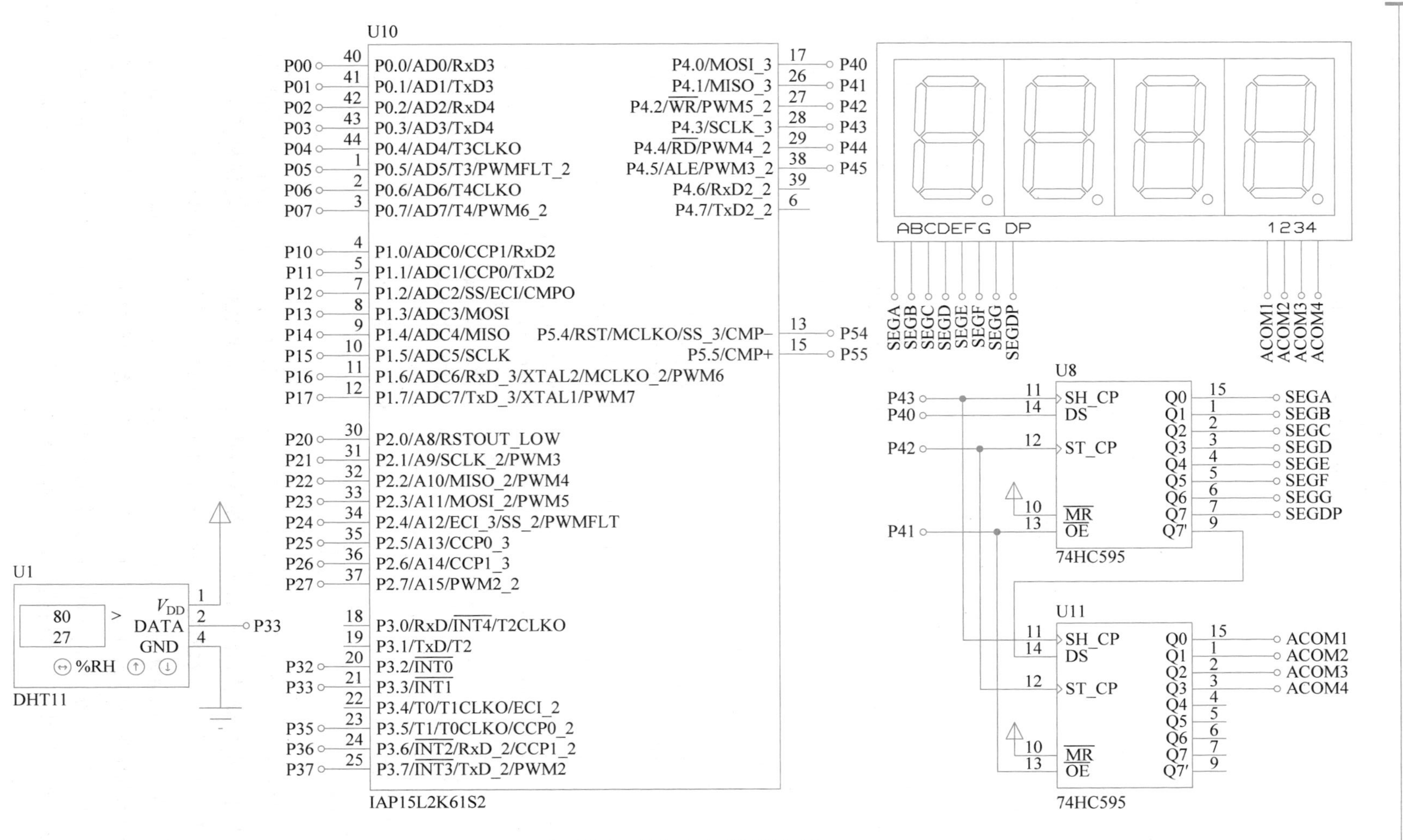

图 6-2-6 任务 6.2 电路原理图

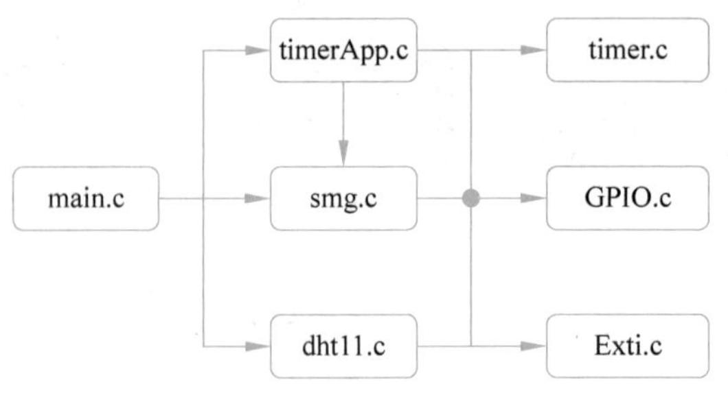

图 6-2-7 任务 6.2 模块关系图

```
#ifndef __DHT11_H
#define __DHT11_H

#include "config.h"

//---------------------------- 硬件连接 --------------------
#define Read_DHT11_DATA P33                        //dht11 的 dat 引脚

//------------------- DHT11 数据显示宏定义 ----------------
#define RH   1                                     //湿度
#define TEMP 2                                     //温度

//------------------- 外部变量 ----------------------------
extern u8 uDht11Result[5];                         //温湿度数据存储数组
extern u8 uDht11DataOk;                            //数据转换完成标志位

//------------------- 内部函数 ----------------------------
static void delay30us();
static void th1ToByte();                           //定时器 1 中高 8 位转成字节
static void checkDht11Code();                      //校验接收到的数据

//------------------- 外部函数 -----------------------------
void initTimer1();                                 //定时器 1 初始化函数
void initExti1();                                  //外中断 1 初始化函数
void handlerDht11();                               //DHT11 处理函数

#endif
```

头文件声明了 2 个外部变量：uDht11Result 和 uDht11DataOk。uDht11Result 是一个数组，数组有 5 个成员，存入 DHT11 模块回传的 5 字节数据。如果数据校验无误，则令 uDht11DataOk 为 1，表示温湿度数据转换正确；反之则令 uDht11DataOk 为 0。

接下来是 3 个内部函数：delay30us、th1ToByte 和 checkDht11Code。delay30us 是一个 30μs 的延时函数。th1ToByte 函数将 T1 中 TH1 寄存器的值转换为 5 字节，程序中会采集 40 个 TH1 的值，每 8 个 TH1 的值会被转换为 1 字节。checkDht11Code 函数完成 dht11Result 数组中 5 个数据的校验，如果校验正确，则令 uDht11DataOk 为 1，否则 uDht11DataOk 为 0。

最后是2个外部函数：intiTimer1 和 handlerDht11。intiTimer1 完成定时器 T1 的初始化；handlerDht11 完成 DHT11 温湿度传感器数据采集。其中最重要的函数是 handlerDht11，它还需要配合外中断1才能完成 DHT11 温湿度传感器数据采集。

打开 dht11.c 文件，输入以下代码：

```
#include "GPIO.h"
#include "dht11.h"
#include "timer.h"
#include "exti.h"

//------------------- 内部变量 ----------------------------
/**
 * @description:指示 dht11 模块所处的状态,当这个值为 0 时,主机开始把 DAT 接口拉低 18ms,并
 *              接收从机应答信号;当这个值为 1 时,读取 40bit 数据;当这个值为 2 时,延时足
 *              够的时间,把数据处理完送去数码管显示区显示
 * @author: gooner
 */
u8 uDht11State;

/**
 * @description:这个数组存放 40 个定时器 1 的高 8 位寄存器 TH1 的值将 40 次寄存器值读取完
               毕后再进行处理
 * @author: gooner
 */
u8 uTh1Data[40];

//------------------- 外部变量 ----------------------------
/**
 * @description:这个数组存放 40bit 分离后的 5 字节,依次是湿度整数部分、湿度小数部分、温
 *              度整数部分、温度小数部分、校验值
 * @author: gooner
 */
u8 uDht11Result[5] = {0,0,0,0,0};

/**
 * @description:这个数组存放 40 个定时器 1 的高 8 位寄存器 TH1 的值,将 40 次寄存器值读取完
 *              毕后再进行处理
 * @author: gooner
 */
u8 uDht11DataOk;

//------------------- 内部函数 ----------------------------
/**
 * @description:30μs 延时,STC 官方软件生成,晶振为 11.0592MHz 如果晶振有变,需要重新生成
 * @param {*}
 * @return {*}
 * @author: gooner
```

```
  */
static void delay30μs()
{
   u8 i;
   _nop_();
   _nop_();
   i = 80;
   while ( -- i);
}

/**
  * @description: 将 T1 中的 40 字节高 8 位寄存器 TH1 的值转成 5 字节,每 8 字节的数据合成为
  *               1 字节
  * @param { * }
  * @return { * }
  * @author: gooner
  */
static void th1ToByte()
{
   u8 i,j,uTemp;
   u8 uDht11Byte;
   for(j = 0; j < 5; j++)                      //共 5 字节
   {
     for(i = 0; i < 8; i++)                    //每 8 字节合成 1 字节
     {
       if(uTh1Data[8 * j + i]&0x02)            //判断对应的次高位是否为 1
         uTemp = 1;                            //为 1 的话暂存变量为 1
       else
         uTemp = 0;                            //不为 1 的话存变量为 0
       uDht11Byte = (uDht11Byte << 1)|uTemp;   //将 uDht11Byte 移位并计算最低位
     }
     uDht11Result[j] = uDht11Byte;             //每 8 次往 uDht11Result 存入 1 字节
   }
}

/**
  * @description: 校验接收到的 5 字节,正确的话 uDht11DataOk = 1,否则 uDht11DataOk  =  0
  * @param { * }
  * @return { * }
  * @author: gooner
  */
static void checkDht11Code()
{
   if(uDht11Result[0] + uDht11Result[1] + uDht11Result[2] + \
       uDht11Result[3] == uDht11Result[4])
     uDht11DataOk  =  1;
   else
     uDht11DataOk  =  0;
}
```

```
//------------------- 外部函数 -----------------------------
/**
 * @description: 初始化外中断 1、需要将引脚初始化为若上拉
 * @param { * }
 * @return { * }
 * @author: gooner
 */
void initExti1()
{
  EXTI_InitTypeDef DHT11_EXTI_Init;
  GPIO_InitTypeDef GPIO_EXTI_Pin;
  //初始化外中断
  DHT11_EXTI_Init.EXTI_Mode = EXT_MODE_RiseFall;          //上升下降沿
  DHT11_EXTI_Init.EXTI_Polity = PolityHigh;               //高优先级
  DHT11_EXTI_Init.EXTI_Interrupt = ENABLE;                //暂时关闭中断
  Ext_Inilize(EXT_INT1, &DHT11_EXTI_Init);                //初始化外中断 1
  //初始化 GPIO 口
  GPIO_EXTI_Pin.Mode = GPIO_PullUp;                       //I/O 口上拉
  GPIO_EXTI_Pin.Pin = GPIO_Pin_3;                         //3 号引脚
  GPIO_Inilize(P3,&GPIO_EXTI_Pin);                        //初始化到 P33
}

/**
 * @description: 初始化定时器 T1、切记使用 1T 时钟源
 * @param { * }
 * @return { * }
 * @author: gooner
 */
void initTimer1()
{
  TIM_InitTypeDef structInitTim;
  structInitTim.TIM_Mode = TIM_16BitAutoReload;           //16 位自动重装
  structInitTim.TIM_Polity = PolityLow;                   //低优先级
  structInitTim.TIM_Interrupt = ENABLE;                   //开中断
  structInitTim.TIM_ClkSource = TIM_CLOCK_1T;             //下载软件指定频率作为时钟源
  structInitTim.TIM_ClkOut = DISABLE;                     //不对外输出信号
  structInitTim.TIM_Value = 0;                            //初始值为 0
  structInitTim.TIM_Run = DISABLE;                        //不开启定时器
  Timer_Inilize(Timer1,&structInitTim);                   //调用函数进行初始化
}

/**
 * @description: DHT11 处理函数,在 uDht11State 等于 0,1,2 三个状态转换
 * @param { * }
 * @return { * }
 * @author: gooner
 */
void handlerDht11()
{
  static u8 uHandlerTimer;
```

```
    static u8 i;                        //case 0 执行次数记录
    u16 uTimer;                         //超时机制计数
    switch(uDht11State)
    {
    case 0:
      if(i == 0)
        Read_DHT11_DATA = 0;            //拉低数据线,需要 18ms 以上
      if(i++ == 2)                      //i 等于 2 相当于函数第 3 次被执行到,每次间隔 10ms,共 30ms
      {
        i = 0;
        Read_DHT11_DATA = 1;            //拉高数据线
        delay30us();                    //延时 30μs
        while((!Read_DHT11_DATA)&&(++uTimer < 2000));          //uTimer 用于超时跳出下同
        uTimer = 0;
        while(Read_DHT11_DATA&&(++uTimer < 2000));             //等待 80μs 高电平
        uTimer = 0;
        uDht11State = 1;                //转向状态 1
        break;
      }
      break;
    case 1:
      break;                            //由 INT1 中断函数决定何时跳转状态 2
    case 2:
      if(++uHandlerTimer == 200)  //这个时间要足够长
      {
        th1ToByte();                    //TH1 转字节
        checkDht11Code();               //校验
        uHandlerTimer = 0;
        uDht11State = 0;                //转回状态 0,准备下次读取
      }
      break;
    default:
      break;
    }
}
/********************** Ext1 中断函数 ***************************/
void Ext_INT1 (void) interrupt INT1_VECTOR        //进中断时已经清除标志
{
    static u8 i,uRisingFalling;
    if(uDht11State == 1)
    {
      switch(uRisingFalling)
      {
      case 0:
        TH1 = 0;
        TL1 = 0;
        TR1 = 1;
        uRisingFalling = 1;             //清除计数器,启动计数,进入下降沿触发状态
        break;
      case 1:
```

```
        TR1 = 0;                            //关闭计数器
        uTh1Data[i++] = TH1;                //将高 8 位送去 uTh1Data 数组保存
        if(i == 40)
        {
          i = 0;
          uDht11State = 2;                  //40 个 bit 接收完毕,转向状态 2
        }
        uRisingFalling = 0;                 //返回上升沿触发状态
        break;
      default:
        break;
    }
  }
}
```

Dht11.c 文件里声明了 1 个内部变量 uDht11State 和 1 个内部数组 uTh1Data。变量 uDht11State 用于指示 dht11 模块所处的状态，状态的具体描述可参考代码中的注释。状态切换由 handlerDht11 函数和外中断 INT1 的中断函数共同处理。uTh1Data 数组用于存放每次从定时器 T1 的计数寄存器高 8 位 TH1 中读取到的值。

th1ToByte 函数负责把 uTh1Data 数组中的 40 字节按照前面的分析转成 DHT11 温湿度模块转换的 5 字节结果，并把这 5 字节结果存入外部数组变量 dht11Result 中供其他模块读取。函数的实现原理请参考代码注释。

checkDht11Code 函数负责校验 dht11Result 数组中的 5 个值，校验原理十分简单：数组中第 5 个元素等于前面 4 个元素的和，就说明温湿度转换和数据读取正确，就让 uDht11DataOk 的值为 1；如果校验不正确，则让 uDht11DataOk 的值为 0。

initExti1 函数负责初始化 INT1 的中断，初始化必须保证 INT1 的中断优先级高于其他中断优先级。这么做的原因是必须保证 INT1 的中断函数在读取定时器 T0 的计数寄存器 TH1 的值时，不能被其他中断打断，如果被打断，会造成 TH1 的读取不正确，从而造成 DHT11 温湿度的值不正确。

intiTimer1 函数负责初始化定时器 T1 及相关中断，这个初始化需要注意把中断源初始化为 1T 模式的计数源。

handlerDht11 是一个状态机函数，它根据 uDht11State 的值分为 3 个状态。当 uDht11State 等于 0 时，产生 DHT11 的复位信号，让 DHT11 复位准备读取数据，复位完成后，uDht11State 的值转到 1。当 uDht11State 的值为 1 时，等待外中断 INT1 的中断函数采集 40 个 TH1 的值，如果采集完成，INT1 中断函数会把 uDht11State 的值置为 2。当 uDht11State 的值为 2，handlerDht11 函数延迟足够长的时间转换 40 字节 TH1 的值并进行校验，完成后再次让 uDht11State 的值为 0，准备下一次采集。handlerDht11 函数必须保证每 10ms 被调用 1 次，这样才能保证复位成功。如果它的调用间隔时间有变化，需要对复位部分的代码进行修改，以满足 DHT11 复位信号的时序。

2. 数码管模块(smg.h 和 smg.c)

这个模块不需要改动。

3. 定时器模块(timerApp. h 和 timerApp. c)

这个模块不需要改动。

4. 主模块(main. c)

打开 main. c 文件,输入以下代码:

```
#include "config.h"
#include "smg.h"
#include "timerApp.h"
#include "dht11.h"

//----------------------- 内部函数 ------------------
void dht11Task();                  //dht11 任务函数
void dht11DataDisplay(u8 uMode);   //dht11 数据显示
//----------------------- 主函数 -------------------
void main()
{
  initSmgPin();
  initTimer2();
  intiTimer1();
  initExti1();
  EA = 1;
  while(1)
  {
    if(uTimer10msFlag == 1)        //10ms 标志位
    {
      uTimer10msFlag = 0;          //清除标志位
      dht11Task();                 //执行任务
    }
  }
}
/**
 * @description: DHT11 任务函数,转换温湿度,根据时间切换显示温湿度
 * @param { * }
 * @return { * }
 * @author: gooner
 */
void dht11Task()                   //DHT11 任务函数默认 10ms 被调用 1 次
{
  static u8 uTaskState;            //任务状态
  static u16 uTaskCnt;             //计数累积时间切换任务
  handlerDht11();                  //读温湿度
  switch(uTaskState)
  {
    case 0:
        dht11DataDisplay(RH);      //显示湿度
        break;
```

```
    case 1:
        dht11DataDisplay(TEMP);                          //显示温度
        break;
    default:
        break;
  }
  if(++uTaskCnt == 500)                                  //5s 到切换任务
  {
    uTaskCnt = 0;
    if(++uTaskState == 2)
      uTaskState = 0;
  }
}
/**
 * @description: DHT11 数据显示
 * @param {uMode}RH:显示湿度;TEMP 显示温度;否则显示 ----
 * @return { * }
 * @author: gooner
 */
void dht11DataDisplay(u8 uMode)
{
  if(uDht11DataOk == 1)
  {
    switch(uMode)
    {
      case RH:
          updataDisbuf(16,16,uDht11Result[0]/10,uDht11Result[0] % 10);
          break;
      case TEMP:
          updataDisbuf(17,17,uDht11Result[2]/10,uDht11Result[2] % 10);
          break;
      default:
          break;
    }
  }
  else
  {
    updataDisbuf(17,17,17,17);                           //如果读不到数据显示 ----
  }

}
```

main.c 文件里声明了 2 个内部函数：dht11Task 和 dht11DataDisplay，分别用于执行 DHT11 模块温湿度转换任务和 DHT11 数据显示。dht11DataDisplay 判断 uDht11DataOk 的值是否为 1，为 1 则根据参数选择显示湿度或者温度。如果不为 1，则显示“----”。dht11Task 函数调用了 handlerDht11 函数读取温湿度，然后间隔 5s 通过传递不同的参数调用 dht11DataDisplay 函数，数码管间隔切换显示湿度和温度。dht11Task 每 10ms 执行 1 次，每次都会调用 handlerDht11 函数，保证 DHT11 温湿度转换正常。

编写完代码后，编译工程，把 hex 文件下载到“1＋X”训练考核套件上，可以看到数码管上轮流显示 DHT11 温湿度模块的温湿度数据。可用手捏住 DHT11 模块上的蓝色部分，温度显示会上升，往 DHT11 模块上的蓝色部分呼气，湿度显示也会上升。运行效果可扫描二维码观看。

任务 6.2 运行效果

【课后练习】

修改代码，让系统具有报警功能，报警功能具体如下。

(1) 温度大于 25℃且湿度大于 50%，ALED1 闪烁。

(2) 温度小于 25℃或湿度小于 50%，ALED2 闪烁。

任务 6.3 光敏电阻电压采集系统设计

【任务描述】

在单片机 GPIO 口上外接光敏电阻模块，使用单片机内部 ADC 模块，读取光敏电阻模块输出引脚上的电压值，并将电压值显示在数码管上。数码管显示数据格式为“-X. XX”其中 X. XX 为 3 位有效电压值。

【知识要点】

1. 光敏电阻及其模块

1) 光敏电阻

光敏电阻是用硫化镉或硒化镉等半导体材料制成的特殊电阻器，其工作原理是基于内光电效应。光照越强，阻值就越低，随着光照强度的升高，电阻值迅速降低，亮电阻可小至 1kΩ 以下。光敏电阻对光线十分敏感，其在无光照时，呈高阻状态，暗电阻一般可达 1. 5MΩ。光敏电阻的特殊性能，随着科技的发展将得到极其广泛的应用。

简而言之，光敏电阻是一种电阻值会随着光照强度变化的电阻器。光照强度越大，电阻值越小；光照强度越低，电阻值越大。

2) 光敏电阻模块

光敏电阻模块是一个电阻串联电路模块。其原理图如图 6-3-1 所示。

图中由普通电阻 R_1 和光敏电阻 LDR1 组成串联电路，电路两端一端接 V_{CC}，一端接 GND，S 端为 LDR1 两端的电压值。考虑两个极端情况，当 LDR1 被最高强度的光照射，其电阻值降到最小，那么根据电阻串联电路分压原理，S 端的电压应该趋向 0V；反之，如果光照射在 LDR1 上的强度很小，那么 LDR1 的电阻会变到最大，S 端的电压应该趋向 V_{CC} 的值。因此，在光照强度变化的情况下，S 端的电压应该在 $0\sim V_{CC}$ 之间变化。光敏电阻模块的实物图如图 6-3-2 所示。在任务中，模块的中间引脚需要接“1＋X”训练考核套件上的 V_{CC}，右侧引脚接 GND，左侧 S 引脚就为电压采集引脚，应该接在“1＋X”训练考核套件上的单片机具有 ADC 功能的 GPIO 口上。

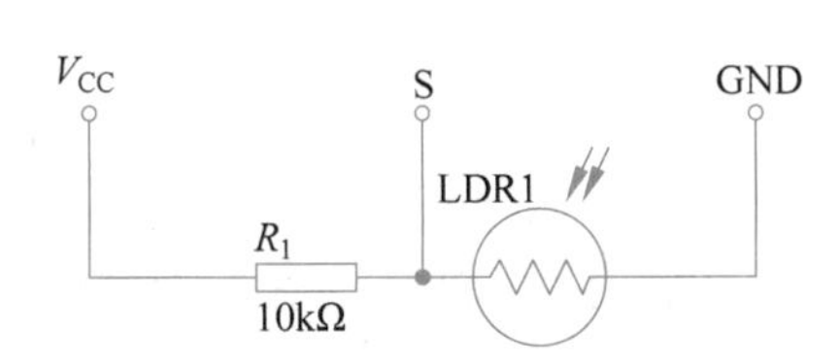

图 6-3-1　光敏电阻模块原理图

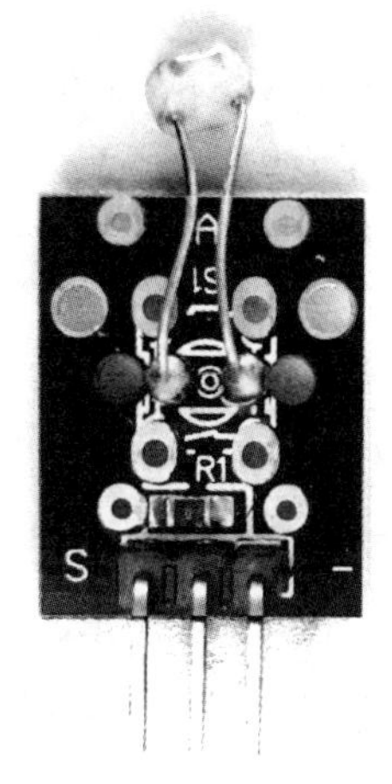

图 6-3-2　光敏电阻模块实物图

2. 单片机内部的 ADC 模块

1）模数转换器

ADC 是模数转换器的英文缩写(analog to dgital converters)，通常是指一个将模拟信号转变为数字信号的电子元件。通常的模数转换器是将一个输入电压信号转换为一个输出的数字信号。由于数字信号本身不具有实际意义，仅仅表示一个相对大小，故任何一个模数转换器都需要一个参考模拟量作为转换的标准，比较常见的参考标准为最大的可转换信号大小。而输出的数字量则表示输入信号相对于参考信号的大小。

2）模数转换器的类型

不同的 ADC 器件，内部实现模拟量转换为数字量的电路原理也各有不同。比较常见的 2 种 ADC 类型是积分型 ADC 和逐次逼近型 ADC。ADC 类型不是任务中讨论的重点，因此不进行展开，只需要了解一点：STC 单片机内部自带的 ADC 转换器，其类型是逐次逼近型。

3）模数转换器的参数

(1) 分辨率。

在模数转换器中，分辨率是指对于所允许输入的模拟量，能够输出的数字量的个数。假设光敏电阻模块的 S 端为模数转换器的输入，S 端的电压 V_s 在 0～3.3V 变化。现在有 1 款模数转换器 A，它的参考电压为 3.3V，能够把 V_s 的值转换为 8 位二进制数，则数转换器 A 的分辨率为 8 位，能够把参考电压分为 2^8(256)等份，再将 V_s 的值转换为对应的若干等份。同理，如果另一款模数转换器 B，它的参考电压为 3.3V，能够把 V_s 的值转换为 10 位二进制数，则模数转换器 B 的分辨率为 10 位，它能够把参考电压分为 2^{10}(1024)等份，再将 V_s 的值转换为对应的若干等份。显然，分辨率越高，模数转换出来的结果的精度也越高，转换结果的误差就越小。

(2) 响应类型。

大多数模数转换器的响应类型为线性类型，即输出数字量与输入模拟量的值的关系为线性关系。少部分早期的模数转换器的响应类型为对数关系。

在一个具体的模数转换器中，没有绝对的线性关系，只是近似的线性，所以存在线性误差。一般情况下，模数转换器可表示的数字量范围内，中间部分线性度较好，两端较差。例如，上面举的例子，输入电压 V_s 范围为 0～3.3V，参考电压为 3.3V，模数转换器的分辨率为 10 位，那么 V_s 越接近 1.65V，其线性度越好。

(3) 误差。

模数转换器的误差有若干种来源，无法完全避免。量化误差和线性误差在任何模数转换器中都会存在。

(4) 采样率。

模拟信号在时间上是连续的，可以将它转换为时间上连续的数字信号，因此要求定义一个参数表示获取模拟信号上每个值并表示成数字信号的速度。通常将这个参数称为 ADC 的采样率。

按照奈奎斯特采样定理，当采样频率大于采样对象信号频率的 2 倍以上，采样结果才不会出现失真。在实际使用情况下，为了更加逼真地恢复原始信号，往往采样频率是采样对象信号频率的 5～10 倍。

在下面的讲解中，把模数转换器都统一称为 ADC。

4) 单片机内部 ADC 模块

传统的 51 单片机内部没有 ADC 模块，如果需要使用 ADC 功能，需要外接 ADC 芯片。随着技术的发展，STC 系列单片机在内部集成了 ADC 模块，它的内部集成了 8 路输入的 ADC 模块，8 路输入在 P1 口上(P1.0～P1.7)，ADC 的类型为逐次逼近型，分辨率 10 位，采样频率可达到 300kHz。

这里不对 STC 单片机内部 ADC 模块的工作原理进行讨论，只介绍如何使用 ADC 模块，对工作原理有兴趣的读者，可参考阅读 STC 单片机技术手册中 ADC 模块部分。

5) ADC 模块相关寄存器

ADC 模块有一系列对应的寄存器，这些寄存器可对该模块进行配置及管理。下面列出这些寄存器，并简要介绍其作用。

(1) P1 口模拟功能控制寄存器 P1ASF。

STC15 系列单片机的 8 路模拟信号输入端口设置在 P1 口的 8 个引脚上。上电复位后，P1 口被设置为弱上拉模式，用户可以通过设置 P1 口模拟功能控制寄存器，将 8 只引脚中的任意一只引脚设置为 ADC 模拟输入模式。没有设置为 ADC 模拟输入模式的引脚依然可以被当成普通的 I/O 口使用。寄存器各位见表 6-3-1。

表 6-3-1　P1 口模拟功能控制寄存器 P1ASF

B7	B6	B5	B4	B3	B2	B1	B0
P17ASF	P16ASF	P15ASF	P14ASF	P13ASF	P12ASF	P11ASF	P10ASF

以 B7 位为例，当该位为 1 时，引脚 P1.7 用于模拟信号输入；当该位为 0 时，P1.7 引脚作为普通 I/O 引脚。其他 B6～B0 位对应引脚 P1.6～P1.0，原理相同。

(2) ADC 控制寄存器 ADC_CONTR。

这个寄存器中的各位见表 6-3-2。

表 6-3-2　ADC 控制寄存器 ADC_CONTR

B7	B6	B5	B4	B3	B2	B1	B0
ADC_POWER	SPEED1	SPEED0	ADC_FLAG	ADC_START	CHS2	CHS1	CHS0

B7 位 ADC_POWER：ADC 模块电源控制位，为 1 时打开 ADC 模块电源；为 0 关闭 ADC 模块电源。在进行 AD 转换前，一定要打开 ADC 模块电源，ADC 模块才能正常工作。AD 转换结束后，在有需要的情况下，可关闭电源，以降低功耗。

B6 位和 B5 位 SPEED1、SPEED0：这 2 个位决定 AD 转换的速度，见表 6-3-3。

表 6-3-3　ADC 转换速度

SPEED1	SPEED0	ADC 转换时间
1	1	90 个时钟周期转换 1 次，ADC 最高转换频率为 300kHz
1	0	180 个时钟周期转换 1 次，ADC 最高转换频率为 150kHz
0	1	360 个时钟周期转换 1 次，ADC 最高转换频率为 75kHz
0	0	240 个时钟周期转换 1 次，ADC 最高转换频率为 50kHz

B4 位 ADC_FLAG：ADC 转换结束标志位。当 ADC 转换结束时，由硬件将该位置 1，该位需要软件清 0。

B3 位 ADC_START：ADC 转换启动控制位。当该位为 1 时，启动 ADC 转换；转换结束后，该位为 0。

B2 位、B1 位和 B0 位 CHS2、CHS1 和 CHS0：模拟输入通道控制位。这 3 个位的组合，决定模拟信号从哪只引脚输入 ADC 模块，见表 6-3-4。

表 6-3-4　采样输入引脚选择

CHS2	CHS1	CHS0	功　能
0	0	0	选择 P1.0 作为内部 ADC 模块采样输入
0	0	1	选择 P1.1 作为内部 ADC 模块采样输入
0	1	0	选择 P1.2 作为内部 ADC 模块采样输入
0	1	1	选择 P1.3 作为内部 ADC 模块采样输入
1	0	0	选择 P1.4 作为内部 ADC 模块采样输入
1	0	1	选择 P1.5 作为内部 ADC 模块采样输入
1	1	0	选择 P1.6 作为内部 ADC 模块采样输入
1	1	1	选择 P1.7 作为内部 ADC 模块采样输入

(3) 时间分频寄存器 CLK_DIV。

这个寄存器只有 1 位与 ADC 模块有关，见表 6-3-5。

表 6-3-5　时间分频寄存器 CLK_DIV

B7	B6	B5	B4	B3	B2	B1	B0
X	X	ADRJ	X	X	X	X	X

B5 位 ADRJ：这个位用于控制 ADC 转换结构存放的位置。ADC 模块中有 2 个寄存器用于存放 10 位 bit 的 ADC 转换结果，这 2 个寄存器为 ADC_RES 和 ADC_RESL。

当 ADRJ 等于 0 时，ADC_RES 存放高 8 位的 ADC 转换结果，ADC_RESL[1：0]存放低 2 位的 ADC 转换结果。

当 ADRJ 等于 1 时，ADC_RES[1：0]存放高 2 位的 ADC 转换结果，ADC_RESL 存放低 8 位的 ADC 转换结果。

(4) ADC 转换结果寄存器 ADC_RES 和 ADC_RESL。

这 2 个寄存器必须配合(3)中的 ADRJ 位使用。在(3)中已经说明其作用。需要注意的是，虽然 ADC 转换的结果一共有 10 位 bit 的数据，但在具体处理的时候，可只保留 8 位数据。当用户只需保留 8 位数据时，保留的必须是高 8 位。此时，ADRJ 通常设置为 0，这样 8 位数据只需要读取 ADC_RES 这个寄存器的值即可。如果是 10 位数据，那么用户需要根据 ADRJ 的值，把 ADC_RES 和 ADC_RESL 这 2 个寄存器的值拼接成一个 2 字节长度的变量。

(5) 中断使能寄存器 IE。

这个寄存器只有 1 位与 ADC 模块有关，见表 6-3-6。

表 6-3-6　中断使能寄存器 IE

B7	B6	B5	B4	B3	B2	B1	B0
X	X	EADC	X	X	X	X	X

B5 位 EADC：EADC 为 ADC 转换中断允许位。当 EADC 等于 1 时，允许 ADC 转换中断；当 EADC 等于 0 时，禁止 ADC 转换中断。如果允许中断，那么 ADC 转换结束后会触发中断，并将控制寄存器 ADC_CONTR 中的 ADC_FLAG 位置 1，用户必须在 ADC 的中断函数中将 ADC 转换的数据读取出来，并软件清零 ADC_FLAG 位。

(6) 中断优先级寄存器 IP。

这个寄存器只有 1 位与 ADC 模块有关，见表 6-3-7。

表 6-3-7　中断优先级控制寄存器 IP

B7	B6	B5	B4	B3	B2	B1	B0
X	X	PADC	X	X	X	X	X

B5 位 PADC：PADC 为 ADC 转换中断优先级控制位。当 PADC 等于 1 时，ADC 转换中断为高优先级；当 PADC 等于 0 时，ADC 转换中断为低优先级。

3. 单片机内部 ADC 模块应用

可使用 STC 单片机内部的 ADC 模块对光敏电阻模块的 S 端电压值进行转换。将光敏

电阻模块的 V_{CC} 端接在“1+X”训练考核套件上的 3.3V 端，GND 接在地端，S 端接入 P1 口的任一只引脚上，这里将 S 端接入 P1.2 引脚。人为改变光敏电阻模块上光敏电阻的光照射强度，则 S 端的电压值会在 0～3.3V 变化。用户可编写程序，使用 ADC 功能将这个电压值实时读取出来，并显示在数码管上。在 ADC 转换过程中，可使用 ADC 中断，也可以不使用 ADC 中断。

下面以不使用 ADC 中断的方式给出 ADC 转换的流程。

(1) 初始化 ADC 模块。

(2) 进行 ADC 转换，并获取 2 字节转换结果。

(3) 将 2 字节结果处理成电压值，送到数码管显示。

针对流程的(1)和(2)，官方提供了对应的库函数进行处理，将在后续中讲解。而针对第(3)步，用户必须自行编写代码处理。现先分析 2 字节转换结果和电压值的关系。假设转换的 2 字节结果为 Result，光敏电阻模块的 S 端电压为 V_s，光敏电阻模块的 V_{CC} 端电压为 3.3V，ADC 模块使用的参考电压同样使用 V_{CC}，即 3.3V。那么 Result 与 V_s 的关系如下式：

$$V_s = \frac{\text{Result}}{1024} \times 3.3(\text{V})$$

假设在 1 次 ADC 转换中，转换结果 Result 为$(1000000000)_2$，这个二进制数转为十进制数为 512，将 512 代入上述公式中，可计算出 V_s 等于 1.65V。在这个运算过程中，3.3 是一个浮点数，在 8 位单片机内部，浮点数的计算和处理比较麻烦，最好是能够转换为整形数进行计算。此处可以使用以下公式计算 V_s：

$$V_s = \frac{\text{Result}}{1024} \times 330(\text{V})$$

将 3.3 扩大 100 倍为 330，这样计算处理的 V_s 值也会扩大 100 倍，以 Result 的值等于 512 为例，这样计算出来的结果 V_s 为 165。接下来可以把 165 这个数显示在数码管的后三位上，然后让数码管的第二位显示出小数点，这样虽然计算出来的结果是 165，但是显示在数码管上的值依然是 1.65。

经过这样处理后，在单片机内部参与运算的数字的变量类型就没有浮点类型，而都是整型。这个运算结果已经精确到小数点后 2 位，如果出现除不尽的情况，将余数舍弃即可。

在 8 位单片机中，这种处理数据的方法很常见。由于 8 位单片机的浮点数处理能力比较差，一般不直接对浮点数进行运算。在需要处理浮点数的应用中，通常都把浮点数扩大倍数，变成整数后再进行运算处理。处理完成后，将结果送去显示设备显示，再根据实际情况在显示设备上加上小数点。

【电路设计】

任务的电路原理图，如图 6-3-3 所示。

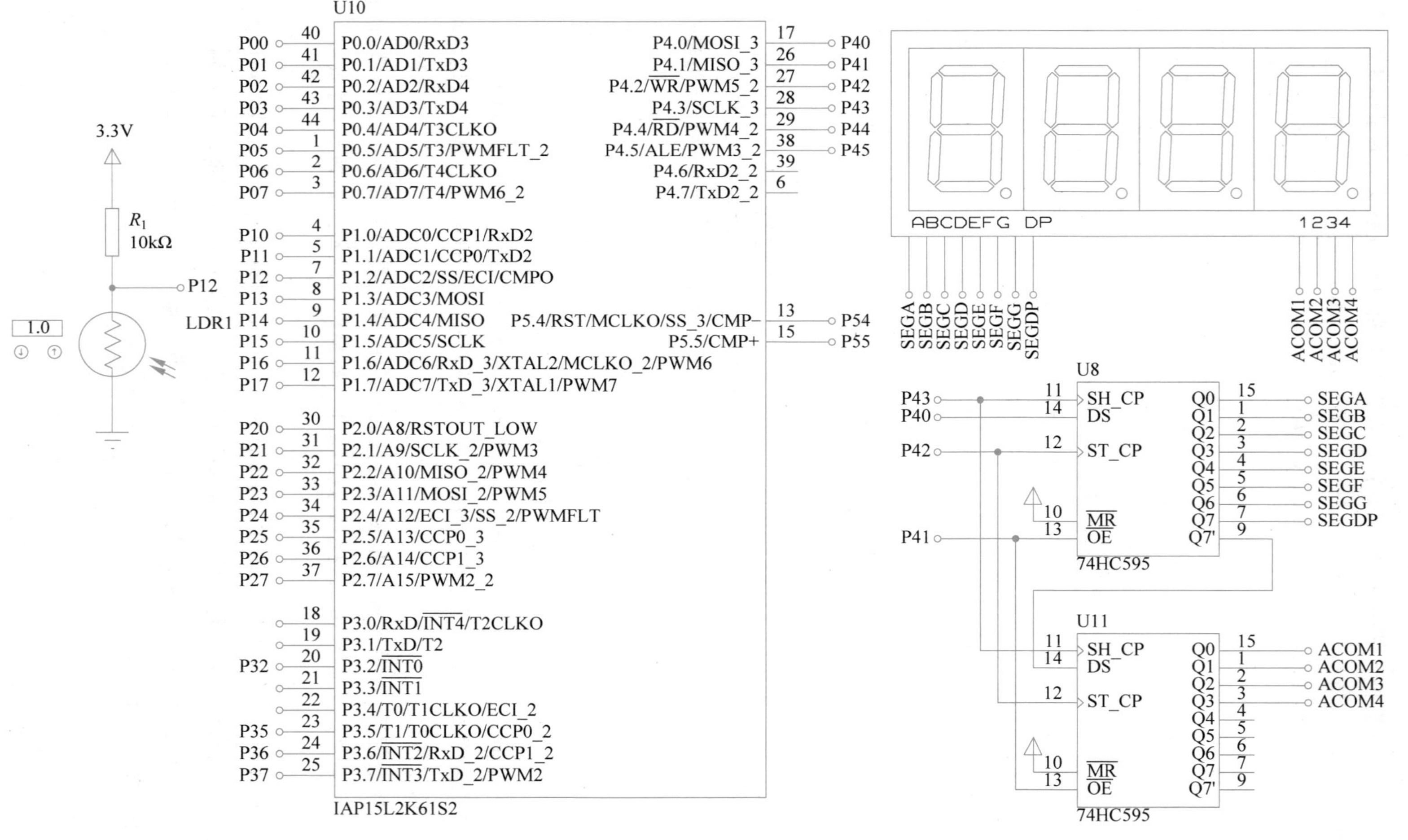

图 6-3-3 任务 6.3 电路原理图

【软件模块】

任务的模块关系图，如图 6-3-4 所示。

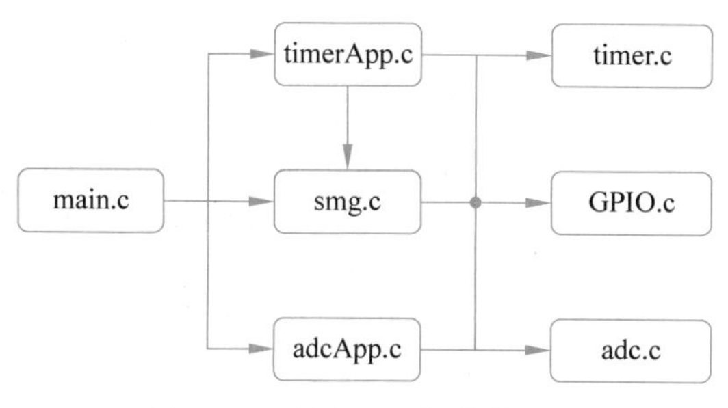

图 6-3-4 任务 6.3 模块关系图

任务中需要新增模块：adc. c 和 adcApp. c。其中 adc. c 是官方提供的模块，它可以初始化 ADC 和读取 ADC 的转换结果。而 adcApp. c 模块则是用户自行编写的模块，需要调用 adc. c 模块中的内容。

先了解官方提供的 adc. c 模块的内容。adc. h 文件内容如下：

```
#ifndef __ADC_H
#define __ADC_H

#include "config.h"

#define ADC_P10       0x01        //I/O 引脚 Px.0
#define ADC_P11       0x02        //I/O 引脚 Px.1
#define ADC_P12       0x04        //I/O 引脚 Px.2
#define ADC_P13       0x08        //I/O 引脚 Px.3
#define ADC_P14       0x10        //I/O 引脚 Px.4
#define ADC_P15       0x20        //I/O 引脚 Px.5
#define ADC_P16       0x40        //I/O 引脚 Px.6
#define ADC_P17       0x80        //I/O 引脚 Px.7
#define ADC_P1_All    0xFF        //I/O 所有引脚

#define ADC_90T       (3 << 5)
#define ADC_180T      (2 << 5)
#define ADC_360T      (1 << 5)
#define ADC_540T      0
#define ADC_FLAG      (1 << 4)    //软件清 0
#define ADC_START     (1 << 3)    //自动清 0
#define ADC_CH0       0
#define ADC_CH1       1
#define ADC_CH2       2
#define ADC_CH3       3
#define ADC_CH4       4
#define ADC_CH5       5
#define ADC_CH6       6
#define ADC_CH7       7
```

```
#define ADC_RES_H2L8      1
#define ADC_RES_H8L2      0

typedef struct
{
  u8 ADC_Px;                    //设置要做 ADC 的IO,ADC_P10 ~ ADC_P17,ADC_P1_All
  u8 ADC_Speed;                 //ADC 速度 ADC_90T,ADC_180T,ADC_360T,ADC_540T
  u8 ADC_Power;                 //ADC 功率允许/关闭 ENABLE,DISABLE
  u8 ADC_AdjResult;             //ADC 结果调整,ADC_RES_H2L8,ADC_RES_H8L2
  u8 ADC_Polity;                //优先级设置 PolityHigh,PolityLow
  u8 ADC_Interrupt;             //中断允许 ENABLE,DISABLE
} ADC_InitTypeDef;

void ADC_Inilize(ADC_InitTypeDef * ADCx);
void ADC_PowerControl(u8 pwr);
u16 Get_ADC10bitResult(u8 channel); //channel = 0~7

#endif
```

这个头文件里,有 1 个结构体和 3 个函数。结构体的成员可根据实际需求使用头文件里宏定义进行赋值。3 个函数分别是 ADC_Inilize 函数、ADC_PowerControl 函数和 Get_ADC10bitResult 函数。ADC_Inilize 函数的作用是把结构体赋值给 ADC 模块完成初始化。AC_PowerControl 函数的作用是打开或关闭 ADC 电源。它有 1 个参数,如果参数为 ENABLE,那么开启 ADC 模块电源;如果参数为 DISABLE,那么关闭 ADC 模块电源。之所以需要这个函数,是因为在某些应用中,ADC 模块电源需要关闭以节省功耗。如果系统对功耗没有要求,可以只打开电源。Get_ADC10bitResult 函数用于获取 ADC 转换结果,这个函数有 1 个参数和 1 个返回值,参数用于指定 ADC 的模拟通道,用户根据实际情况使用头文件中对应的宏定义赋值。返回值是 1 个 2 字节的变量,它是 ADC 转换结果的 10 位数据值。获取 ADC 转换的结果需要操作的步骤比较多,这里官方提供了一个现成的函数,用户可以跳过繁杂的步骤,直接使用此函数,非常方便。

在对 ADC 模块进行初始化前,必须对 ADC_InitTypeDef 结构体进行赋值,这个结构体的 6 个成员见表 6-3-8。

表 6-3-8　ADC_InitTypeDef 结构体成员

成 员 名 称	成 员 作 用	任 务 取 值
ADC_Px	ADC 模拟输入引脚	ADC_P12,模拟量从 P12 输入
ADC_Speed	ADC 转化速度	ADC_360T,360 个时钟周期
ADC_Power	ADC 内部电源	ENABEL,开启,可关闭
ADC_AdjResult	ADC 转换结果数据格式	ADC_RES_H2L8,高 2 位低 8 位
ADC_Polity	ADC 中断优先级	PolityHigh,高低都可,取高
ADC_Interrupt	ADC 中断允许位	DISABLE,不允许

这个结构体赋值后,调用 ADC_Inilize 函数,就可以对 ADC 模块进行初始化。具体代码将在 adcApp. c 中实现。

【程序设计】

1. ADC应用模块(adcApp.h和adcApp.c)

复制任务6.2的工程文件夹,改名为"任务6.3　光敏电阻电压采集系统设计"。在工程文件夹下的hardware文件夹里新建一个名称为adcApp的文件夹,并在adcApp文件夹下新建2个文件adcApp.c和adcApp.h。打开工程,按照图6-3-4的模块关系移除工程里不需要的模块,把adcApp.c模块加入hardware分组下,把需要使用到的官方模块加入fwlib分组下,同时设置好编译路径。

打开adcApp.h文件,输入以下代码:

```
#ifndef _ADC_APP_H
#define _ADC_APP_H
#include "config.h"
//-------------------外部变量-------------------------
extern u32 uAdc10bitResult;           //ADC转换结果-10位
//-------------------外部函数-------------------------
void initAdc();                       //ADC初始化
void getAdcResult(u8 channel);        //获得ADC结果,channel为通道0~7,0对应P10,以此类推
#endif
```

头文件里定义了1个变量和2个函数。变量uAdc10bitResult用于存放ADC转换结果。initAdc函数用于初始化ADC模块。getAdcResult函数用于获取对应模拟通道上的ADC转换结果。这2个函数在adcApp.c文件中实现。

打开adcApp.c文件,输入以下代码:

```
#include "adc.h"
#include "adcApp.h"
#include "GPIO.h"

//-------------------外部变量------------------
/**
 * @description:ADC转换结果-10位
 *
 * @author: gooner
 */
u32 uAdc10bitResult;

//-------------------外部函数-------------------
/**
 * @description:ADC模块初始化
 * @param {*}
 * @return {*}
 */

void initAdc()
{
```

```
    ADC_InitTypeDef structAdcTypeDef;                     //ADC 类型
    //初始化 ADC 属性
    structAdcTypeDef.ADC_Px = ADC_P12;                    //初始化引脚在 P12
    structAdcTypeDef.ADC_Speed = ADC_360T;                //转换速度
    structAdcTypeDef.ADC_Power = ENABLE;                  //打开 ADC 的电源
    structAdcTypeDef.ADC_AdjResult = ADC_RES_H2L8;        //高 2 位低 8 位存储
    structAdcTypeDef.ADC_Polity = PolityHigh;             //高优先级
    structAdcTypeDef.ADC_Interrupt = DISABLE;             //关闭 ADC 中断
    ADC_PowerControl(ENABLE);                             //开启电源
    ADC_Inilize(&structAdcTypeDef);                       //初始化
}

/**
  * @description:获取 ADC 转换结果
  * @param {u8 chanel} 取值 0~7,对应模拟量在 P10~P17 输入
  * @return { * }
  */
void getAdcResult(u8 channel)
{
    uAdc10bitResult = Get_ADC10bitResult(channel);      //调用官方模块函数获取 ADC 转换结果
}
```

这里 uAdc10bitResult 变量的类型被声明为 u32,但是按照前面的讲解,这个转换结果是 10 位 bit,u16 类型就足够容纳,为什么要声明为 u32 类型呢？这是因为在数据处理的时候,这个变量会乘以 330,乘出来的结果会超过 u16 的取值范围,因此如果把 uAdc10bitResult 变量声明为 u16 类型,在运算过程中数据会溢出,造成运算结果不正确。

initAdc 函数按照表 6-3-8 对 structAdcTypeDef 结构体的 6 个成员进行赋值。接下来调用 ADC_PowerControl 函数开启电源,再调用 ADC_Inilize 函数完成初始化。

getAdcResult 函数调用了 Get_ADC10bitResult 函数,获得了 ADC 模块数据转换结果。这个结果存放在 uAdc10bitResult 变量中,其他模块通过读取这个变量就可以得到 ADC 转换的结果。

2. 定时器模块(timerApp.h 和 timerApp.c)

这个模块的代码不需要修改。

3. 数码管模块(smg.h 和 smg.c)

这个模块的代码不需要修改。

4. 主模块(main.c)

打开 main.c 文件,输入以下代码:

```
#include "config.h"
#include "smg.h"
#include "timerApp.h"
#include "adcApp.h"

//------------------ 内部函数 ---------------
```

```
void adcTask();                          //ADC 模块任务
//------------------ 主函数 ------------------
void main()
{
  initTimer2();                          //初始化 T2
  initSmgPin();                          //初始化数码管引脚
  initAdc();                             //初始化 ADC
  uDot = SMG2;                           //小数点所在的位置,SM3 说明小数点在第 2 位数码管
  EA = 1;
  while(1)
  {
    if(1 == uTimer10msFlag)
    {
      uTimer10msFlag = 0;
      adcTask();
    }
  }
}
/**
  * @description:ADC 模块任务
  * @param { * }
  * @return { * }
  */
void adcTask()
{
  static u8 uTimer;                      //计时变量
  u16 uVol;
  if(++uTimer == 20)                     //20 次,200ms
  {
    uTimer = 0;
    getAdcResult(2);                     //获取通道 2 的 ADC 转换结果
    uVol = (330 * uAdc10bitResult)/1024;                        //处理数据
    updataDisbuf(17,uVol/100,uVol % 10/10,uVol % 10);           //送到数码管显示
  }
}
```

主模块里只有 1 个内部函数 adcTask。这个函数完成外部模拟电压的 ADC 转换,并将转换结果送到数码管显示,代码如下:

```
void adcTask()
{
  static u8 uTimer;                                             //计时变量
  u16 uVol;
  if(++uTimer == 20)                                            //20 次,200ms
  {
    uTimer = 0;
    getAdcResult(2);                                            //获取通道 2 的 ADC 转换结果
    uVol = (330 * uAdc10bitResult)/1024;                        //处理数据
    updataDisbuf(17,uVol/100,uVol % 10/10,uVol % 10);           //送到数码管显示
  }
}
```

这个函数每 20 次调用获取 1 次 getAdcResult 函数，获取 ADC 转换结果，转换的模拟电压从通道 2 接入，即 P1.2 引脚。获取 ADC 转换数据后，对数据进行处理，处理结果存放在变量 uVol 中，再调用 smg.c 模块里的 updataDisbuf 函数，把 uVol 更新到数码管显示缓存区。

主函数里，先初始化，然后让小数点显示在第 2 位数码管上。主循环里，每 10ms 调用 1 次 adcTask 函数完成任务。

将光敏电阻模块的 S 端接到"1＋X"训练考核套件上的 P1.2 引脚上，V_{CC} 端接在 3.3V 引脚上，GND 端接在 GND 引脚上。编译工程，把 hex 文件下载到"1＋X"训练考核套件上，这样就可以看到数码管显示一个电压值。在正常光照情况下，电压大约为 2V。如果把光敏电阻模块上的光敏电阻遮住，电压值会增大，最高接近 3.30V。使用一个光源（可打开手机自带的手电筒），对光敏电阻进行照射，数码管显示的电压值会减小，最小接近 0.00V。运行效果可扫描二维码观看。

任务 6.3 运行效果

【课后练习】

修改代码，让数码管显示的电压值只保留小数点后 1 位数，格式为"--X.X"。

任务 6.4　蜂鸣器音乐播放驱动程序设计

【任务描述】

在单片机 GPIO 口上外接蜂鸣器模块，使用单片机内部 PCA/CPP 模块，驱动蜂鸣器发出不同的声音，"唱"出一首歌曲。

【知识要点】

1. 蜂鸣器

蜂鸣器是一种一体化结构的电子讯响器，采用直流电压供电，广泛应用于计算机、打印机、复印机、报警器、电子玩具、汽车电子设备、电话机、定时器等电子产品中作发声器件。

蜂鸣器主要分为 2 大类，有源蜂鸣器和无源蜂鸣器。这里的有源和无源不是指的有没有电源，而是指蜂鸣器的内部有没自带一个振荡源。有源蜂鸣器内部自带振荡源，只需要给蜂鸣器通电，蜂鸣器就会鸣叫。无源蜂鸣器内部则没有振荡源，需要外加一个一定频率的方波信号蜂鸣器才能发声。

如图 6-4-1 所示，左边是有源蜂鸣器，右边是无源蜂鸣器。这两种蜂鸣器虽然外观相似，但依然可以从外观上看出区别。有源蜂鸣器背面用胶封起来（图 6-4-1 左），而无源蜂鸣器背面可以看到绿色的电路板（图 6-4-1 右）。此外，有源蜂鸣器和无源蜂鸣器的高度不同，即上图中的圆柱体高度不同，无源蜂鸣器的高度是 8mm，而有源蜂鸣器的高度是 9mm。如果看不到蜂鸣器的背面，也可以从蜂鸣器的高度来判断蜂鸣器是有源还是无源。

图 6-4-1　有源蜂鸣器和无源蜂鸣器

在应用方面，有源蜂鸣器控制起来比较简单，但价格略贵一点，且不是很灵活，无法修改蜂鸣器声音的频率。而无源蜂鸣器由于内部没有振荡源，因此价格略便宜一点，但它需要一个一定频率的方波才能鸣响，因此，控制起来比较复杂。但无源蜂鸣器的声音由驱动信号的频率决定，因此，它能发出不同频率的声音，使用起来更加灵活。由于任务要求蜂鸣器发出不同声音，因此使用的是无源蜂鸣器。

2. 蜂鸣器模块

由于 51 单片机的 GPIO 口的拉电流能力比较弱，因此传统上 51 单片机需要加一个驱动电路后再连接蜂鸣器。驱动电路如图 6-4-2 所示。

驱动电路中，当 GPIO 口的电平为低电平时，PNP 管导通，PNP 管的发射极和集电极短路，相当于高电平直接加在蜂鸣器 BUZZER 两端。如果蜂鸣器为有源蜂鸣器，那么，此时蜂鸣器就会鸣响。如果蜂鸣器是无源蜂鸣器，那么 GPIO 口必须加一个一定频率的方波信号，这样蜂鸣器才会鸣响。

蜂鸣器模块如图 6-4-3 所示。蜂鸣器模块看不到蜂鸣器背面，因此只能从蜂鸣器高度上判读蜂鸣器是有源还是无源。

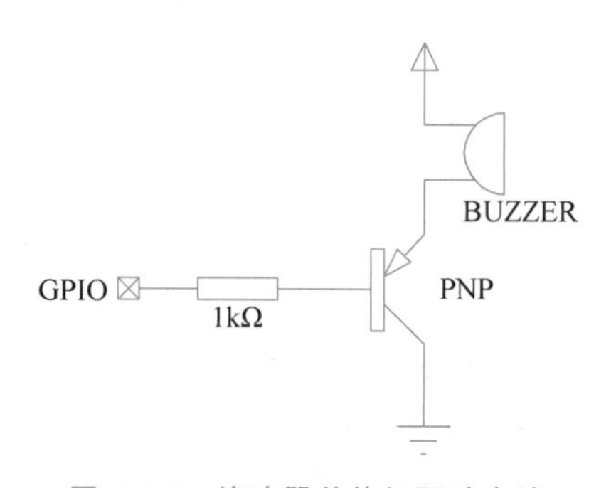

图 6-4-2　蜂鸣器单片机驱动电路

图 6-4-3　蜂鸣器模块

3. 蜂鸣器的发声原理

1）基本原理

物理学的定义，声音是由物体振动产生的声波，是通过介质（空气或固体、液体）传播并能被人或动物听觉器官所感知的波动现象。蜂鸣器之所以能发出鸣响，是因为内部振动。有源蜂鸣器只需要触发电平即可引发内部振动，而无源蜂鸣器则需要输入对应频率的方波信号才能引发内部振动。

2）声音的特性

物理学上，声音的三个主要特性如下。

（1）音调：声音的高低。音调的高低由物体振动的快慢决定，物体学中用频率来表示物体振动的快慢，频率的单位为赫兹，简称为赫，符号为 Hz。物体振动的频率越大，音调就越高；频率越小，音调就越低。歌曲的音符就由音调决定。

（2）响度：声音的强弱。响度与物体的振幅有关，振幅的单位是分贝，符号是 dB。振幅越大，响度越大；振幅越小，响度越小。响度还跟距离发声体的远近有关。

（3）音色：不同发声体发出的声音，即使音调和响度相同。我们还是能够分辨它们。这个反映声音特征的因素就是音色。音色由发声物本身决定，例如，钢琴和二胡，发出来的声音肯定不一样。又如，同样唱一首《浮夸》，由不同的歌手唱出来，听起来差别也很大。

蜂鸣器的响度改变起来比较麻烦，暂不讨论。而音色由蜂鸣器本身决定，显然无法改变。三个特性里，能使用程序控制改变的，也就是蜂鸣器的音调了。通过控制图 6-4-3 蜂鸣器模块中间的 I/O 引脚的高低电平切换的频率，就可以改变蜂鸣器的音调，让蜂鸣器发出不同频率的声音。

3）蜂鸣器"唱"歌原理及实现

如果想让蜂鸣器"唱"出有一定旋律的歌曲，那么就要让蜂鸣器能根据歌曲中的每个音符发出相应的"哆唻咪发嗦啦西"的声音。我们听到的流行音乐，多数由低音、中音、高音三个八度的"哆唻咪发嗦啦西"组成，一共有 21 个音高，每个音高对应 1 个频率，一共有 21 个频率。21 个音高和频率的对应关系见表 6-4-1。

表 6-4-1　音高频率对应表　　单位：Hz

音高	频率	音高	频率	音高	频率
低音 1	262	中音 1	523	高音 1	1046
低音 2	294	中音 2	587	高音 2	1175
低音 3	330	中音 3	659	高音 3	1318
低音 4	349	中音 4	698	高音 4	1397
低音 5	392	中音 5	784	高音 5	1568
低音 6	440	中音 6	880	高音 6	1760
低音 7	494	中音 7	988	高音 7	1976

蜂鸣器要"唱"出歌曲的旋律，除了发出这 21 个不同音高的声音外，每个声音还必须根据歌曲的不同而持续长度不一的时间，这样才能组成各种旋律。

综上所述，如果想要蜂鸣器"唱"出歌曲的旋律，则必须编写程序实现如下两点。

（1）让一只 I/O 口输出不同频率的方波。

（2）实现不同时长的延时。

要让 I/O 口输出不同频率的方波，最简便的方案就是使用任务 4.1 中的 CCP/PCA 模块来输出方波。在任务 4.1 中已经在相应模块中编程实现了输出一个 1kHz 的方波，只需要对模块里的频率发生函数稍做修改，给频率发生函数设置一个参数，使输出方波的频率可以由函数的参数决定，就可以方便地通过传递不同的参数，让 I/O 口输出 21 个不同频率的方波。

编程实现不同时长的延时也不困难。一方面，由于歌曲是人唱的，所以每个音符的延时时间不会很短，现实中哪怕是歌手唱自己的歌，每个音符的时长最起码也是10ms级的。另一方面，音符的时长有一定的规律，它们都是某个基准时长的整数倍。每一首歌曲中都有最短的音符时长，这个最短音符时长就是基准时长，歌曲中其他音符的时长都是这个基准时长的倍数。因此，可以设计一个有参数的延时函数，通过控制函数的参数让函数延时基于基准时长倍数的时间。同时在程序中记录歌曲中各个音符的音高以及相对于基准时长的倍数，即可利用这些数据作为参数调用频率发生函数和延时函数，从而产生正确的方波信号，控制蜂鸣器发出歌曲的旋律。

4. 获取歌曲数据

从歌曲的简谱可以获取音符音高、音符基准时长。简谱如图6-4-4所示。

我和我的祖国

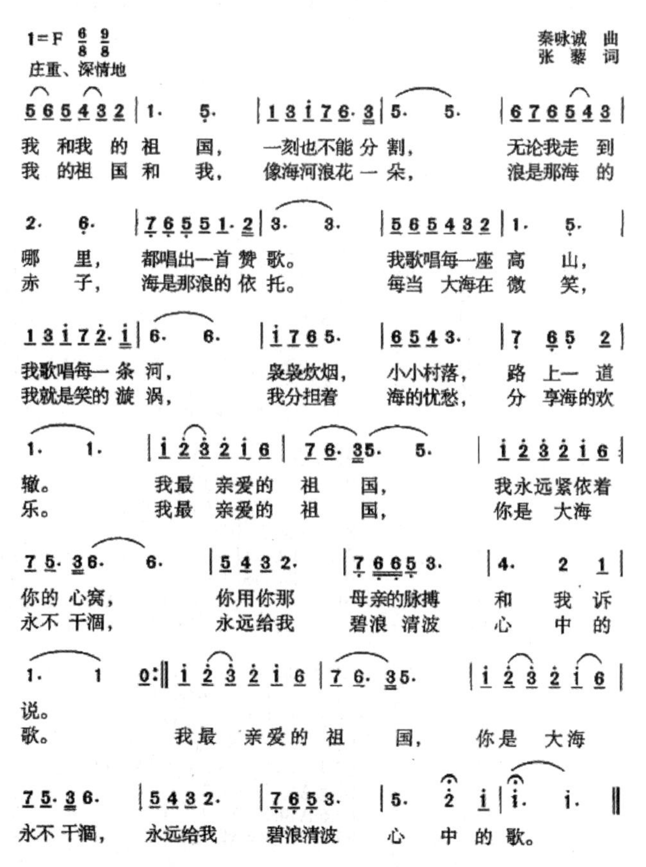

图6-4-4 我和我的祖国简谱(简谱来源于网络，版权归属于作者)

简谱中的一个音符下面如果是空白，那么这个音符的延时时长称为4分音符；如果音符下面有1条下画线，那么该音符称为8分音符；如果有2条下画线，那么音符称为16分音符；如果音符之后接一个小黑点，则表示音符本身持续1.5倍时间。4分音符的持续时间为8分音符的2倍，8分音符的持续时间为16分音符的2倍，如果4分音符后接1个小黑点，则持续时间为16分音符的6倍。这首歌简谱中时间最短的音符是16分音符，16分音符持续的时间即为基准延时时间。这个基准延时时间与歌曲本身的快慢有一定关系，通常为 100～300ms，遇到不同的歌曲，读者可以自行结合歌曲的快慢确定这个基准延时时间。这里直接给出《我和我的祖国》这首歌的基准延时时间是 180ms（可以多点或少点，影响不大），其他音符的持续时间都是这个 180ms 的倍数。想让蜂鸣器“唱”歌，只需要音符和音符持续时间相对基准延时时间的倍数这 2 个数据即可。由于蜂鸣器的局限性，简谱中有一些信息是蜂鸣器无法处理的，例如，音符之间的连唱（简谱上两个连续音符上有一根弧线连起来）。简谱中连唱的音符就当成不连唱的音符，记录其信息即可。

在编程时，通常使用一个数组记录歌曲简谱中所有音符的数据，简谱中每一个音符使用 2 个数据记录，1 个数据记录音符频率，1 个数据记录音符需要延时的基准时间倍数，然后再编写 1 个频率输出函数和 1 个延时函数。蜂鸣器发声时，每次先读出音符数据，根据数据调用频率输出函数输出频率，让蜂鸣器发出正确的音符声音。然后调用时间倍数数据，根据数据决定调用延时函数次数。这样把简谱中所有音符数据读取完毕后，蜂鸣器也就完整地“唱”出了歌曲。

【电路设计】

任务的电路原理图，如图 6-4-5 所示。

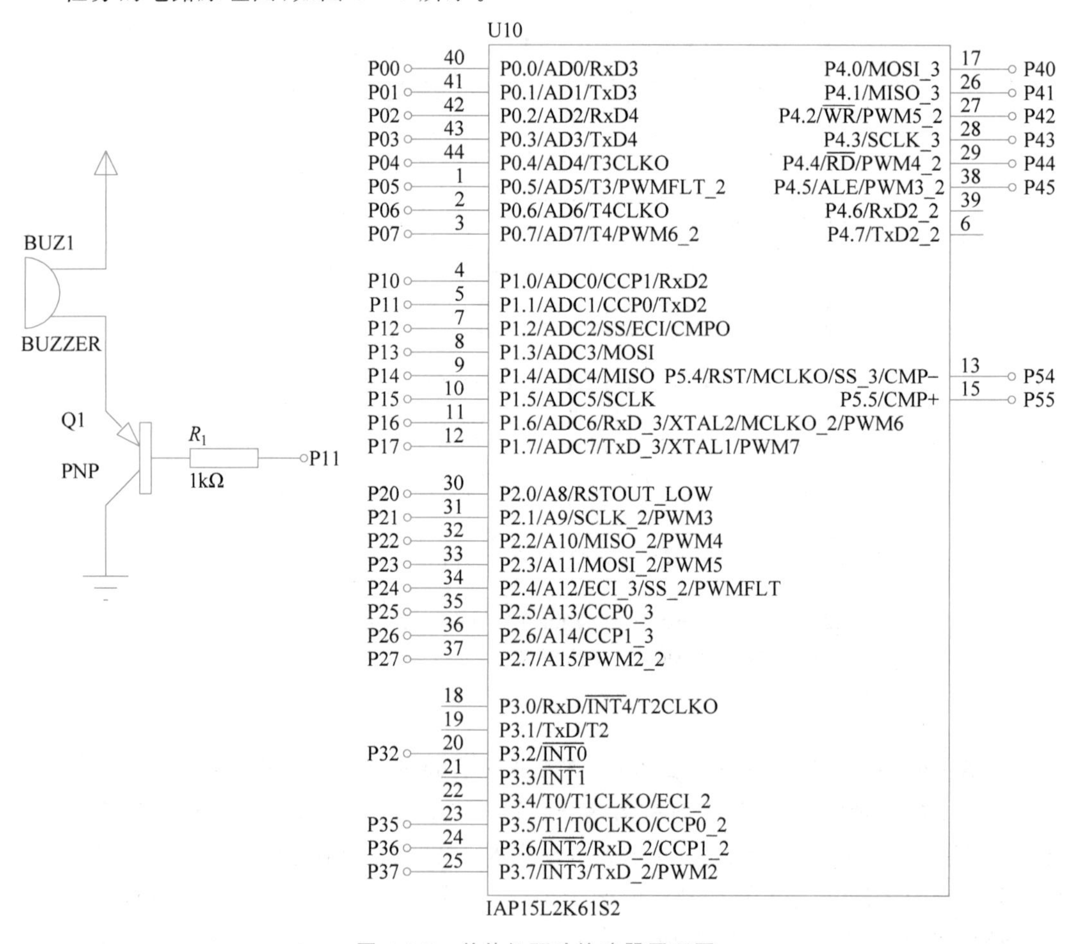

图 6-4-5　单片机驱动蜂鸣器原理图

蜂鸣器实物为模块，只有3只引脚，使用杜邦线把图6-4-3的蜂鸣器模块 V_{CC} 和GND两只引脚接在“1+X”训练考核套件上的 V_{CC} 和GND上，再把模块的中间I/O引脚接在“1+X”训练考核套件上的P11引脚上就可以完成实物连接。

【软件模块】

任务的模块关系图，如图6-4-6所示。

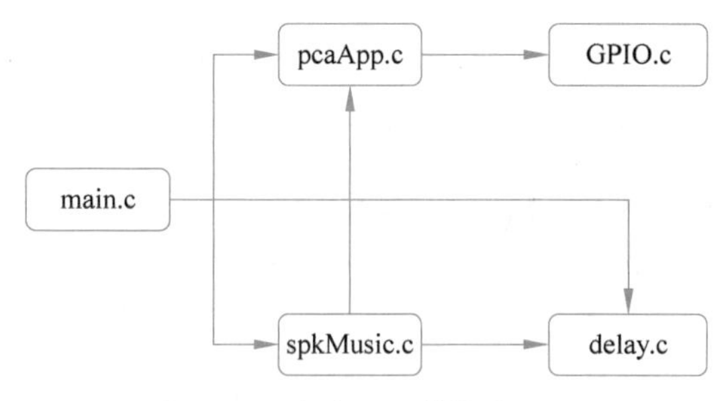

图6-4-6 任务6.4模块关系图

需要特别说明的是，这里的pcaApp.c模块可以复制任务4.1的pcaApp.c模块来使用，但代码需要修改。spkMusic.c模块则是新增模块，调用到pcaApp.c模块和delay.c模块。

【程序设计】

1. pca应该模块(pcaApp.h和pcaApp.c)

复制任务6.3的工程文件夹，改名为“任务6.4 蜂鸣器驱动设计”。在工程文件夹下的hardware文件夹里新建一个名称为spkMusic的文件夹，并在spkMusic文件夹下新建2个文件spkMusic.c和spkMusic.h。再到任务4.1工程下的board文件夹下将pcaApp文件夹复制到任务6.4工程下的board文件夹下。打开任务6.4工程，按照图6-4-6的模块关系移除工程里不需要的模块，把pcaApp.c模块加入board分组下，把spkMusic.c模块加入hardware分组下，把需要使用到的官方模块加入fwlib分组下，同时设置好编译路径。

打开pcaApp.h文件，输入以下代码：

```
#ifndef _PCA_PWM_H
#define _PCA_PWM_H

#include "config.h"

//---------------- 系统频率、输出信号频率宏定义 ------------
#define SYS_CLOCK 12000000L
#define OUT_SIGNAL_FREQ 1000                          //输出频率
#define PCA_INIT_VALUE ((SYS_CLOCK)/2/OUT_SIGNAL_FREQ)     //高速输出模式

//---------------- 外部函数 ----------------
void pcaPinInit();                                    //初始化 pca 模块的输出引脚为输出模式
void pcaConfig();                                     //配置 PCA
void setPcaFreq(u16 iOutFreq);                        //设置 PCA 频率

#endif
```

头文件里新增里一个函数 setPcaFreq，这个函数可以有 1 个参数 iOutFreq，参数决定了 PCA 模块输出的方波频率。在原来的 pcaApp.c 模块里，pca 模块配置完毕后，输出频率固定为 1000Hz，因此需要在 pcaApp.c 文件里对代码进行修改。

打开 pcaApp.c 文件，输入以下代码：

```
#include "pcaApp.h"
#include "GPIO.h"
#include "PCA.h"

//-------------------- 内部变量 ----------------------
/**
 * @description: PCA 计数器初始值，通过改变此值改变 P11 输出频率
 * @author: gooner
 */

u16 iPcaInitValue;

//-------------------- 外部函数 ----------------------
/**
 * @description: 将 P1.1 初始化为推挽输出
 * @param {*}
 * @return {*}
 * @author: gooner
 */
void pcaPinInit()
{
  GPIO_InitTypeDef structTypeDef;
  structTypeDef.Mode = GPIO_OUT_PP;                    //输出模式
  structTypeDef.Pin = GPIO_Pin_1;                      //1 号引脚
  GPIO_Inilize(GPIO_P1, &structTypeDef);               //初始化 P11
}
/**
 * @description: 把 PCA 模块配置为高速输出模式
 * @param {*}
 * @return {*}
 * @author: gooner
 */
void pcaConfig()
{
  PCA_InitTypeDef structTypeDef;
  structTypeDef.PCA_IoUse = PCA_P12_P11_P10_P37;
  structTypeDef.PCA_Clock = PCA_Clock_1T;
  structTypeDef.PCA_Mode = PCA_Mode_HighPulseOutput;   //高速输出模式
  structTypeDef.PCA_Interrupt_Mode = DISABLE;          //禁止溢出中断
  structTypeDef.PCA_Polity = PolityHigh;
  structTypeDef.PCA_Value = PCA_INIT_VALUE;            //初始化匹配寄存器
  PCA_Init(PCA_Counter, &structTypeDef);               //初始化 PCA 计时器
  structTypeDef.PCA_Interrupt_Mode = ENABLE;           //允许匹配中断
  PCA_Init(PCA0, &structTypeDef);                      //初始化捕获/比较模块 0 - PCA0
```

```
}
/**
  * @description: 设置 PCA 输出频率
  * @param {u16}iOutFreq:输出频率
  * @return { * }
  * @author: gooner
  */
void setPcaFreq(u16 iOutFreq)
{
  iPcaInitValue = (SYS_CLOCK)/2/iOutFreq;
}

//------------------ PCA 模块中断函数 ------------------
/**
  * @description: PCA 模块的中断函数
  * @param { * }
  * @return { * }
  * @author: gooner
  */
void PCA_Handler(void) interrupt PCA_VECTOR
{
  if (CCF0 == 1)
  {
    CCF0 = 0;                                //清中断标志
    CCAP0L = CCAP0_tmp;
    CCAP0H = CCAP0_tmp >> 8;
    CCAP0_tmp = CCAP0_tmp + iPcaInitValue;   //累加递增
  }
}
```

这个文件里新增了一个内部变量 iPcaInitValue，这个内部变量用于作为增量修改 PCA 模块输出的方波频率(原理请参考任务 4.1)。用户可以使用函数 setPcaFreq 把参数传递给 iPcaInitValue，当前台调用 setPcaFreq 函数，同时把参数赋值给 iPcaInitValue 变量，PCA 模块的中断函数使用这个 iPcaInitValue 变量就可以设置 PCA 模块的输出频率。

2. 蜂鸣器播放音乐模块(spkMusic.h 和 spkMusic.c)

打开 spkMusic.h 文件，输入以下代码：

```
#ifndef _SPK_MUSIC_H
#define _SPK_MUSIC_H

#include "config.h"

//-------------------- 外部变量 --------------------------
extern u8 code musicBook1[];
extern u8 musicBook1Size;
//-------------------- 外部函数 ------------------------
void delayMusicTime(u8 uPace);                      //音符延时函数
```

```
void playMusic(u8 * musicBook,u16 iSize);                    //音乐播放函数

#endif
```

头文件里引用了 1 个数组变量和 1 个普通变量，数组 musicBook1 用于存放音乐数据，普通变量 musicBook1Size 用于记录 musicBook1 数组的长度。

头文件里只有 2 个外部函数，delayMusicTime 负责延时若干个基准延时时间，参数 uPace 为基准时间的个数。playMusic 函数负责播放音乐数据，* musicBook 为指向音乐数据数组地址的指针，iSize 为数组的长度。

打开 spkMusic.c 文件，输入以下代码：

```
#include "spkMusic.h"
#include "delay.h"
#include "pcaApp.h"

//-------------------- 内部变量 ---------------------
/**
 * @description: 频率数组,第 1 个元素 0 为休止符,其他 21 个元素对应低音、中音、高音 21 个
 *               音符的频率
 * @author: gooner
 */

u16 musicFreq[] = {0,262,294,330,349,392,440,494,523,587,659,698,
                   784,880,988,1046,1175,1318,1397,1568,1760,1976
                  };
//-------------------- 外部变量 ---------------------
/**
 * @description: 音乐数据数组,第 1 个元素为第 1 个音符,第 2 个元素为音符持续时间
 *               第 3 个元素为第 2 个音符,第 4 个元素为第 2 个音符持续时间
 * @author: gooner
 */
u8 code musicBook1[] = {12,2,13,2,12,2,11,2,10,2,9,2,8,6,5,6,
                        8,2,10,2,15,2,14,2,13,3,10,1,12,12,13,2,
                        14,2,13,2,12,2,11,2,10,2,9,6,6,6,7,2,
                        6,2,5,2,12,2,8,3,9,1,10,12,12,2,13,2,
                        12,2,11,2,10,2,9,2,8,6,5,6,8,2,10,2,
                        15,2,14,2,16,3,15,1,13,12,15,2,14,2,13,2,
                        12,6,13,2,12,2,11,2,10,6,7,4,6,2,5,4,
                        9,2,8,12,15,2,16,2,17,2,16,2,15,2,13,2,
                        14,2,13,3,10,1,12,12,15,2,16,2,17,2,16,2,
                        15,2,13,2,14,2,12,3,10,1,13,12,12,2,11,2,
                        10,2,9,6,7,2,6,1,6,1,5,2,10,6,11,6,
                        9,4,8,2,8,10,0,2,15,2,16,2,17,2,16,2,
                        15,2,13,2,14,2,13,3,10,1,12,6,15,2,16,2,
                        17,2,16,2,15,2,13,2,14,2,12,3,10,1,13,6,
                        12,2,11,2,10,2,9,6,7,2,6,2,5,2,10,6,
                        12,6,16,4,15,2,15,12};
```

```
/**
  * @description: 记录 musicBook1 数组的长度
  *
  * @author: gooner
  */
u8 musicBook1Size = sizeof(musicBook1);
//---------------------- 外部函数 ----------------------
/**
  * @description: 音符延时函数
  * @param {u8} uPace:延时基准时间个数,例如,uPace = 4,则延时 4 个基准时间
  * @return {*}
  * @author: gooner
  */
void delayMusicTime(u8 uPace)
{
  for(; uPace > 0; uPace -- )
    delay_ms(180);                        //基准延时,此例为 180ms,不同歌曲需修改为不同时间
}
/**
  * @description: 音乐播放函数
  * @param {u8 *} *musicBook:音乐数据存放的数组地址
  * @return {u16}iSize:音乐数据存放的数组的长度
  * @author: gooner
  */
void playMusic(u8 *musicBook,u16 iSize)
{
  u16 i;
  i = 0;
  while(i < iSize)
  {
    if(musicBook[i] == 0)                 //休止符
    {
      CR = 0;                             //关闭 PCA 模块
      i++;
      delayMusicTime(musicBook[i++]);     //延时
    }
    else
    {
      CR = 1;                             //非休止符,打开 PCA
      setPcaFreq(musicFreq[musicBook[i++]]);     //设置频率
      delayMusicTime(musicBook[i++]);     //延时节拍
      CR = 0;                             //关闭 PCA
      delay_ms(10);                       //延时 - 每个音之间的停止
    }
  }
}
```

这个文件首先定义了 2 个数组,第 1 个数组 musicFreq 有 22 个元素,这 22 个元素中第 1 个元素为 0,代表简谱中的休止符 0,其他 21 个元素对应表 6-4-1 音高频率对应表中的 21 个

频率。例如，简谱中低音的1，则为第2个元素，数组下标为1；中音的1为第9个元素，数组下标为8；高音的1为第14个元素，数组下标为15。

第2个数组musicBook1元素个数不确定，与歌曲有关。musicBook1数组中每2个元素记录一个音符的数据，第1个元素记录音符频率在musicFreq数组中的位置，第2个元素则记录该音符持续的基准延时个数。

现以乐谱中第1小节的6个音符为例，说明musicBook1数组中前12个元素取值的原理。歌曲第1小节简谱如图6-4-7所示。

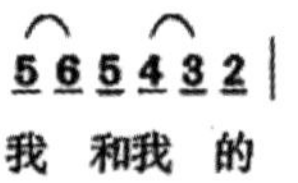

5 6 5 4 3 2 |
我 和我 的

图6-4-7 第1小节简谱

第1个音符为中音5，是1个8分音符。那么记录下来就应该是(12,2)。12表示输出频率必须是musicFreq数组中下标为12的元素，2表示延时2个基准延时时间。第2个音符为中音6，同样是1个8分音符。那么记录下来就应该是(13,2)。13表示输出频率必须是musicFreq数组中下标为13的元素，2表示延时2个基准延时时间。其他4个音符以此类推。因此6个音符记录下来就是(12,2,13,2,12,2,11,2,10,2,9,2)。其他各小节的音符数据都是这么得来的。

musicBook1Size变量则记录musicBook1数组的长度。声明时使用sizeof运算进行初始化，直接就获取了musicBook1数组的长度。

函数delayMusicTime根据uPace参数延时若干个delay_ms(180)，即延时若干个180ms。在调用时，uPace参数来自musicBook1数组中下标为1,3,5,…,的元素。

函数playMusic用于播放音乐，它的第1个参数是指向数组musicBook1的指针，第2个参数为musicBook1数组长度。这个数组长度不确定，在调用时使用sizeof运算符将数组长度计算出来。这个函数内部是1个while循环，利用变量i循环读取musicBook1数组里的所有元素，如果读取到的元素的值为0，意味着是休止符，则让CR=0，关闭PCA模块，次数P11无频率输出，蜂鸣器不发声。然后将i加1再读取1次musicBook1数组里的数据，将这个数据作为delayMusicTime函数的参数延时若干个基准延时时间，这样就决定了休止符持续的时间。如果读取到的元素不为0，让CR=1，打开PCA模块，把读取到的值作为setPcaFreq函数的参数，设置PCA输出频率，让蜂鸣器发出对应音符的声音。然后将i加1再读取1次musicBook1数组里的数据，将这个数据作为delayMusicTime函数的参数延时若干个基准延时时间，这样就决定了音符持续的时间。这里还需要注意，每个音符之间需要间隔10ms。当playMusic函数循环将musicBook1数组里的数据读取一遍之后，蜂鸣器也就“唱”出了这首歌曲的旋律。

3. 主模块(main.c)

打开main.c文件，输入以下代码：

```
#include "config.h"
#include "pcaApp.h"
#include "delay.h"
#include "spkMusic.h"

//---------------- 主函数 ----------------------

void main()
```

```
{
  u8 i;
  pcaPinInit();
  pcaConfig();
  EA = 1;
  CR = 1;
  while (1)
  {
    playMusic(musicBook1,musicBook1Size);
    CR = 0;
    P11 = 1;
    for(i = 0; i < 12; i++)          //停 3s 后继续播放
      delay_ms(250);
    CR = 1;
  }
}
```

主函数逻辑比较简单。先初始化，然后在 while(1)中调用 playMusic 函数播放数组 musicBook1 中的歌曲，播放完之后关闭 PCA 模块，延时 3s 后重复再播放。

编译工程，连接后蜂鸣器模块，将 hex 文件下载到"1+X"训练考核套件上，注意，下载时，下载软件的晶振选择为 12MHz。下载完毕后，就可以听到蜂鸣器"唱"出《我和我的祖国》的旋律。运行效果可扫描二维码观看。

任务 6.4 运行效果

【课后练习】

修改代码，让蜂鸣器"唱"出另外一首自己喜欢的歌曲。

参考文献

[1] 宏晶公司. STC15 系列器件手册.
[2] 彭伟. 单片机 C 语言程序设计实训 100 例[M]. 北京：电子工业出版社，2021.
[3] 何宾. STC 单片机 C 语言程序设计[M]. 北京：清华大学出版社，2016.
[4] 王维波，鄢志丹，王钊. STM32Cube 高效开发教程[M]. 北京：人民邮电出版社，2021.